H. Bernstein
IC-Hobby

Herbert Bernstein

IC-Hobby

Band II

Integrierte Digital- und Linearschaltungen

mit 209 Abbildungen

Pflaum Verlag KG München

CIP-Kurztitelaufnahme der Deutschen Bibliothek

Bernstein, Herbert:
IC-Hobby: Integrierte Digital- und Linearschaltungen/H. Bernstein.
– München: Pflaum.
Bd. 2. – 1980
ISBN 3-7905-0304-5

Umschlagbild: Werkphoto Valvo

Die in diesem Buch beschriebenen Geräte mit Schaltungen, Platinenentwürfen und Frontplattengestaltungen sind nur für Amateurzwecke bestimmt. Bei gewerblicher Herstellung und Vertrieb ist die Genehmigung des Autors einzuholen.

ISBN 3-7905-0304-5

Satz und Druck: Buch- und Offsetdruckerei Holzer, Weiler im Allgäu

Vorwort

In diesem Buch sind zahlreiche Schaltungen mit Netzgeräten, integrierten Zeitgebern und hochintegrierten Zählern für den versierten Hobby-Elektroniker beschrieben. Ebenso findet darin auch der Industrie-Elektroniker zahlreiche Hinweise und Tips, die ihm die Arbeit beim Entwickeln neuer Schaltungen erleichtern soll.

Im Kapitel 1 sind Netzgeräte in Verbindung mit integrierten Bausteinen beschrieben. Hierzu gehören die Festspannungsregler, die einstellbaren Spannungsregler und die Schaltregler. Neben der Beschreibung der Bausteine finden Sie zahlreiche Erweiterungsmöglichkeiten zur Spannungs- und Stromerhöhung. Die einzelnen Formeln für die Einstell- und Erweiterungsmöglichkeiten sind mit Zahlenbeispielen ergänzt, damit auch jüngere Leser keine Schwierigkeiten haben.

Das Kapitel 4 zeigt die integrierten Zeitgeberschaltungen mit ihren Anwendungsmöglichkeiten. Hierzu gehören die Bausteine 555, 556, 558, 559, 2240/8240, 2250/8250 und 8260. Neben den Grundschaltungen sind akustische Alarmanlagen, elektronische Sirenen und zahlreiche Spezialschaltungen erklärt. Alle diese Schaltungen sind dimensioniert und nachbausicher.

Die komplexen Zählerschaltungen sind im Kapitel 5 zu finden. Mit den Bausteinen ICM 7216 oder ICM 7217 können wir nicht nur Frequenzen messen, sondern auch eine Periodendauer, ein Frequenzverhältnis und einen Zeitintervall bestimmen oder Ereignisse zählen. Durch einen internen Quarz ergeben sich die Zeitbasen für die Messungen, die wir extern einstellen können. Mit Vorverstärkern und Vorteilern erhalten wir Meßbereiche zwischen dem reinen Gleichstrombetrieb und einer Hochfrequenz bis zu 1 GHz.

In diesem Hobby-Buch sind vier komplette Bauanleitungen beschrieben, die in keinem Labor fehlen sollen.

Einstellbares Universal-Netzgerät: Vier Gleichspannungen von 0,01 V bis 50 V und stufenlose Strombegrenzung. Für die gesamte Analogtechnik geeignet.

Universal-Netzgerät: Zahlreiche Festspannungen, einstellbarer Wechselspannung, Schaltregler für TTL-Versuche mit $I_a = 5$ A und einer programmierbaren Gleichungsquelle.

Digitaler Kapazitätsmesser: Meßgerät für Kondensatoren zwischen 1 pF und 10 mF. Anzeige erfolgt digital.

Universal-Zähler: Bis 650 MHz: Fünf Meßmöglichkeiten (Frequenzen, Periodendauer, Frequenz-Verhältnis, Zeitintervall und Ereigniszähler), fünf Wahlmöglichkeiten zwischen den Bereichen, FET-Vorverstärker, Frequenzteiler bis 650 MHz und 8stelliger Anzeige.

Sollte ein Hobby-Elektroniker mit dem Ätzen von Platinen nicht sehr vertraut sein, kann er sie auch direkt beim Autor, Gysisstr. 9, 8000 München 70, anfordern. Bitte Rückporto beilegen.

Das Buch ist aus meiner praktischen Arbeit in meinem Labor für Meßtechnik entstanden, weshalb ich in bezug auf die Güte dieser beschriebenen Geräte besondere Anforderungen gestellt habe.

Jedes Gerät kostet im Eigenbau zwischen DM 60,– und DM 250,–.

München, im Sommer 1980 Herbert Bernstein

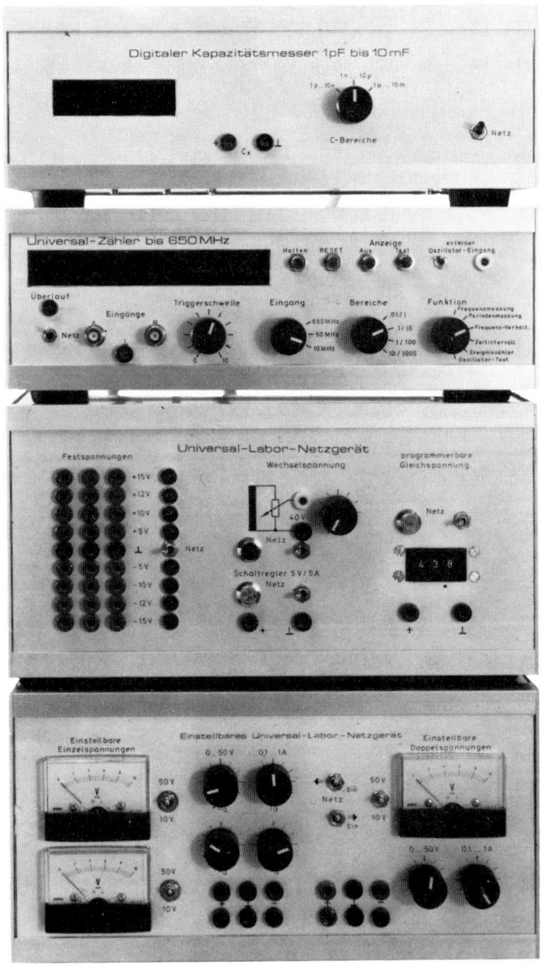

Labor-Meßgeräte zum Selbstbau (Foto: Peter Groh/München)

Inhaltsverzeichnis

1 Integrierte Spannungsregler

Integrierte Spannungsregler sind wichtige Bestandteile elektronischer Geräte. Die Höhe der Eingangs- und Ausgangsspannungen ist vom Halbleiterhersteller fest vorgegeben. Die Ausgänge sind meistens kurzschlußfest oder sie besitzen einen thermischen Überlastungsschutz. Durch externe Beschaltung können diese Spannungsregler für verschiedene Anwendungsfälle erweitert und dimensioniert werden. Man unterscheidet bei integrierten Spannungsreglern zwischen drei technischen Ausführungsformen:

a) Festspannungsregler,
b) einstellbare Spannungsregler,
c) geschaltete Spannungsregler (Schaltregler).

Die Festspannungsregler sind für eine bestimmte Ausgangsspannung und einen bestimmten Ausgangsstrom gefertigt. Mit externen Beschaltungen läßt sich die Ausgangsspannung entsprechend einstellen und der Ausgangsstrom erhöhen. Sie sind im Handel sehr preisgünstig zu erwerben und im praktischen Einsatz unproblematisch.

Die Festspannungsregler und die einstellbaren Spannungsregler haben jedoch einen ungünstigen Wirkungsgrad; er liegt in der Größenordnung von $\eta = 10$ bis 30 %. Dies liegt daran, weil über einen internen Längstransistor ein bestimmter Strom fließt und einen Spannungsabfall verursacht. Aus den beiden Faktoren ,,Spannungsabfall" und ,,Längsstrom" kann man dann die Verlustleistung berechnen, die durch den Längstransistor in Wärme umgewandelt wird. Bei den geschalteten Spannungsreglern liegt dagegen der Wirkungsgrad in der Größenordnung von $\eta = 60$ bis 85 %.

Schaltregler sind ebenfalls sehr preisgünstig, jedoch kann ihre praktische Anwendung Schwierigkeiten bereiten, besonders wenn die Herstellerkenndaten nicht genau beachtet werden.

1.1 Festspannungsregler

Bei den Festspannungsreglern unterscheidet man zwischen zahlreichen im Handel befindlichen Typen. Hierzu gehören Standard-Bausteine und industriespezifische Spannungsregler. In diesem Abschnitt sind die wichtigsten Bausteinfamilien in ihren Anwendungen erklärt.

1.1.1 Festspannungsregler 78XX, 78LXX und 78MXX

Die Typenbezeichnungen der 78er-Serie ist folgendermaßen zu verstehen:

7805
└── 5 V/1 A bei $U_{emax} = 35$ V

78M05
└── 5 V/0,5 A bei $U_{emax} = 35$ V

78mHV05 — 5 V/0,5 A bei U_{emax} = 60 V

78L12 — 12 V/0,1 A bei U_{emax} = 35 V

78HV15 — 15 V/1 A bei U_{emax} = 60 V

Die Zahl „78“ kennzeichnet die Spannungsreglerserie.

Sind in der Typenangabe keine Buchstaben enthalten, darf die Eingangsspannung nicht höher als U_{emax} = 35 V sein. Überschreiten wir diesen Wert, wird der Spannungsregler zerstört und am Ausgang liegt die volle Eingangsspannung.

Mit „05,06,12“ usw. ist die Höhe der Ausgangsspannung gekennzeichnet. Die Buchstaben HV (für high voltage) geben die maximale Eingangsspannung U_e = 60 V an.

Bei dem Buchstaben „L“ können wir einen Ausgangsstrom von I_{amax} = 0,1 A dem Spannungsregler entnehmen, bei der Bezeichnung „M“ oder „m“ einen I_{amax} von 0,5 A, und ist keine Buchstabenbezeichnung vorhanden, einen Strom von I_{amax} = 1 A. Diese Werte sind jedoch nur zu erreichen, wenn die Spannungsregler gut gekühlt sind, also durch Montage auf ein Kühlblech oder Kühlrippen. Andernfalls kann ein Spannungsregler nur etwa 50 % seines maximal lieferbaren Ausgangsstromes abgeben.

Serie 78LXX:

Bild 1.1 zeigt uns die Innenschaltung dieser Spannungsreglertypen.

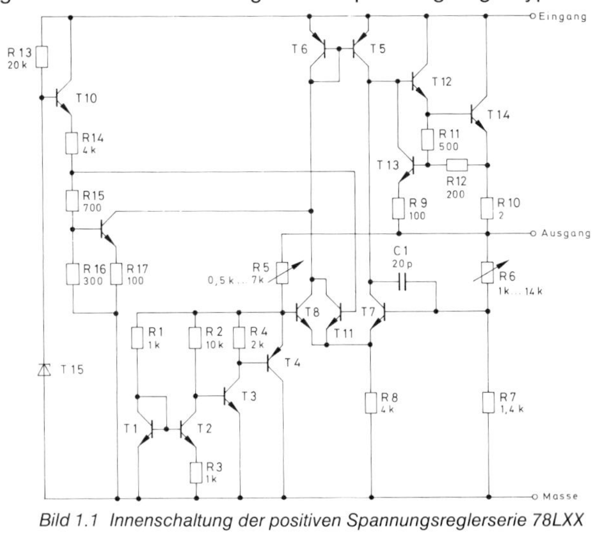

Bild 1.1 Innenschaltung der positiven Spannungsreglerserie 78LXX

Am Eingang des Spannungsreglers liegt die unstabilisierte Eingangsspannung an. Am Ausgang erhalten wir eine stabilisierte Spannung, deren Wert die Bezeichnung „XX" angibt. Den Masseanschluß müssen wir entweder mit der Masse oder mit dem Minuspol des Netzgerätes verbinden. Die beiden Einsteller R 5, R 6 sind von außen nicht zugänglich. Der Halbleiterhersteller bestimmt mit diesen beiden Trimmern die spezifizierte Ausgangsspannung.

Die Serie 78LXX ist entweder im TO-92-Gehäuse (**Bild 1.2**) oder im TO-39-Gehäuse (**Bild 1.3**) erhältlich. Bitte beachten Sie unbedingt die richtige Anschlußfolge, weil bei einer Vertauschung der Anschlüsse der Baustein sofort zerstört wird.

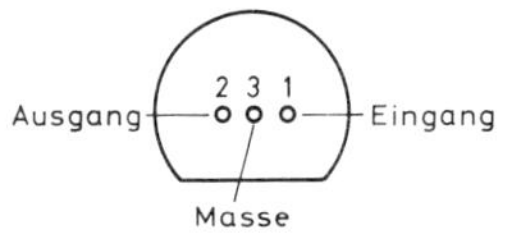

Bild 1.2 TO-92-Gehäuse der Serie 78LXX

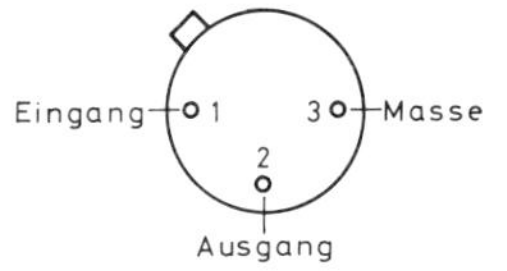

Bild 1.3 TO-39-Gehäuse der Serie 78LXX oder 78MXX

Die Spannungsregler im TO-92-Gehäuse sind aus Plastik, die im TO-39-Gehäuse aus Metall. Es sind u. a. Spannungsregler mit folgenden Werten erhältlich:

Ausgangsspannung	Typ	U_{amin}	U_{atyp}	U_{amax}	I_{amax}
2,6 V	78L02	2,5 V	2,6 V	2,7 V	100 mA
5,0 V	78L05	4,8 V	5,0 V	5,2 V	100 mA
6,2 V	78L06	5,7 V	6,2 V	6,7 V	100 mA
8,2 V	78L08	7,5 V	8,2 V	8,8 V	100 mA
12,0 V	78L12	11,0 V	12,0 V	13,0 V	100 mA
15,0 V	78L15	14,0 V	15,0 V	16,0 V	100 mA

Spannungsregler dieser Serie bezeichnet man als Dreipunktregler.

Bild 1.4 zeigt einen angeschlossenen Spannungsregler. Hierfür können wir jeden Typ der 78L-Serie verwenden.

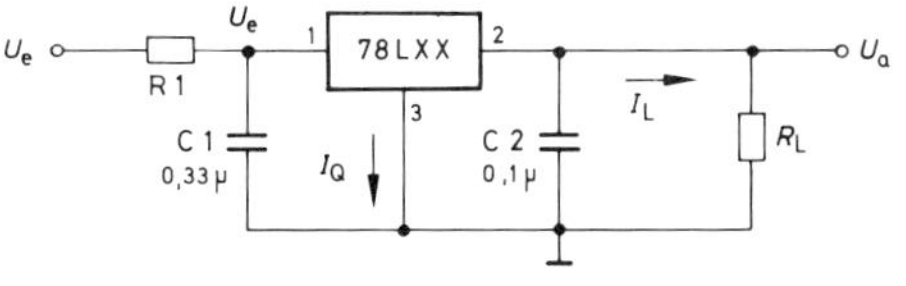

Bild 1.4 Angeschlossener Spannungsregler der Serie 78LXX

Die beiden Kondensatoren C 1, C 2 sollen einen Wert von ca. 0,1 . . . 0,33 µF haben, damit parasitäre (wilde) Schwingungen beim Einschalten oder im Überlastungsfall unterdrückt werden.

Der Widerstand R 1 ist nur dann erforderlich, wenn eine höhere Eingangsspannung verwendet wird, als die Spannungsregler vertragen. Hierfür errechnet sich der Wert des Widerstandes R 1:

$$R_1 = \frac{U_{emin} - U_a - 2{,}0\ \mathrm{V}}{I_{L\,max} + I_Q} .$$

Die minimale Eingangsspannung U_{emin} ist von dem Transformator, von der Gleichrichterschaltung und der Siebung abhängig. Die Spannung U_a des Reglertyps ist bekannt und der Strom I_{Lmax} wird mit dem Querstrom I_Q addiert. Der Querstrom I_Q fließt durch die interne Schaltung des Reglers und beträgt ca. $^1/_{100}$ von I_{Lmax}.

Die 78L-Serie ist kurzschlußfest. Tritt am Ausgang des Spannungsreglers ein Kurzschluß auf, wird die Ausgangsspannung automatisch zurückgeregelt. Dabei bleibt jedoch eine geringe Tastspannung am Ausgang vorhanden. Wird der Kurzschluß beseitigt, erhöht sich die Ausgangsspannung wieder auf ihren spezifizierten Wert, wobei aber kein Überschwingen auftritt. Daher nehmen überspannungsempfindliche Elektronikschaltungen keinen Schaden.

Die Abschaltung erfolgt elektronisch und thermisch. Ist der Ausgangsstrom (Laststrom) zu groß, erwärmt sich der Spannungsregler. Ab einer Betriebstemperatur von +125°C regelt sich die Ausgangsspannung zurück und der Laststrom verkleinert sich entsprechend. Nach einer Abkühlphase erhöht sich die Ausgangsspannung wieder auf ihren spezifizierten Wert. Daher sollen die Spannungsregler ausreichend gekühlt sein.

Die Spannungsregler in Plastik (TO-92) sind für eine Kühlfahne nicht geeignet. In diesem Fall verwenden wir das Metallgehäuse (TO-39). Hier können wir entweder eine Kühlfahne oder einen Kühlstern anbringen.

Serie 78MXX:

Bild 1.5 zeigt uns die Innenschaltung dieser Spannungsreglertypen. Über den Eingang des Spannungsreglers liegt die unstabilisierte Eingangsspannung. An dem Ausgang erhalten wir die stabilisierte Ausgangsspannung. Der Masseanschluß ist unser Bezugspotential, den wir mit Masse oder Minus in unserem Netzgerät verbinden.

Der Wert der Ausgangsspannung ist von der Z-Diode D 1 abhängig, die der Halbleiterhersteller in ihrer Z-Spannung festlegt. Kein externer Zugriff ist möglich.

Als Gehäuse für diese Serie wird entweder das TO-39-Gehäuse (Bild 1.3) oder das TO-220-Gehäuse verwendet. Das Anschlußschema für das TO-220-Gehäuse ist in **Bild 1.6** gezeigt. Bitte beachten Sie wieder unbedingt die richtige Anschlußfolge!

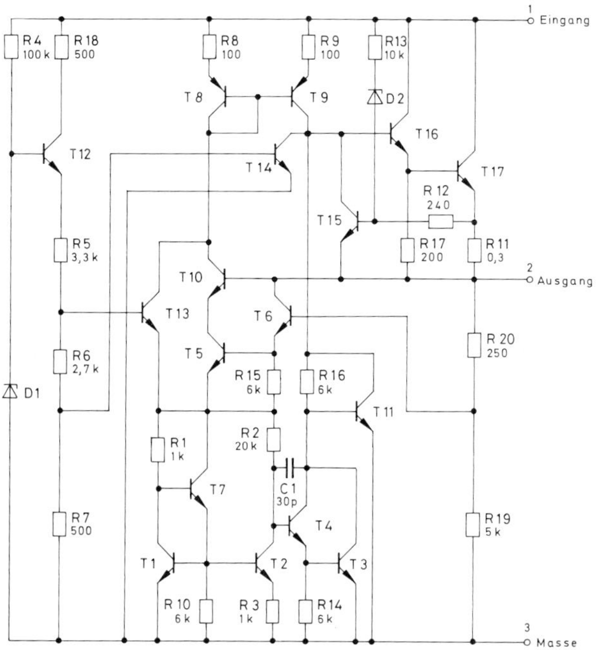

Bild 1.5 Innenschaltung der positiven Spannungsreglerserie 78MXX

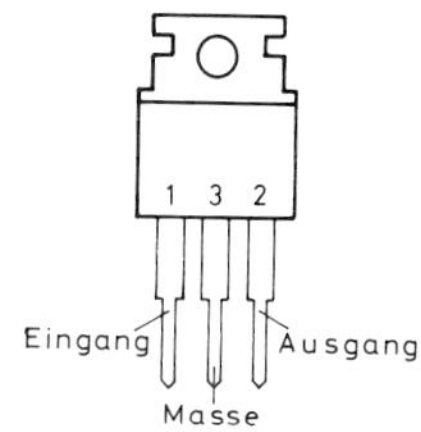

Bild 1.6 TO-220-Gehäuse der Serie 78MXX oder 78XX

Das TO-220-Gehäuse wird in Plastik mit Metallrückwand geliefert. Es sind folgende Spannungsregler erhältlich:

Ausgangsspannung	Typ	U_{amin}	U_{atyp}	U_{amax}	I_{amax}
5 V	78M05	4,8 V	5,0 V	5,2 V	500 mA
6 V	78M06	5,7 V	6,0 V	6,2 V	500 mA
8 V	78M08	7,7 V	8,0 V	8,3 V	500 mA
12 V	78M12	11,5 V	12,0 V	12,5 V	500 mA
15 V	78M15	14,4 V	15,0 V	15,6 V	500 mA
20 V	78M20	19,4 V	20,0 V	20,6 V	500 mA
24 V	78M24	23,3 V	24,0 V	24,7 V	500 mA

Für uns gilt immer der typische Wert der Ausgangsspannung. Betreiben wir diese Spannungsregler ohne Kühlung, so liegt der Dauerlaststrom in der Größenordnung von $I_a \approx 250$ mA. Dabei hat das Gehäuse eine Temperatur von ca. 125 °C. Wird dieser Temperaturwert überschritten, spricht der thermische Überlastungsschutz an und die Ausgangsspannung regelt sich zurück. Durch eine ausreichende Kühlung können wir den Strom von I_{amax} erreichen.

Serie 78XX:

Die Innenschaltung der Spannungsreglerserie 78XX ist mit der von der Serie 78MXX weitgehend identisch. Nur der Transistor T 14 in Bild 1.1 hat eine größere Stromverstärkung und die Transistorgeometrie ist größer, d. h. Basis, Kollektor und Emitter sind größer und damit kann auch ein höherer Strom fließen.

Als Gehäuse für diese Serie wird entweder das TO-220-Gehäuse (Bild 1.6) oder das TO-3-Gehäuse verwendet. Das Anschlußschema für das TO-3-Gehäuse ist in **Bild 1.7** gezeigt. Bitte beachten Sie unbedingt die richtige Anschlußfolge!

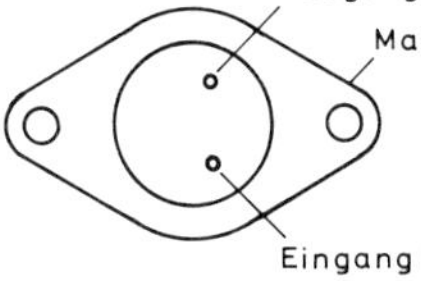

Bild 1.7 TO-3-Gehäuse der Serie 78XX

Das TO-3-Gehäuse wird in Metall geliefert. Es sind folgende Spannungsregler erhältlich:

Ausgangsspannung	Typ	U_{amin}	U_{atyp}	U_{amax}	I_{amax}
5,0 V	7805	4,8 V	5,0 V	5,2 V	1 A
6,0 V	7806	5,7 V	6,0 V	6,3 V	1 A
8,0 V	7808	7,7 V	8,0 V	8,3 V	1 A
12,0 V	7812	11,5 V	12,0 V	12,5 V	1 A
13,8 V	7814	13,3 V	13,8 V	14,3 V	1 A
15,0 V	7815	14,4 V	15,0 V	15,6 V	1 A
18,0 V	7818	17,3 V	18,0 V	18,7 V	1 A
24,0 V	7824	23,0 V	24,0 V	25,0 V	1 A

Für uns gelten nur die typischen Werte für die Ausgangsspannungen. Betreiben wir diese Spannungsregler ohne zusätzliche Kühlung, so ist der Dauerlaststrom in der Größenordnung von $I_a \approx 500$ mA, wobei der Spannungsregler im TO-220-Gehäuse etwas weniger Dauerlaststrom verträgt, bis er thermisch abgeschaltet wird.

Montieren wir dagegen die Spannungsregler auf Kühlkörper, so können wir auf einen Wert von I_{amax} kommen.

1.1.2 Anwendungsbeispiele mit der 78XX-, 78MXX- und 78LXX-Serie

Die Anwendung der Spannungsregler der 78er-Serie kann sehr vielseitig sein, wenn wir die Vorschriften der Halbleiterhersteller einhalten.

Bild 1.8 zeigt die einfache Beschaltung für den Festspannungsregler 78XX. Der Kondensator C 1 hat einen Wert von 0,33 µF und der Kondensator C 2 einen Wert zwischen 0,1 µF und 0,47 µF. Diese Kondensatorwerte sollen nicht unter- oder überschritten werden.

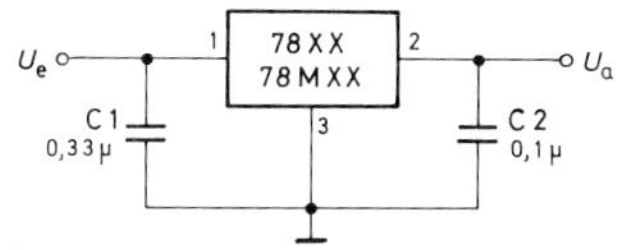

Bild 1.8 Externe Beschaltung der Serie 78XX und 78MXX

Die beiden Kondensatoren müssen möglichst nahe an dem Spannungsregler sein, damit parasitäre Schwingungen wirksam unterdrückt werden.

Die Ausgangsspannung bei der Schaltung von Bild 1.8 ist von dem verwendeten Spannungsregler abhängig und kann daher zwischen $U_a = +2{,}6$ V und $U_a = +24$ V liegen. Das gleiche gilt auch für den Ausgangsstrom.

Montieren wir den Spannungsregler auf ein Kühlblech, so sind folgende Punkte zu beachten:

a) Besteht zwischen dem Kühlblech und den anderen elektronischen Bauelementen eine elektrische Verbindung? Bei „nein" ergeben sich keine Probleme. Wenn ja, so ist zwischen dem Spannungsregler und dem Kühlblech unbedingt eine Glimmerscheibe unterzulegen. Als Verbindungsschrauben müssen wir dann entweder Plastikschrauben (bitte keine billigen, da diese bei Temperaturen über 100 °C schmelzen können) verwenden oder spezielle Isoliernippel mit Metallschrauben.

b) Wir können den Spannungsregler ohne Wärmeleitpaste mit oder ohne Glimmerscheibe auf dem Kühlblech montieren. Bei Verwendung von Wärmeleitpaste läßt sich der Wärmeübergangswiderstand um ca. 50 % reduzieren. Daher kann der Spannungsregler höher belastet werden, da der thermische Überlastungsschutz verzögert anspricht.

c) Das Kühlblech ist unbedingt so zu montieren, daß die Kühlrippen senkrecht stehen. Es ergibt sich eine „Kaminwirkung", d. h. die kalte Luft erwärmt sich von unten nach oben. Andernfalls entsteht ein Wärmestau in den Kühlrippen und der Spannungsregler schaltet thermisch ab, ohne daß das Kühlblech eine Funktion hat. Durch die senkrechte Montage erhalten wir bis zu 80 % mehr Kühlung!

Die Montage eines TO-3-Gehäuses auf einem Kühlblech ist in **Bild 1.9** gezeigt. Zuerst ist der Kühlkörper mit vier Bohrungen zu versehen. Bitte beachten Sie die mechanischen Abmessungen des TO-3-Gehäuses, da Basis und Emitter nicht symmetrisch angeordnet sind.

Die beiden Bohrungen für Basis und Emitter sollen einen Durchmesser von ca. 5 mm haben. Bei den beiden anderen Bohrungen müssen wir den Durchmesser der Isoliernippel beachten. Dabei sollen die Isoliernippel nach Möglichkeit in den Kühlkörper leicht eingepreßt werden.

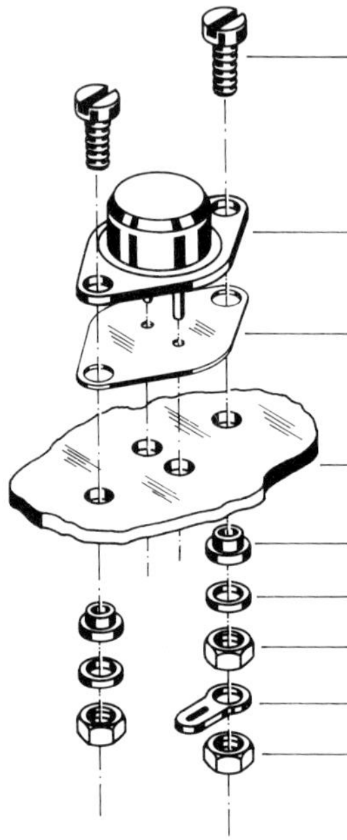

Bild 1.9 Elektrisch isolierte Montage des TO-3-Gehäuses auf einem Kühlkörper (gilt für Spannungsregler und Transistoren)

Die Montage des TO-3-Gehäuses auf dem Kühlblech ist kein Problem, wenn wir die einzelnen Bauelemente richtig behandeln. Die Glimmerscheibe kann durch mechanische Einwirkung leicht brechen, wenn z. B. die beiden Schrauben zu fest angezogen werden. Bitte streichen Sie Wärmeleitpaste auf und unter die Glimmerscheibe, damit der Wärmeübergangswiderstand möglichst gering ist.

Die Lötöse für den Kollektoranschluß oder für die Masse können wir entweder zwischen Beilagscheibe oder Mutter einlegen oder wir montieren sie zwischen zwei Muttern.

Nach der Montage ist mit einem Ohm-Meter der Isolationswiderstand zwischen Kühlkörper und dem TO-3-Gehäuse zu messen. Der Widerstandswert muß sehr hoch sein. Somit ist das TO-3-Gehäuse elektrisch isoliert auf dem Kühlkörper angebracht.

Günstig für Spannungsregler sind **Pro**fil(PR)-Kühlkörper. Hierzu gibt es eine PR-Reihe, die bereits ein **U**niversal-**L**ochbild ,,UL" hat. Auf diesem können wir TO-3-, TO-66- und SOT-9-Gehäuse montieren. Notfalls läßt sich dieses auch für TO-20-Gehäuse verwenden. 2 × UL heißt, daß der Kühlkörper zweimal die Standardlochung hat.

Alle Kühlkörper der PR-Reihe werden wahlweise in Aluminium blank (AL) oder schwarz eloxiert (SE) angeboten. Es gilt folgender Bestellschlüssel:

PR 180 / 50 / SE / UL

- UL — Lochbild
- SE — Oberfläche
- 50 — Länge
- 180 — Profiltyp

Günstig für uns ist der Typ PR 120, wenn wir den Spannungsregler außerhalb, d. h. auf der Rückseite unseres Gerätes, montieren.

Die Schaltung von Bild 1.8 kann uns einen bestimmten Ausgangsstrom liefern. Schalten wir zu einem Festspannungsregler einen Längs- oder Regeltransistor parallel, erhöht sich der Wert des Ausgangsstromes. **Bild 1.10** zeigt die Schaltung für einen Hochstrom-Spannungsregler.

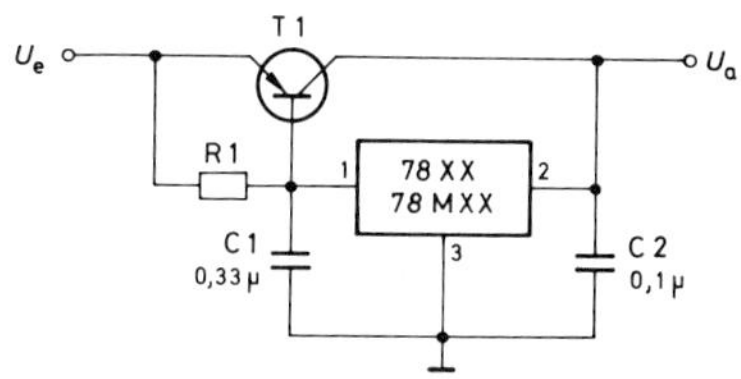

Bild 1.10 Schaltung eines einfachen Hochstrom-Spannungsreglers

Die Berechnung der Schaltung von Bild 1.10 kann mit einfachen Formeln durchgeführt werden. Bei der Dimensionierung der Bauteile sind jedoch auch praktische Versuche erforderlich, nachdem die Berechnung nicht immer mit den durch Messungen ermittelten Werten übereinstimmt. Die Fertigungstoleranzen der verschiedenen Bauteile-Hersteller weichen voneinander manchmal sehr stark ab, so daß gelegentliches Ausprobieren nützlich ist. Der Stromverstärkungsfaktor für den Transistor T 1 berechnet sich nach folgender Gleichung:

$$B_{(T\,1)}\ \frac{I_{amax}}{I_{rmax}}$$

Für den maximalen Ausgangsstrom I_{amax} nehmen wir einen geforderten Wert an. Der Reglerstrom I_{rmax} ist vom Festspannungsregler abhängig. Somit erhalten wir den Stromverstärkungsfaktor für den Leistungstransistor und können so einen bestimmten Typ aus den Datenblättern auswählen.

Der Widerstand R 1 in der Schaltung berechnet sich aus

$$R_1 = \frac{U_{BE\,(T\,1)}}{I_r} = \frac{0{,}7\ \mathrm{V}}{I_r}\quad .$$

Mit diesen beiden Gleichungen können wir nun die externen Bauelemente berechnen.

Beispiel:

Die Schaltung von Bild 1.10 soll für einen Ausgangsstrom $I_{amax} = 3$ A ausgelegt werden. Als Regler verwenden wir den Typ 7805. Es berechnet sich die Stromverstärkung:

$$B_{(T\,1)} = \frac{3\ \text{A}}{0{,}1\ \text{A}} = 30$$

Bei dem Reglerstrom $I_r = 0{,}1$ A lasten wir den Festspannungsregler nur um $^1/_{10}$ aus. Würden wir einen Strom $I_{rmax} = 1$ A in der Gleichung verwenden, ergäbe sich ein Stromverstärkungsfaktor von $B = 3$.

Aus dem Datenblatt des Herstellers ist zu ersehen, welchen maximalen Ausgangsstrom man dem Regler entnehmen kann. Die Grenzwerte, die in den Datenblättern angegeben sind, sollten auf keinen Fall überschritten werden.

Wenn wir nun einen Transistor auswählen, mit dem wir den Festspannungsregler extern beschalten, um einen höheren Ausgangsstrom zu entnehmen, ist auch der Spannungsabfall U_{CE} der Emitter-Kollektor-Strecke des Transistors T 1 zu ermitteln.

Als Spannungsabfall wählen wir im Beispiel $U_{CE} = 5$ V, d. h. wir haben eine Eingangsspannung $U_e = 10$ V. Der durch den Spannungsregler fließende Reglerstrom I_r wird als vernachlässigbar klein angenommen und wir erhalten einen Transistorstrom $I_{T\,1} \approx I_C = 3$ A. Daraus berechnet sich die Transistorverlustleistung zu

$$\begin{aligned} P_{T\,1} &= U_{CE} \cdot I_{T\,1} \\ &= 5\ \text{V} \cdot 3\ \text{A} \\ &= 15\ \text{W} \end{aligned}$$

Wir können zwischen folgenden PNP-Transistoren auswählen:

Typ	Gehäuse	Stromverstärkung B (Mindestwerte)	Gesamtverlustleistung P_{tot}	Kollektorstrom I_C (Mindestwerte)
BD 136	TO-126	40	8 W	1,0 A
BD 166	TO-126	40	20 W	1,5 A
BD 176	TO-126	40	30 W	3,0 A
BD 186	TO-126	40	40 W	4,0 A
BD 202	TO-220	30	60 W	8,0 A
BD 644	TO-220	750	62,5 W	8,0 A
BD 676	TO-126	750	40 W	4,0 A
2N2955	TO-3	20	115 W	15,0 A
2N5683	TO-3	15	300 W	25,0 A

Die Transistoren BD 644 und BD 676 haben eine Darlingtonstufe, weshalb sich dadurch sehr hohe Stromverstärkungsfaktoren ergeben. Für unser Anwendungsbeispiel verwenden wir den Transistor BD 176.

Der Widerstand R 1 errechnet sich aus

$$R_1 = \frac{0{,}7\ \text{V}}{0{,}1\ \text{A}} = 7\ \Omega\ \text{(Normwert 6,8 }\Omega\text{)}$$

Wir verwenden hier also den Normwiderstand mit 6,8 Ω.

Vergrößern wir den Widerstand R 1, verringert sich entsprechend der Reglerstrom I_r und die Verlustleistung im Regler wird geringer. Bei $R_1 > 25\ \Omega$ verliert die Schaltung ihre Regelwirkung.

Die Schaltung von Bild 1.10 hat aber einen entscheidenden Nachteil. Tritt am Ausgang der Schaltung ein Kurzschluß auf, vergrößert sich der Eingangsstrom des Reglers, d. h. der Spannungsabfall an dem Widerstand R 1 vergrößert sich. Die Spannung an der Basis des Längstransistors wird negativer gegenüber der Eingangsspannung und der Emitterstrom vergrößert sich. An dem Leistungstransistor fließt ein großer Strom bei einem hohen Spannungsabfall. Da aber die Leistung ein Produkt aus Spannung und Strom ist, erhalten wir eine sehr starke Wärmeentwicklung an dem Transistor. Der Transistor wird zerstört, weil keine Kurzschlußsicherung vorhanden ist.

Die Schaltung von **Bild 1.11** hat eine elektronische Sicherung für den Transistor T 1. Der Transistor T 2 übernimmt die Funktion der elektronischen Sicherung.

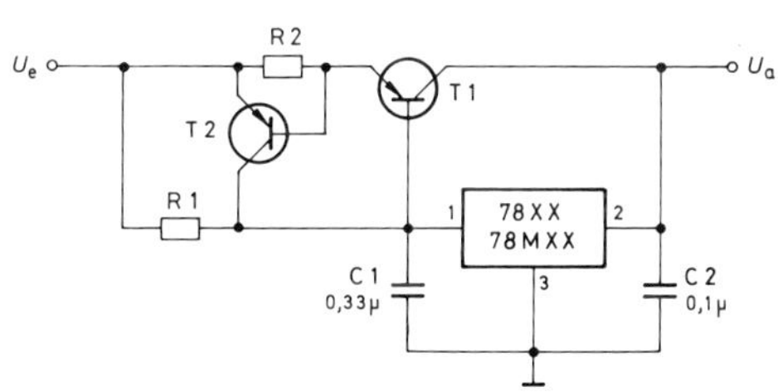

Bild 1.11 Hochstrom-Spannungsregler mit elektronischer Sicherung

Wir benötigen noch einen Widerstand R 2 (oder R_{SC} = shunt, auch Shuntwiderstand genannt) für die Strommessung. Fließt durch den Widerstand R 2 ein bestimmter Strom, erhalten wir einen entsprechend großen Spannungsabfall. Mit zunehmendem Strom vergrößert sich der Spannungsabfall an R 2, bis die Basis-Emitter-Spannung von $U_{BE\,(T\,2)} = 0{,}7$ V erreicht ist. Der Transistor T 2 schaltet durch und die Spannung an der Basis von dem Transistor T 1 wird positiv. Da der Transistor ein PNP-Typ ist, sperrt er voll.

Der Widerstand R 2 berechnet sich aus

$$R_2 = \frac{U_{BE\,(T\,2)}}{I_{amax}\,(\approx I_{q\,(T\,1)})}$$

wobei wir den Strom durch den Festspannungsregler vernachlässigen dürfen.

Mit diesem Festspannungsregler können wir auch eine Konstantstromquelle realisieren. Die Schaltung von **Bild 1.12** zeigt den Aufbau.

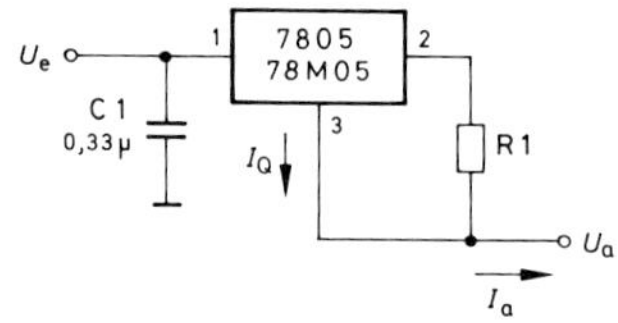

Bild 1.12 Konstantstromquelle mit integriertem Spannungsregler

Der Ausgangsstrom I_a errechnet sich aus

$$I_a = \left(\frac{5\,V}{R_1}\right) + I_Q$$

Bei der Verwendung des Reglers 7805 kann ein konstanter Strom von $I_{amax} = 1$ A fließen, wenn wir den Regler richtig kühlen und den Widerstand R 1 entsprechend klein wählen.

Der Querstrom I_Q, der aus dem Masseanschluß des Reglers herausfließt, ist ca. 1/100 von dem Ausgangsstrom I_a.

Beispiel:

Die Schaltung von Bild 1.12 soll für einen Strom von $I_a = 650$ mA ausgelegt werden. Wie groß ist der Widerstand R 1?

$$R_1 = \frac{5\,V}{I_a - I_Q} = \frac{5\,V}{650\,mA - 6{,}5\,mA} = \frac{5\,V}{643{,}5\,mA} = 7{,}77\,\Omega \text{ (Normwert } 8{,}2\,\Omega)$$

Der Konstantstrom gilt für einen Temperaturbereich zwischen 0 °C und + 70 °C, bei einer Ausgangsspannung zwischen 2,2 V und 5,25 V, je nach Belastung durch einen angeschalteten Widerstand.

Mit einem Spannungsteiler läßt sich bei einem Festspannungsregler die Ausgangsspannung variieren. **Bild 1.13** zeigt die Schaltung.

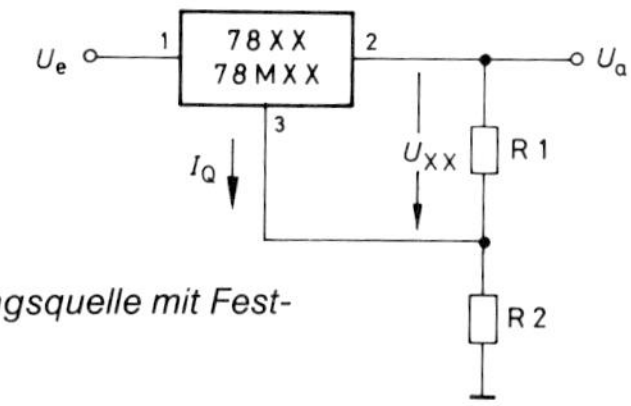

Bild 1.13 Einstellbare Spannungsquelle mit Festspannungsregler

Der Masseanschluß des Festspannungsreglers ist mit dem Mittelabgriff des Spannungsteilers verbunden. Da zwischen Masseanschluß und dem Anschluß der Ausgangsspannung immer ein definierter Spannungszustand U_{XX} vorhanden ist, ist die Ausgangsspannung nur von dem Spannungsteilerverhältnis abhängig. Der Masseanschluß „floatet", d. h. er schwimmt an einem bestimmten Spannungspegel. Verändern wir den Spannungspegel in positiver Richtung, vergrößert sich die Ausgangsspannung, verändern wir ihn in negativer Richtung, verkleinert sich die Ausgangsspannung.

Die Ausgangsspannung läßt sich mit der Formel

$$U_a = U_{XX}\left(1 + \frac{R_2}{R_1}\right) + I_Q \cdot R_2$$

berechnen. Die Spannung U_{XX} ist von dem verwendeten Spannungsregler abhängig. Der Querstrom I_Q hat einen Wert von ca. $0{,}01 \cdot I_a$ und ist auch von der Höhe der Eingangsspannung gegenüber der Ausgangsspannung abhängig. Wir verwenden $^1/_{100}$ von I_a für unsere Berechnungen.

Beispiel:

Wir benötigen eine Ausgangsspannung von 9 V und haben einen Spannungsregler 7805. Der Ausgangsstrom beträgt $I_{amax} = 1$ A (bei sehr guter Kühlung) und es ergibt sich ein Querstrom von $I_Q = 0{,}01$ A. Der Widerstand R 1 hat einen Wert von $R_1 = 1$ kΩ. Wie groß ist der Widerstand R 2?

$$R_2 = \frac{R_1 \cdot (U_a - U_{XX})}{U_{XX} + I_Q \cdot R_1}$$

$$= \frac{1\,\text{k}\Omega\,(9\,\text{V} - 5\,\text{V})}{5\,\text{V} + 0{,}01\,\text{A} \cdot 1\,\text{k}\Omega}$$

$$= \frac{1\,\text{k}\Omega \cdot 4\,\text{V}}{5\,\text{V} + 10\,\text{V}}$$

$$= \frac{4000\,\text{V}\Omega}{15\,\text{V}}$$

$$= 266{,}6\,\Omega\ (\text{Normwert } 270\,\Omega)$$

Bauen wir die Schaltung mit diesen Werten auf, ergibt sich eine gewisse Toleranz in der Ausgangsspannung, da eine genaue Bestimmung des Querstromes sehr schwierig ist. Schalten Sie bei dem Widerstand R 1 einen Festwiderstand mit 100 Ω in Reihe mit einem Einsteller von 500 Ω oder 1 kΩ. Damit können Sie die Ausgangsspannung genau abgleichen.

Interessant wird die Schaltung von Bild 1.13, wenn wir statt der beiden Widerstände ein Potentiometer verwenden. Damit können wir bei einem Spannungsregler 7805 einen Bereich zwischen $U_a = 5$ V bis $U_a = 15$ V einstellen.

Die Ausgangsspannung ist von der Eingangsspannung abhängig. Je größer die Eingangsspannung ist, um so größer ist der Änderungsbereich der Ausgangsspannung.

Mit dem Spannungsregler 7814 läßt sich ein einfaches Batterie-Ladegerät realisieren. **Bild 1.14** zeigt den Aufbau der Schaltung.

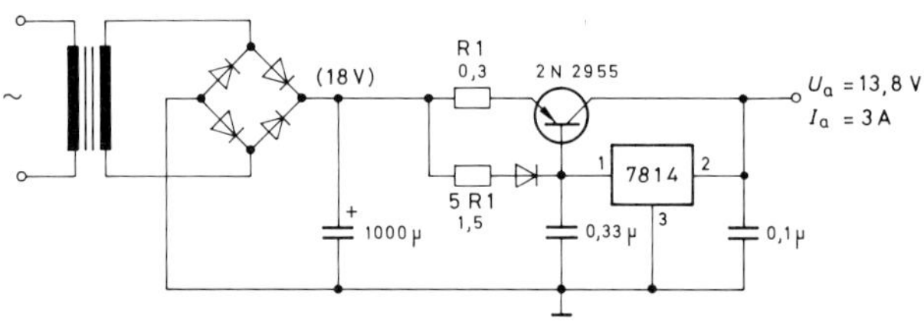

Bild 1.14 Batterie-Ladegerät oder Netzgerät für Autoradios und CB-Funkgeräte

Über einen Netztransformator erhalten wir eine Ausgangsspannung von ca. $U_a =$ 12-V-Wechselspannung. Diese Spannung wird gleichgerichtet und liegt an einem Kondensator mit 1000 µF an. Aus der 12-V-Wechselspannung ergibt sich somit eine Gleichspannung von ca. 17 V. Über den Widerstand R 1 und den Längstransistor 2N2955 fließt ein Ausgangsstrom von $I_a = 3$ A.

Der Widerstand R 1 hat einen Wert von 0,3 Ω und der Widerstand R 2 von 5 · R 1, also 1,5 Ω. Der Faktor 5 wurde durch eine Messung ermittelt. Damit erhalten wir eine Ausgangsspannung von 13,8 V bei einem Strom von 3 A, wobei die Ausgangsspannung durch den Festspannungsregler bestimmt wird.

Die Ausgangsspannung von 13,8 V entspricht der Spannung von Lichtmaschinen in Kraftfahrzeugen. Falls Sie Autoradios oder CB-Funkgeräte reparieren, ist dieses Netzgerät hierzu ideal.

Mit der Schaltung von **Bild 1.15** können wir mit einem positiven Festspannungsregler eine negative Ausgangsspannung erzeugen, wenn wir die einzelnen Bezugspotentiale richtig anwenden.

Über den Transformator erhalten wir eine Wechselspannung, die von den Dioden gleichgerichtet wird. In diesem Fall haben wir eine Doppelweggleichrichtung mit einer Mittelanzapfung des Transformators. Diese Mittelanzapfung bildet die negative Ausgangsspannung für unser Netzgerät. Der Festspannungsregler erzeugt je nach Typ die positive Ausgangsspannung, die aber mit Masse verbunden ist.

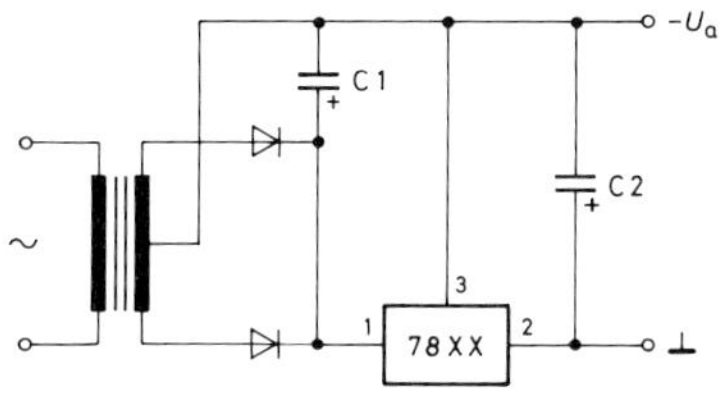

Bild 1.15 Negative Ausgangsspannung mit dem Spannungsregler 78XX

Daher ist die positive Ausgangsspannung unser Bezugspotential und der Mittelabgriff wird negativ. Es ergibt sich eine negative Ausgangsspannung, die von dem Festspannungsregler abhängig ist. Statt der Doppelweggleichrichtung können wir auch einen Brückengleichrichter und einen Transformator ohne Mittelanzapfung verwenden.

Ein einfaches Labornetzgerät ergibt die Schaltung von **Bild 1.16**. Die Schaltung ist besonders preisgünstig, da wir zwei gleiche Spannungsregler für die positive und negative Ausgangsspannung verwenden.

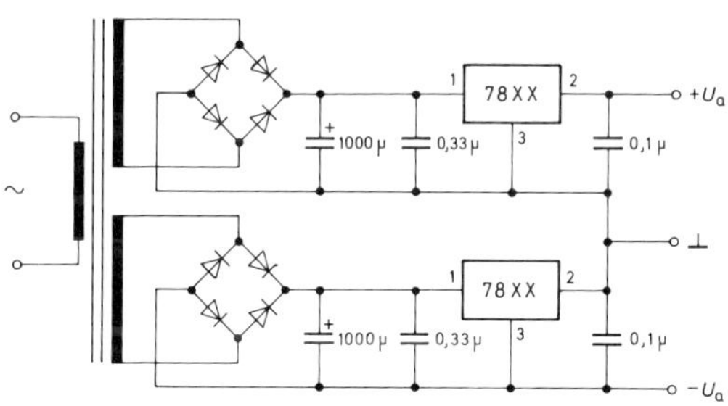

Bild 1.16 Netzgerät mit positiver und negativer Ausgangsspannung

Über den Transformator erhalten wir zwei Wechselspannungen, die wir durch zwei Brückengleichrichter und zwei Kondensatoren in Gleichspannungen umwandeln. Der obere Spannungsregler erzeugt die positive Ausgangsspannung von $+U_a$ und der Masseanschluß ist mit der Masse des Gerätes verbunden.

Der untere Spannungsregler erzeugt ebenfalls eine positive Ausgangsspannung, die wir aber mit der Masse des Gerätes verbinden. Da wir durch den Transformator eine elektrische Trennung erhalten, ergibt der Masseanschluß des unteren Spannungsreglers die negative Betriebsspannung.

Die elektrische Trennung durch den Transformator muß unbedingt gegeben sein. Ist dies nicht der Fall, wird einer der Festspannungsregler zerstört und die Ausgangsspannung nimmt den Wert der Eingangsspannung an. Angeschaltete Geräte können zerstört werden.

Beide Ausgangsspannungen von Bild 1.16 sind kurzschlußsicher. Bei ausreichender Kühlung sind Ströme bis zu 1 A möglich. Beide Festspannungsregler sollen auf einem Kühlblech montiert werden, wenn wir sie elektrisch trennen, d. h. wir unterlegen Glimmerscheiben und verwenden Plastikschrauben.

Reicht der Ausgangsstrom nicht aus, schalten wir zwei Spannungsregler einfach parallel. Der Ausgangsstrom erhöht sich um das Doppelte. Dabei dürfen die Kondensatoren für die Schwingunterdrückung die gleichen Werte haben. Auf diese Weise sparen wir uns einen externen Leistungstransistor und die Berechnung der Widerstände.

Die Schaltung von **Bild 1.17** beschreibt einen anderen Weg zur Erzeugung von zwei Betriebsspannungen. Hierzu ist ein Spannungsregler 78XX, ein Operationsverstärker 741 und ein PNP-Transistor erforderlich.

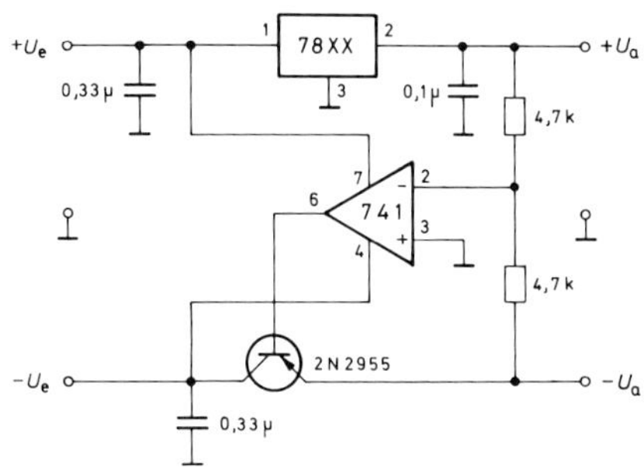

Bild 1.17 Netzgerät mit symmetrischer positiver und negativer Ausgangsspannung

Mit dem Spannungsregler erzeugen wir uns eine stabile Ausgangsspannung. Der Wert der Ausgangsspannung ist von dem Festspannungsreglertyp abhängig. Zwischen der positiven und negativen Betriebsspannung haben wir einen Spannungsteiler aus zwei gleich großen Widerständen. Sind die beiden Spannungen gleich groß in ihren Beträgen, liegt der invertierende Eingang des Operationsverstärkers an 0 V.

Der Operationsverstärker 741 ist als Vergleicher (Komparator) geschaltet. Der nichtinvertierende Eingang ist mit Masse verbunden. Sind die beiden Spannungen an dem Operationsverstärker gleich, hat der Ausgang 0 V. Der Basisstrom von dem PNP-Transistor ist so groß, daß die negative Ausgangsspannung im Betrag gleich ist mit der positiven Ausgangsspannung. Wir erhalten zwei symmetrische Ausgangsspannungen.

Sind die beiden Ausgangsspannungen gleich, fließt von dem PNP-Transistor ein Basisstrom in den Operationsverstärker ab. Verändert sich das Verhältnis zwischen den beiden Ausgangsspannungen, ändert sich die Ausgangsspannung des Operationsverstärkers um einen hohen Betrag, da wir keinen Gegenkopplungswiderstand haben. Der Basisstrom von dem PNP-Transistor wird sofort ausgeregelt, bis die Symmetrie zwischen den beiden Ausgangsspannungen wieder hergestellt ist.

Belasten wir z. B. den Ausgang der positiven Spannung mit einer niederohmigen Last, erwärmt sich der Spannungsregler und die Ausgangsspannung sinkt ab. Dadurch verschiebt sich die Spannung an dem invertierenden Eingang in negativer Richtung. Durch die hohe Leerlaufverstärkung ändert sich sofort die Ausgangsspannung des Operationsverstärkers in positiver Richtung, d. h. der Basisstrom von dem Transistor verringert sich. Die Ausgangsspannung pendelt sich auf den Betrag der positiven Ausgangsspannung ein.

Belasten wir den Ausgang der negativen Spannung mit einem niederohmigen Widerstand, sinkt die Spannung ab. Die Spannung an dem invertierenden Eingang wird positiver und die Ausgangsspannung des Operationsverstärkers ändert sich in negativer Richtung. Es fließt ein größerer Basisstrom ab und die negative Ausgangsspannung erhöht sich so lange, bis der Betrag der positiven Ausgangsspannung erreicht ist. Wir erhalten eine symmetrische Ausgangsspannung in positiver und negativer Richtung.

Bei der Schaltung von **Bild 1.18** können wir die Ausgangsspannung zwischen 0,5 V und 10 V variieren. Hierzu benötigen wir einen Spannungsregler mit U_{XX} = 5 V und einen Operationsverstärker 741.

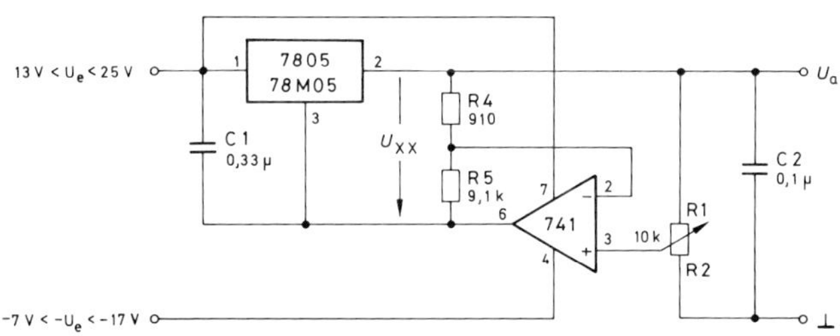

Bild 1.18 Netzgerät mit einstellbarer Ausgangsspannung zwischen 0,5 V . . . 10 V

Der Operationsverstärker arbeitet als Impedanzwandler, da die Eingangsspannung direkt an dem nichtinvertierenden Eingang anliegt. Die Ausgangsspannung des Operationsverstärkers steuert den Masseanschluß des Festspannungsreglers an. Mit den beiden Widerständen R 4 und R 5 bestimmen wir die Verstärkung der Schaltung.

Die Verstärkung errechnet sich aus

$$v = 1 + \frac{R_4}{R_5}$$

$$= 1 + \frac{910\ \Omega}{9{,}1\ \mathrm{k}\Omega}$$

$$= 1 + 0{,}1$$

$$= 1{,}1$$

Es ergibt sich eine Verstärkung von $v = 1{,}1$.

Die Spannung U_{XX} in der Schaltung ist die stabilisierte Ausgangsspannung des Reglers und beträgt in diesem Fall $U_{\mathrm{XX}} = 5$ V.

Stellen wir das Potentiometer auf Masse, d. h. der Teilwiderstand R 2 des Potentiometers ist sehr klein, erhalten wir eine Ausgangsspannung von ca. 0 V an dem Operationsverstärker, wenn die beiden Betriebsspannungen symmetrisch sind.

Bei der Schaltung von Bild 1.18 sind die Betriebsspannungen unsymmetrisch. Dadurch verschiebt sich die Ausgangsspannung des Operationsverstärkers. In unserem Fall müssen die Betriebsspannungen so eingestellt sein, daß wir eine Spannung von $U_{\mathrm{a0p}} = -4{,}5$ V erreichen, wenn der Widerstand R 2 = 0 Ω ist. Am Ausgang der Regelschaltung erhalten wir eine Spannung von $U_{\mathrm{a}} = +0{,}5$ V.

Verändern wir die Betriebsspannung des Operationsverstärkers, erhalten wir verschiedene Anfangsbereiche für die Ausgangsspannung der Regelschaltung.

Vergrößern wir die Spannung an dem nichtinvertierenden Eingang des Operationsverstärkers, ändert sich dessen Ausgangsspannung um einen bestimmten Betrag in positiver Richtung und die Masse des Spannungsreglers wird angehoben. Dadurch bedingt steigt die Ausgangsspannung der Regelschaltung an.

Bitte beachten Sie die maximale Betriebsspannung des Operationsverstärkers 741. Sie darf nicht größer als $U_{\mathrm{b}} = \pm 18$ V sein. Der Operationsverstärker 741 ist sehr empfindlich gegenüber zu großen Betriebsspannungen!

Eine andere Regelschaltung für einen Spannungsbereich zwischen 7 V und 30 V ist in **Bild 1.19** gezeigt. Wir haben einen Spannungsregler mit einer Ausgangsspannung von $U_{\mathrm{a}} = 5$ V und einen Operationsverstärker 741, der als Impedanzwandler (Verstärkung $v = 1$) geschaltet ist.

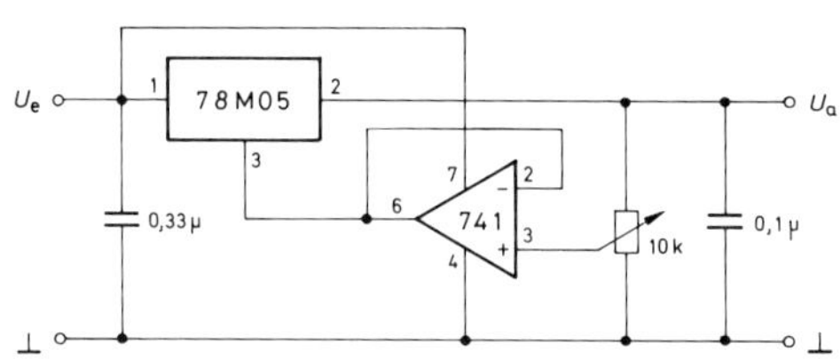

Bild 1.19 Netzgerät mit einstellbarer Ausgangsspannung zwischen 7 V . . . 30 V

Die Betriebsspannung des Operationsverstärkers 741 ist mit der unstabilisierten Eingangsspannung und mit Masse verbunden. Bitte beachten Sie, daß die Eingangsspannung nicht größer als U_e = 36 V ist, denn diese Spannung hat den Betrag von U = ± 18 V. Der Operationsverstärker 741 wird zerstört. Beim Abschalten dieser Regelschaltung dürfen auch keine Spannungsspitzen auftreten. Ideal hierzu ist eine Betriebsspannung von U_b = 30 V und parallel hierzu zwei in Reihe geschaltete Z-Dioden mit dem Wert ZD = 7,5 V. Die Regelschaltung ist dadurch gegen Überspannung geschützt.

Die Ausgangsspannung der Regelschaltung ist von der Stellung des Potentiometers abhängig. Befindet sich der Schleifer des Potentiometers auf Masse, erhalten wir eine Ausgangsspannung am Operationsverstärker von ca. U_{a0p} = + 2 V. Diese Spannung ist bedingt durch den Operationsverstärker. Über diese Spannung wird der Masseanschluß des Festspannungsreglers angehoben und wir erhalten eine Ausgangsspannung von U_a = 7 V, wobei dieser Wert ungenau definiert ist. Er kann auch bei U_a = 6 V liegen.

Verstellen wir den Schleifer des Potentiometers, erhöht sich die Ausgangsspannung des Operationsverstärkers und damit wird der Masseanschluß des Reglers angehoben. Die Ausgangsspannung der Regelschaltung steigt.

Die maximale Spannung der Regelschaltung wird erreicht, wenn sich der Schleifer des Potentiometers in der Nähe des Endpunktes befindet. Dieser Endpunkt liegt um 5 V niedriger als der maximale Wert der Ausgangsspannung. Der dann noch ausstehende Drehwinkel des Potentiometers bewirkt keine Veränderung der Ausgangsspannung mehr. Die maximale Ausgangsspannung ist fast identisch mit der unstabilisierten Eingangsspannung. Daher wird der letzte Bereich der Ausgangsspannung nicht mehr stabil gehalten.

In **Bild 1.20** haben wir die Schaltung. Durch die Z-Diode und durch die Verwendung eines NPN-Transistors wird die Eingangsspannung auf den richtigen Wert für den Spannungsregler heruntergeteilt.

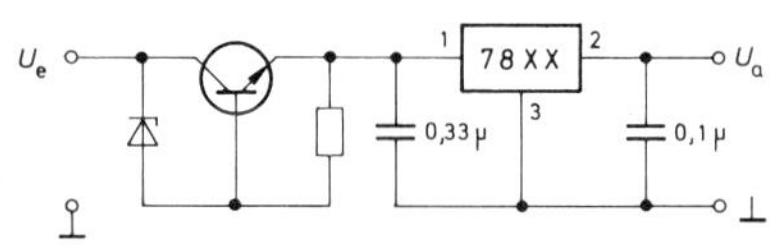

Bild 1.20 Schaltung für höhere Eingangsspannungen

Die Größe der Eingangsspannung für den Festspannungsregler ist von der Z-Diode abhängig. Verwenden wir z. B. eine ZD 15 (U_z = 15 V), ergibt sich eine Spannungsreduzierung von U_{ab} = 15,7 V. Zu der Z-Diodenspannung U_z muß noch der Spannungsabfall der Basis-Emitter-Diode des Transistors hinzuaddiert werden.

Vergrößert sich die Eingangsspannung, vergrößert sich auch der Strom durch die Z-Diode und es fließt ein größerer Basisstrom. Dadurch fließt ein größerer Emitterstrom und die Spannung an dem Eingang des Festspannungsreglers steigt. Bei der Berechnung der Schaltung müssen wir immer von dem maximalen Wert der unstabilisierten Eingangsspannung ausgehen.

Eine Ausgangsstromerhöhung können wir einfach durch Parallelschaltung von zwei, drei oder mehreren Festspannungsreglern erreichen. Die Parallelschaltung ergibt keine Probleme, wie die Praxis beweist. In **Bild 1.21** ist die Zusammenschaltung gezeigt.

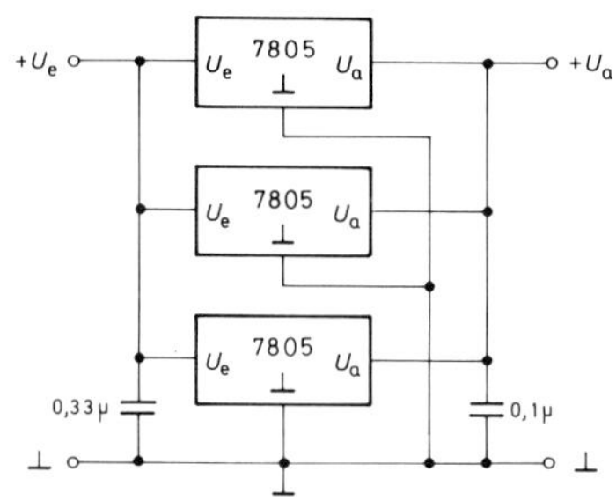

Bild 1.21 Zusammenschaltung von Festspannungsreglern zur Stromerhöhung

Bei der Parallelschaltung beeinflussen sich die Festspannungsregler gegenseitig. Dabei kann die Ausgangsspannung um $\triangle U_a = \pm$ 50 mV abweichen. Bei einer Eingangsspannung von $U_e = 10$ V ergeben sich folgende Werte:

I_a = 1 A $\triangle U_a$ = ± 15 mV
I_a = 1,5 A $\triangle U_a$ = ± 30 mV
I_a = 2,5 A $\triangle U_a$ = ± 65 mV

Diese Ausgangsspannungs-Schwankungen $\triangle U_a$ können normalerweise vernachlässigt werden.

Bei elektronischen Testgeräten oder Testautomaten muß häufig die Versorgungsspannung für ein Gerät abgeschaltet werden. Durch eine Eingangsschaltung können wir einen Festspannungsregler kurzzeitig abschalten. **Bild 1.22** zeigt hierzu eine Schaltungsvariante.

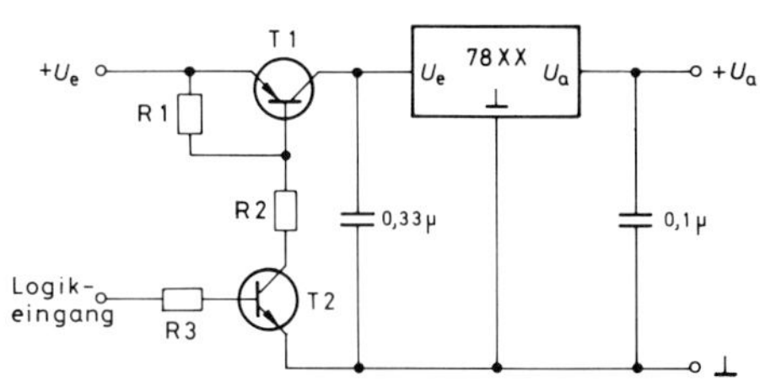

Bild 1.22 Netzgerät mit Logikansteuerung

Liegt an dem Logik-Eingang der Regelschaltung ein L-Pegel, also 0 V an, so ist der Transistor T 1 gesperrt. Die Basis von dem Transistor T 1 ist dadurch über den Widerstand R 1 mit der positiven Eingangsspannung verbunden und der Transistor sperrt. Der Festspannungsregler erhält keine Eingangsspannung und $U_a = 0$ V.

Wechselt das Logiksignal von L nach H, fließt über den Widerstand R 3 ein Basisstrom für den Transistor T 2. Der Transistor schaltet durch und die Basis des PNP-Transistors liegt auf Masse. Der Transistor T 1 schaltet durch und der Spannungsregler erhält seine Eingangsspannung. Die Ausgangsspannung steigt auf den definierten Wert an.

In dem **Bild 1.23** legen wir eine Ausgangsspannung von $U_a = 5$ V durch den Spannungsregler B fest. Diese Ausgangsspannung dient uns als Bezugspunkt für den Spannungsregler A. Auf diese Weise erhalten wir die Ausgangsspannung von $U_a = 10$ V. Die Diode D 1 ist für den Betrieb erforderlich, wenn durch einen Kurzschlußfall die Spannung U_A unter den Wert der Spannung U_B sinkt. Wird die Diode vergessen, kann im Kurzschlußfall der Spannungsregler A zerstört werden, da die Ausgangsspannung kleiner (negativer) ist als das Bezugspotential des Masseanschlusses.

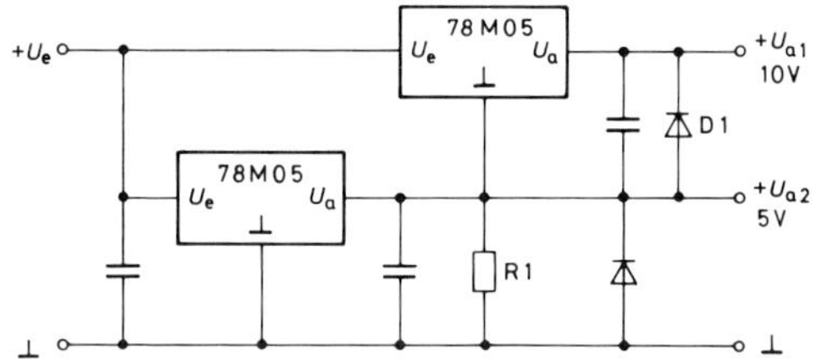

Bild 1.23 Zusammenschaltung von Festspannungsreglern zur Spannungserhöhung

Eine weitere Schaltungsvariante für zwei Ausgangsspannungen ist in **Bild 1.24** gezeigt. Wir haben einen Transformator mit nur einer Sekundärwicklung. Die Wechselspannung des Transformators wird durch eine Brücken-Gleichrichterschaltung gleichgerichtet und mit dem Kondensator C gesiebt.

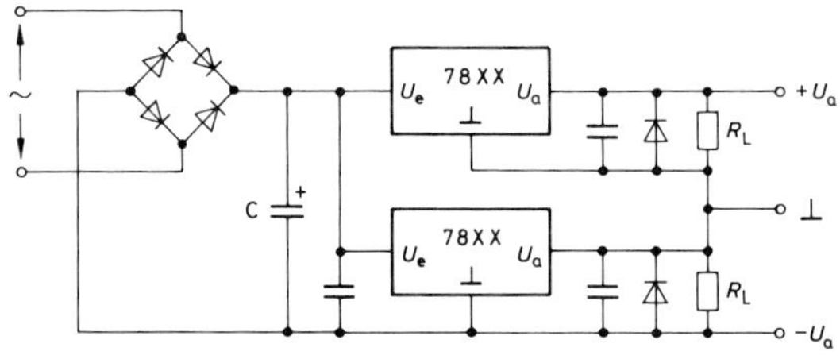

Bild 1.24 Schaltungsvariante für zwei Ausgangsspannungen

Die beiden Spannungsregler sind an ihren Eingängen parallel geschaltet und liegen an dem positiven Gleichrichteranschluß. Der Bezugspunkt für den Spannungsregler A wird aus der Ausgangsspannung von dem Spannungsregler B erzeugt. Der Bezugspunkt für den Spannungsregler A ist der negative Gleichrichteranschluß. Auf diese Weise erhalten wir zwei Betriebsspannungen. Durch die beiden Lastwiderstände am Ausgang der Schaltung ergibt sich in Verbindung mit dem Ausgang des Spannungsreglers B die Masse des Netzgerätes.

Die Masse des Netzgerätes muß genau symmetrisch in der Mitte der beiden Spannungen liegen. Dadurch erhalten wir zwei symmetrische Ausgangsspannungen in positiver und negativer Richtung. Der Betrag der Spannungen ist von den Festspannungsreglern abhängig.

Die beiden Dioden schützen die Spannungsregler vor negativen Spannungen, die unter ihren Bezugspotentialen liegen. Wird eine Ausgangsspannung kleiner als $U_d = -0{,}7$ V, beginnt die Diode zu leiten.

1.1.3 Festspannungsregler 79XX und 79MXX

Die 79er-Spannungsreglerserie erzeugt uns eine negative Ausgangsspannung. Wir unterscheiden zwischen den 79XX- und 79MXX-Typen. Bitte beachten Sie die unterschiedlichen Anschlußvarianten. Wird ein Spannungsregler verkehrt angeschlossen, erfolgt unweigerlich eine Zerstörung.

Serie 79MXX:

Diese Spannungsregler erzeugen einen maximalen Ausgangsstrom von $I_{amax} = 0{,}5$ A bei folgenden Ausgangsspannungen:

Ausgangsspannung	Typ
– 5 V	79M05
– 5,2 V	79M05.2
– 6 V	79M06
– 8 V	79M08
– 12 V	79M12
– 15 V	79M15
– 18 V	79M18
– 24 V	79M24

Für diese Spannungsregler stehen uns zwei Gehäuse zur Verfügung, das TO-39- und das TO-220-Gehäuse. Das Anschlußschema ist mit der Serie 78MXX identisch, d. h. Anschlußschema TO-39: Bild 1.3 und TO-220: Bild 1.6.

Bei der Verwendung der negativen Spannungsregler haben wir die gleichen Vorschriften wie bei den positiven Reglern. Nur die Kondensatoren ändern sich etwas in ihren Werten.

Serie 79XX:

Diese Spannungsregler erzeugen einen maximalen Ausgangsstrom von I_{amax} = 1 A bei folgenden Spannungen:

Ausgangsspannung	Typ
− 5 V	7905
−5,2 V	7905.2
− 6 V	7906
− 8 V	7908
− 12 V	7912
− 15 V	7915
− 18 V	7918
− 24 V	7924

Für diese Festspannungsregler stehen zwei Gehäuse zur Verfügung. **Bild 1.25** zeigt das TO-220- und **Bild 1.26** das TO-3-Gehäuse. Bitte beachten Sie das Anschlußschema. Es ist mit den anderen nicht identisch!

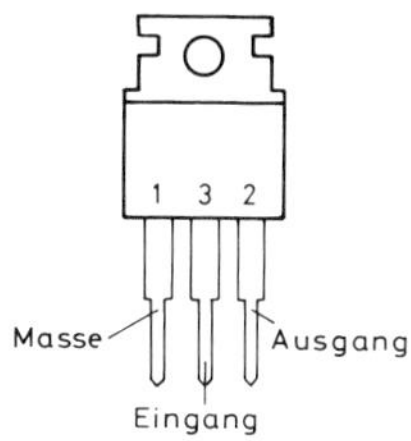

Bild 1.25 Anschlußschema des TO-220-Gehäuses der Serie 79XX

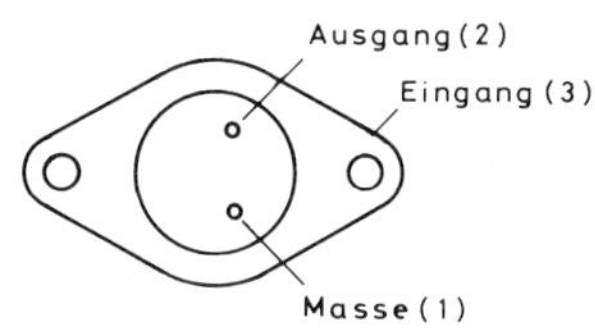

Bild 1.26 Anschlußschema des TO-3-Gehäuses der Serie 79XX

Für die Anwendung gelten die gleichen Vorschriften, nur die Kondensatoren ändern sich etwas in ihren Werten.

1.1.4 Anwendung der Reglerserie 79XX und 79MXX

Bild 1.27 zeigt ein einfaches Anwendungsbeispiel für einen negativen Spannungsregler. Über den Transformator erhalten wir eine Wechselspannung, die wir durch zwei Dioden gleichrichten. Der anschließende Elektrolyt-Kondensator siebt die Spannung und es ergibt sich die unstabilisierte Gleichspannung.

Statt dem Transformator mit Mittelanzapfung und der Doppelweggleichrichtung können wir auch einen Transformator mit nur einer Sekundärwicklung und eine Brückengleichrichtung verwenden.

Bei dem Anschluß des Festspannungsreglers ist auf die unterschiedliche Anschlußbelegung zu achten. Andernfalls wird der Regler zerstört.

Die beiden Kondensatoren mit den kleineren Werten dienen zur Unterdrückung von parasitären Schwingungen, wenn die Schaltung eingeschaltet wird oder am Ausgang ein Kurzschluß bzw. eine Überlastung auftritt.

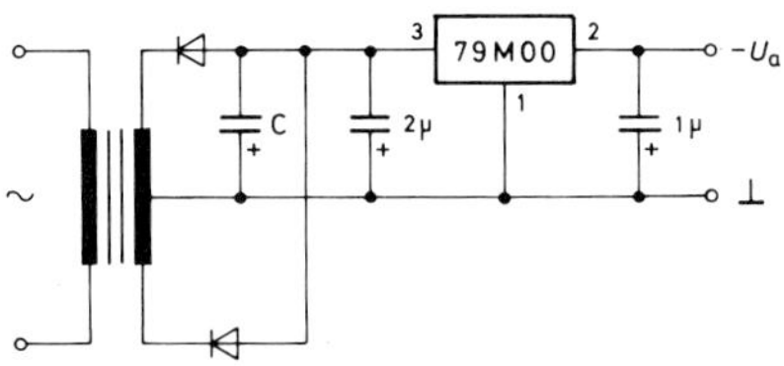

Bild 1.27 Schaltung für negative Ausgangsspannungen

Die Schaltung von Bild 1.27 kann entweder einen Strom von $I_{amax} = 0{,}5$ A oder 1 A erzeugen, wenn wir den Festspannungsregler ausreichend kühlen. Durch die Verwendung von Wärmeleitpaste kann der Wärmeübergangswiderstand von dem Regler auf das Kühlblech wesentlich reduziert werden.

Durch die Parallelschaltung eines NPN-Leistungstransistors läßt sich der Ausgangsstrom für die 79er-Serie erhöhen. **Bild 1.28** zeigt hierzu eine Schaltungsvariante. Da wir bei den negativen Spannungsreglern andere Bezugspotentiale haben, ergeben sich genau umgekehrte Stromverhältnisse. Der Strom I_a berechnet sich aus

$$I_{Q1} = \beta_{T1} \cdot I_{rmax}.$$

Durch Umstellen dieser Formel können wir auch den Stromverstärkungsfaktor β bestimmen oder wir wählen aus der nachfolgenden Tabelle einen Transistortyp aus und erhalten den Stromverstärkungsfaktor.

Wir können folgende NPN-Transistoren verwenden:

Transistor	Gehäuse	h_{FE}	Verlustleistung
BD135	TO-126	40	8 W
BD165	TO-126	40	20 W
BD175	TO-126	40	30 W
BD185	TO-126	40	40 W
BD201	TO-220	30	60 W
BD643	TO-220	750	62,5 W
BDY45	TO-3	20	95 W
2N3055	TO-3	20	115 W

Die Verlustleistung an dem Leistungstransistor berechnet sich aus dem Spannungsabfall und aus dem Ausgangsstrom (Emitterstrom).

Der Transistor BD643 hat eine Darlingtonstufe. Daher ergibt sich die hohe Verstärkung.

Die Transistoren sind auf senkrecht stehende Kühlkörper zu montieren. Es ergibt sich eine Kaminwirkung. Verwenden Sie Wärmeleitpaste!

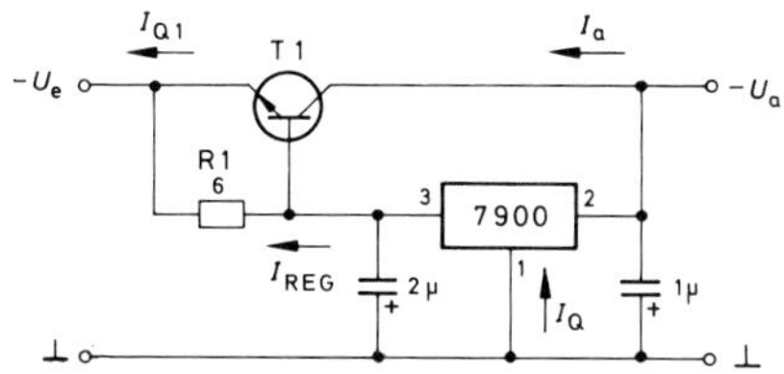

Bild 1.28 Schaltung eines einfachen Hochstrom-spannungsreglers

Der Widerstand R 1 für die Schaltung von Bild 1.28 berechnet sich aus

$$R_1 = \frac{U_{BE}}{I_r}$$

Die Schaltung ist nicht kurzschlußsicher.

Ein Netzgerät für negative Ausgangsspannungen und elektronische Sicherung ist in **Bild 1.29** gezeigt.

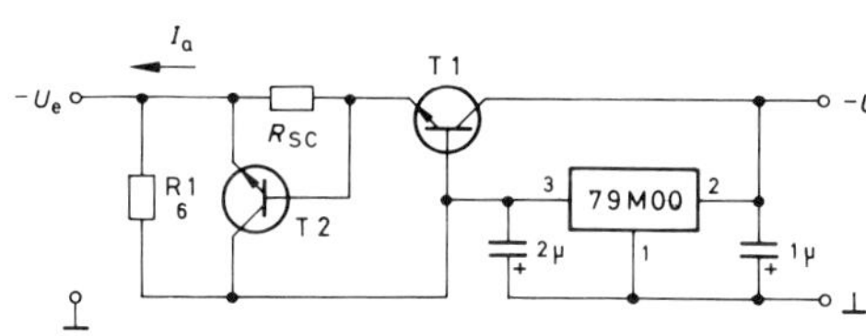

Bild 1.29 Hochstrom-Spannungsregler mit elektronischer Sicherung

Der Widerstand R_{SC} für die automatische Strombegrenzung berechnet sich aus

$$R_{SC} = \frac{U_{BE\,(T\,2)}}{I_a}$$

Vergrößert sich der Strom durch den Widerstand R_{SC}, vergrößert sich der Spannungsabfall. Erreicht der Spannungsabfall den Wert der Basis-Emitter-Diode von $U_{BE} = 0{,}7$ V, schaltet der Transistor T 2 durch. Damit wird die Basis von dem Transistor T 1 mit der negativen Spannung verbunden und der Transistor sperrt voll. Die elektronische Sicherung verliert ihre Wirkung, wenn der Kurzschluß oder die Überlastung wieder aufgehoben wird.

Bild 1.30 zeigt den negativen Spannungsregler 7915 in Verbindung mit dem positiven Spannungsregler 7815. Wir erhalten eine stabilisierte Ausgangsspannung von $U_a = \pm 15$ V bei einem maximalen Strom von $I_{amax} = 1$ A.

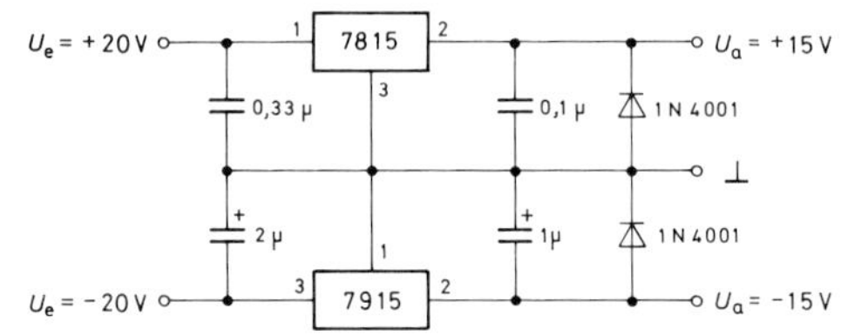

Bild 1.30 Netzgerät mit positiver und negativer Ausgangsspannung

Für diese Schaltung benötigen wir einen Transformator mit zwei Sekundärwicklungen und zwei Brückengleichrichter mit entsprechenden Siebkondensatoren. Durch die Festspannungsregler ergibt sich eine stabilisierte Ausgangsspannung, die aber Probleme aufwerfen kann, wenn die beiden Dioden an den Ausgängen vergessen werden.

Die beiden Dioden an den Ausgängen der Schaltung verhindern eine Zerstörung der Festspannungsregler, wenn die Ausgangsspannungen negativer als die Bezugspotentiale werden. Die Dioden werden ab $U_d = 0{,}7$ V leitend.

Die Schaltung von **Bild 1.31** zeigt ein Netzgerät mit einer einstellbaren Ausgangsspannung zwischen −0,5 V und −10 V. Hierzu benötigen wir einen Festspannungsregler 7905 und einen Operationsverstärker 741.

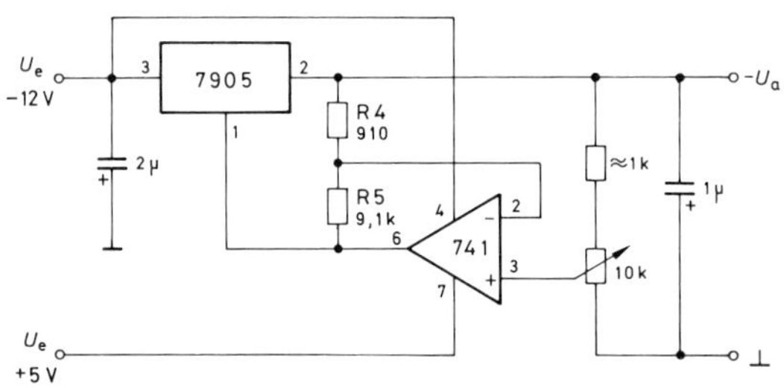

Bild 1.31 Netzgerät mit einstellbarer Ausgangsspannung zwischen −0,5 V . . . −10 V

Der Operationsverstärker 741 arbeitet als Impedanzwandler und bezieht seine Eingangsspannung von dem Potentiometer. Die Verstärkung der Schaltung ist von dem Verhältnis der beiden Widerstände R 4 zu R 5 abhängig. Wir erhalten bei dieser Dimensionierung einen Verstärkungsfaktor von $v = 1{,}1$.

Die Betriebsspannung für den Operationsverstärker muß unsymmetrisch sein, wie die Spannungsangaben von Bild 1.31 zeigen. Wichtig hierbei ist nur, daß die Betriebsspannung für den Operationsverstärker nicht größer als $U_b = 36$ V wird.

Günstig ist der Wert von $U_b = 30$ V. Bitte beachten Sie die Spannungsanschlüsse an dem Operationsverstärker 741.

Bei der Schaltung von **Bild 1.32** können wir die Ausgangsspannung zwischen $U_a = -30$ V und $U_a = -7$ V stufenlos einstellen. Bitte beachten Sie die Spannungsanschlüsse an dem Operationsverstärker 741. Der positive Betriebsspannungsanschluß ist mit Masse verbunden und der negative mit der negativen, unstabilisierten Eingangsspannung.

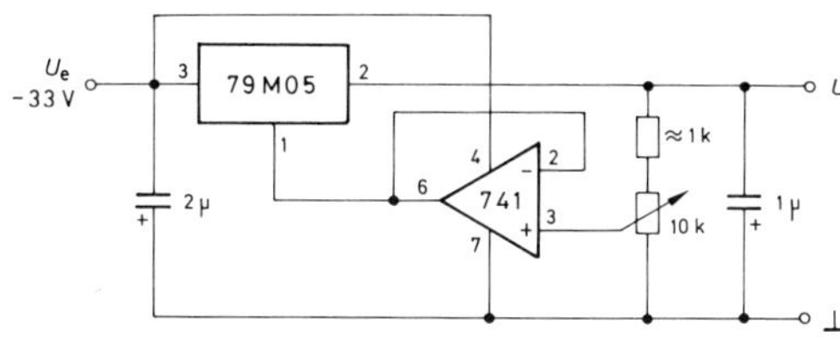

Bild 1.32 Netzgerät mit einstellbarer Ausgangsspannung zwischen −7 V . . . −30 V

Durch seine Beschaltung arbeitet der Operationsverstärker 741 als Impedanzwandler. Beide Schaltungen von Bild 1.31 und 1.32 sind kurzschlußsicher.

1.1.5 Spannungsregler LM109/LM209/LM309 und ihre Anwendung

Die Spannungsreglerserie LM109/LM209/LM309 erzeugt eine Festspannung von $U_a = +5$ V. Sie werden entweder im TO-5-Gehäuse (**Bild 1.33** ähnlich wie TO-39) oder im TO-3-Gehäuse (Bauform und Anschlußschema siehe Bild 1.7) geliefert.

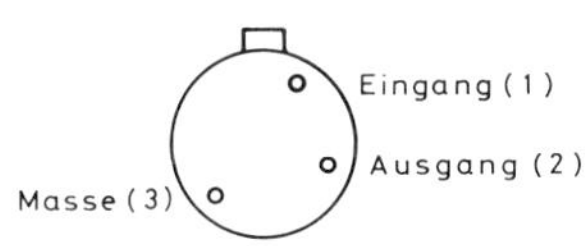

Bild 1.33 TO-5-Gehäuse der Serie LM 109/209/309

Der jeweilige Ausgangsstrom ist vom Gehäuse und der Kühlung abhängig:

TO-5: $I_a = 200$ mA
TO-3: $I_a = 1$ A

Der wesentliche Unterschied bei diesen drei Festspannungsreglern ist jedoch der Temperaturbereich:

LM109: −55°C bis +150°C
LM209: −25°C bis +150°C
LM309: 0°C bis +125°C

Der Festspannungsregler LM109 ist für den militärischen Gebrauch, da er den größten Temperaturbereich aufweist. Dabei schwankt die Ausgangsspannung in einem Bereich von $U_{amin} = 4{,}7\,V$ und $U_{amax} = 5{,}3$ V. Der Preis des LM109 ist auch entsprechend hoch.

Beim LM209 haben wir den industriellen Temperaturbereich. Die Ausgangsspannungsänderung ist $U_{amin} = 4{,}7\,V$ und $U_{amax} = 5{,}3\,V$. Die typische Ausgangsspannung ist $U_{atyp} = 5\,V$. Dieser Spannungsregler wird in Kraftfahrzeugen mit elektronischer Einspritzung eingebaut, wenn es gilt, aus der Bordspannung von $U_b = +12$ V eine TTL-, MOS- oder Mikroprozessor-kompatible-Betriebsspannung zu erzeugen, die in einem weiten Temperaturbereich stabil bleibt.

Für Laborzwecke und allgemeine Anwendungen verwenden wir ausschließlich den LM309 mit seinem kommerziellen Temperaturbereich zwischen 0°C und 125°C. Die Ausgangsspannung liegt dann bei $U_{amin} = 4{,}8$ V und $U_{amax} = 5{,}2$ V bei einem typischen Wert von $U_{atyp} = 5$ V.

Bild 1.34 zeigt uns den LM109 als Spannungsregler. Selbstverständlich können wir hierzu auch den LM209 und LM309 verwenden, ohne daß wir Werte ändern müssen.

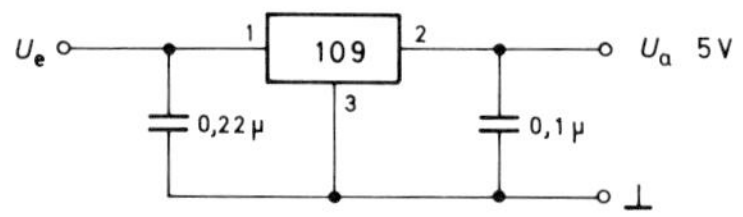

Bild 1.34 Schaltung mit dem LM 109; gültig auch für LM 209 und LM 309

Die Eingangsspannung ist unstabilisiert und kann bei allen drei Typen bis zu $U_e = +35\,V$ betragen. Die beiden Kondensatoren am Ein- und Ausgang sollen möglichst nahe am Spannungsregler angebracht werden, damit sie parasitäre Schwingungen wirksam unterdrücken. Die Ausgangsspannung ist kurzschlußsicher. Tritt ein Kurzschlußfall auf, erwärmt sich der Spannungsregler und schaltet ab. Dies ist auch der Fall, wenn wir eine niederohmige Last zuschalten. Kühlen wir den Spannungsregler ausreichend, so kann der thermische Abschaltpunkt beträchtlich verzögert werden.

Ein Netzgerät mit zwei Ausgangsspannungen ist in **Bild 1.35** gezeigt. Wir erhalten $U_a = \pm 5$ V bei einem Ausgangsstrom von $I_a = 1$ A. Über zwei getrennte Sekun-

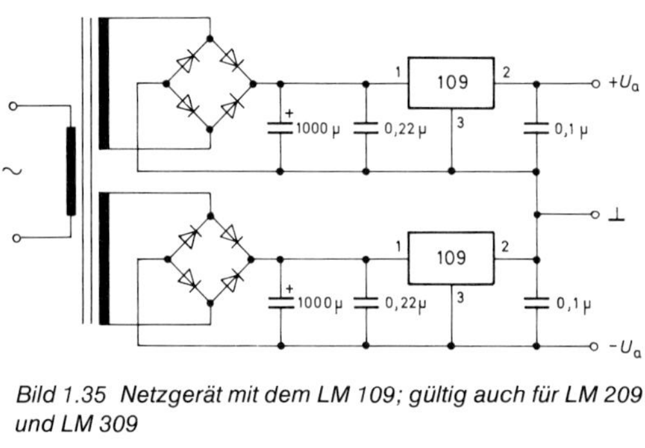

Bild 1.35 Netzgerät mit dem LM 109; gültig auch für LM 209 und LM 309

därwicklungen ergeben sich zwei Wechselspannungen, die wir durch zwei Mittelpunktschaltungen gleichrichten. Da diese Mittelpunktschaltungen für den Laborgebrauch nicht zweckmäßig sind, benötigen wir jeweils noch eine Mittelanzapfung bei jeder Sekundärwicklung oder wir können auch zwei Brückengleichrichter verwenden. Die nachgeschalteten Ladekondensatoren erzeugen eine unstabilisierte Gleichspannung, die dann von den Spannungsreglern stabilisiert werden.

1.1.6 Spannungsregler SH123/SH223/SH323 und ihre Anwendung

Benötigen wir einen Ausgangsstrom von $I_a = 3$ A bei einer konstanten Ausgangsspannung von $U_a = +5$ V, so verwenden wir diese Spannungsreglerserie. Der Unterschied zwischen diesen drei Typen ist der Temperaturbereich:

SH123: −55°C bis +150°C
SH223: −25°C bis +150°C
SH323: 0°C bis +150°C

Die drei Spannungsregler werden im TO-3-Gehäuse geliefert. Es gilt das Anschlußschema von Bild 1.7. **Bild 1.36** zeigt uns ein Anwendungsbeispiel.

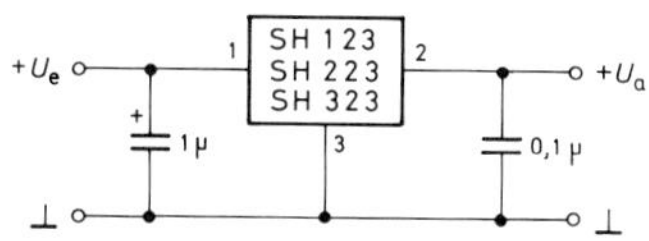

Bild 1.36 Schaltung mit dem SH 123, SH 223 und SH 323; $U_a = 5$ V und $I_a = 3$ A

Die unstabilisierte Eingangsspannung für diese Spannungsregler darf zwischen 8,5 V und 20 V liegen. Je größer aber die Eingangsspannung ist, um so größer wird der Spannungsabfall an dem Spannungsregler und damit vergrößert sich die umgesetzte Leistung in Wärme. Daher müssen wir den Spannungsregler gut kühlen, da im extremen Fall eine Leistung von

$$P = U \cdot I = 15\,\text{V} \cdot 3\,\text{A} = 45\,\text{W}$$

in Wärme umgesetzt wird. Die Leistung erhöht sich auf ca. 60 W, wenn ein Kurzschluß auftritt. In diesem Fall spricht aber sofort die thermische Sicherung an und regelt die Ausgangsspannung zu.

1.1.7 Spannungsregler 78HXX und seine Anwendung

Benötigen wir einen Ausgangsstrom von $I_a = 5$ A, verwenden wir die Spannungsreglerserie 78HXX. Wir erhalten folgende Typen:

78H05: 5 V, 5 A
78H12: 12 V, 5 A
78H15: 15 V, 5 A

Die drei Spannungsregler werden im TO-3-Gehäuse geliefert. Es gilt das Anschlußschema von Bild 1.7.

Das Anschließen dieser Hochstrom-Festspannungsregler ist kein Problem, wie die Schaltung von **Bild 1.37** zeigt. Als Eingangsspannung wählen wir beim 78H05 eine Eingangsspannung von $U_e = 12\,V$ (unstabilisierte Gleichspannung). Diese erzeugen wir uns mit einer Eingangswechselspannung von ca. 9 V, da $9\,V \cdot \sqrt{2} = 12{,}7\,V$ (Leerlaufspannung) mittels einer Brückengleichrichterschaltung entstehen.

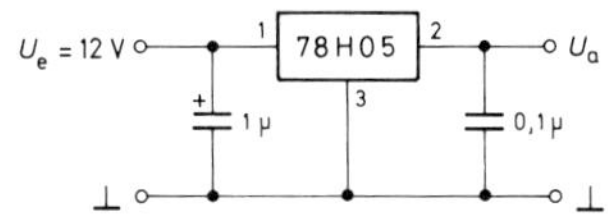

Bild 1.37 Schaltung mit dem 78H05; $U_a = 5\,V$ und $I_a = 5\,A$

Der Spannungsabfall über den 78H05 beträgt $12\,V - 5\,V = 7\,V$. Bei einem Ausgangsstrom von $I_a = 5\,A$ ergibt sich eine Leistung von ca. 35 W an dem Spannungsregler, die in Wärme umgesetzt wird.

Wir müssen den Spannungsregler auf ein großes Kühlblech montieren. Bitte verwenden Sie zwischen dem Spannungsregler und dem Kühlblech eine Wärmeleitpaste. Der thermische Abschaltpunkt der Spannungsreglerserie verzögert sich.

Wählen wir die Eingangsspannung zu groß, fällt über den Spannungsregler eine große Spannung ab und die Wärmeentwicklung erhöht sich beträchtlich.

Benötigen wir einen größeren Ausgangsstrom, schalten wir einen PNP-Leistungstransistor zum Spannungsregler 78H05 parallel. In der Schaltung von **Bild 1.38** haben wir den 2N3789 parallel geschaltet.

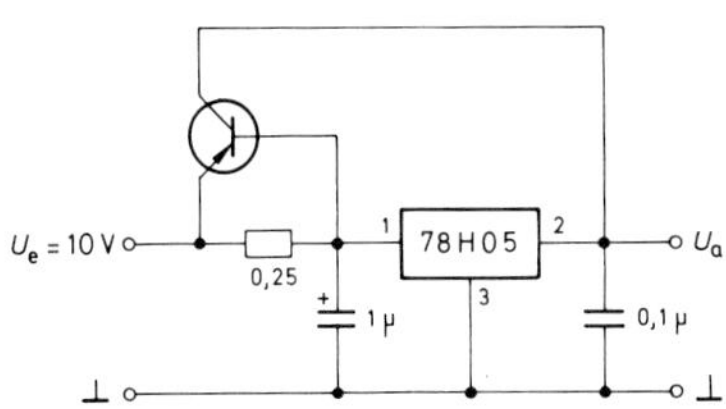

Bild 1.38 Schaltung eines einfachen Hochstrom-Spannungsreglers

Folgende PNP-Transistoren können wir auch noch verwenden:

2N5876: $I_C = 8$ A, TO-3-Gehäuse
2N4907: $I_C = 10$ A, TO-3-Gehäuse
2N3789: $I_C = 10$ A, TO-3-Gehäuse
2N5879: $I_C = 12$ A, TO-3-Gehäuse
2N6489: $I_C = 15$ A, TO-220-Gehäuse
2N6490: $I_C = 15$ A, TO-3-Gehäuse
2N6029: $I_C = 16$ A, TO-3-Gehäuse
2N5883: $I_C = 20$ A, TO-3-Gehäuse
2N4398: $I_C = 30$ A, TO-3-Gehäuse
2N5685: $I_C = 50$ A, TO-3-Gehäuse

Über einen niederohmigen Widerstand, es darf kein Drahtwiderstand (Induktion) verwendet werden, erhält die Basis des Leistungstransistors und der Spannungsregler seinen Strom. Wird die Basis von dem Leistungstransistor negativ, so fließt ein größerer Basisstrom ab und der Kollektorstrom des Transistors erhöht sich. Die Ausgangsspannung steigt, bis die vorgegebene Ausgangsspannung des Spannungsreglers erreicht worden ist.

Der Transistor und der Spannungsregler sollen auf zwei separaten Kühlblechen montiert werden. Bei der Verwendung von einem Kühlblech müssen wir entweder den Transistor oder den Spannungsregler isoliert anbringen. Hierzu gibt es spezielle Glimmerscheiben. Bitte verwenden Sie Wärmeleitpaste!

Die Ausgangsspannung für diese Spannungsregler ist einstellbar, wenn wir den Massepunkt verändern. **Bild 1.39** zeigt uns hierzu eine Schaltungsvariante mit dem Typ 78H05.

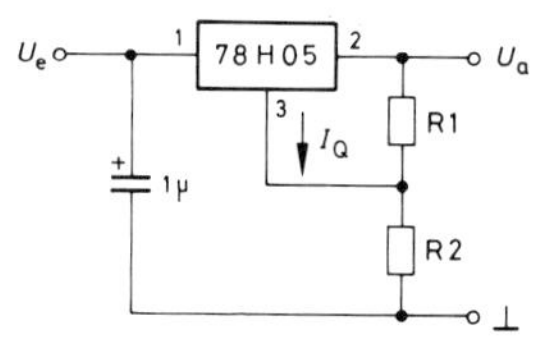

Bild 1.39 Einstellbare Ausgangsspannung mit dem 78H05

Die Ausgangsspannung U_a errechnet sich aus

$$U_a = U_{XX} \left(1 + \frac{R_2}{R_1}\right) + I_Q \cdot R_2$$

Der Querstrom I_Q ist $1/100$ von dem Ausgangsstrom I_a des Spannungsreglers. Soll die Ausgangsspannung z. B. $U_a = 6$ V sein, verwenden wir einen Festwiderstand für R 1 und für R 2 einen Einsteller. Damit können wir die Ausgangsspannung auf ihren richtigen Wert einstellen.

1.2 Einstellbare Spannungsregler

Wie wir bereits gesehen haben, können wir auch mit Festspannungsreglern einstellbare Spannungsregler realisieren. Günstiger ist es aber, wenn wir hierzu spezielle Bauelemente verwenden. Mit einstellbaren Spannungsreglern können wir auch Schaltungen mit festen Ausgangsspannungen aufbauen.

1.2.1 Spannungsregler 723 mit Anwendung

Der „Urvater“ aller integrierten Spannungsregler ist der Typ 723, der fast von allen Halbleiterherstellern gebaut wird. Mit diesem Spannungsregler können wir zahlreiche Schaltungen realisieren, wie dieses Kapitel noch zeigen wird.

Betrachten wir uns zuerst die Innenschaltung des Spannungsreglers 723 in **Bild 1.40**. Über einen Operationsverstärker erzeugen wir uns die Referenzspannung von $U_{ref} = 7{,}15\,V$ (typ). Hierzu legen wir den positiven Betriebsspannungsanschluß auf $U_b = 12\,V$ und den negativen Betriebsspannungsanschluß auf $-U_b = 0\,V$, also auf Masse.

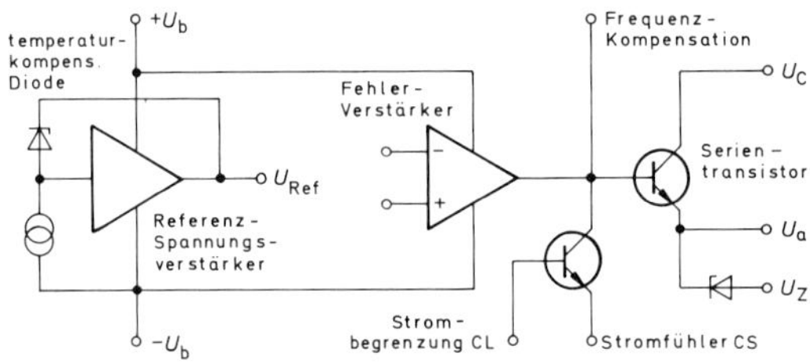

Bild 1.40 Innenschaltung des Spannungsreglers 723

Die Referenzspannung kann sich zwischen 6,95 V und 7,35 V ändern. Diese Änderung tritt aber nur bei einer Betriebstemperaturschwankung zwischen 0°C und +70°C auf. Bei Raumtemperatur (20°C) ist $U_{ref} = 7{,}15\,V$.

Durch die temperaturkompensierte Z-Diode an dem Operationsverstärker für die Referenzspannung bleibt die Spannung U_{ref} stabil. Die Spannung mit $U_Z = 7{,}15\,V$ wurde absichtlich so gewählt. Z-Dioden unter einer Spannung von $U_Z < 5\,V$ arbeiten nach dem Zenereffekt und haben einen negativen Temperaturkoeffizienten. Ist $U_Z > 7\,V$, ergibt sich der Avalanche- oder Lawineneffekt bei der Z-Diode und wir erhalten einen positiven Temperaturkoeffizienten. Zwischen 5 V und 7 V ist praktisch kein Temperaturkoeffizient vorhanden, da beide Effekte gleichzeitig auftreten. Die beiden Temperaturkoeffizienten heben sich auf. Es ergibt sich ein sehr steiler Kennlinienverlauf und der dynamische Widerstand der Z-Diode ist besonders klein.

Neben der internen Referenzspannungserzeugung hat der Baustein 723 noch einen Operationsverstärker, den wir als Fehlerverstärker verwenden. Dieser Operationsverstärker liegt an der gleichen Betriebsspannung, wie der Referenzverstärker.

Die Eingangsspannung für die beiden Operationsverstärker dürfen bis zu $U_e = 40\,V$ betragen, ohne daß der 723 zerstört wird.

Der Fehlerverstärker ist ein Operationsverstärker ohne Gegenkopplungswiderstand. Dadurch erhalten wir eine hohe Leerlaufverstärkung. Die Differenzspannung zwischen dem invertierenden und nichtinvertierenden Eingang soll $U_D = \pm\,5\,V$ nicht überschreiten, da sonst die Eingangstransistoren zerstört werden. Die Spannung zwischen dem invertierenden Eingang und Masse ($-U_b$) soll nicht größer als 8 V werden.

Der Ausgang des Operationsverstärkers steuert zwei Transistoren an. Gleichzeitig können wir hier den Frequenzgang des Spannungsreglers verändern. Der

Serientransistor hat zusätzlich an seinem Emitteranschluß eine Z-Diode mit $U_Z = 6{,}2\,V$.

Der andere interne Transistor dient zur Strombegrenzung. Durch einen externen Widerstand R_{SC} läßt sich der Strom stufenlos einstellen.

Bild 1.41 zeigt die Anschlußbelegung des Spannungsreglers 723 im 10-Pin-Metallgehäuse. Der Pin 5 ist dabei mit dem Gehäuse verbunden. Der 723 wird auch im 14poligen DIP-Gehäuse geliefert. **Bild 1.42** zeigt die Anschlußbelegung.

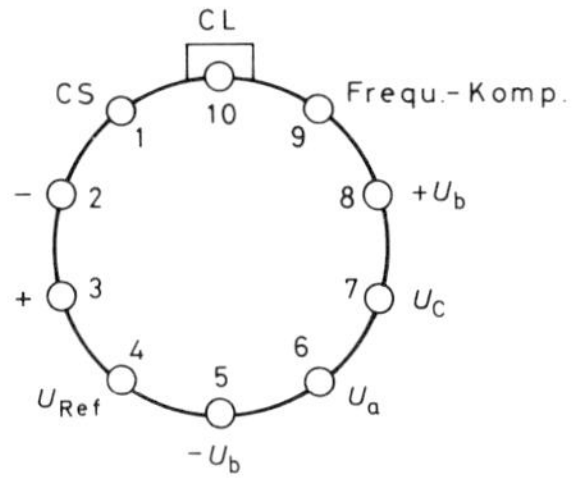

Bild 1.41 Anschlußordnung des Reglers 723 im 5J10-Gehäuse

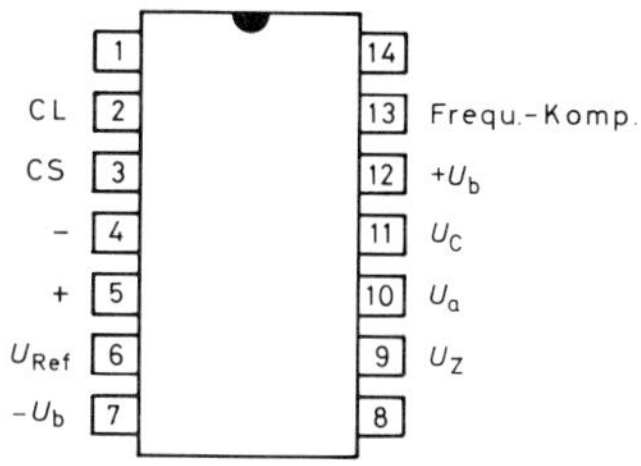

Bild 1.42 Anschlußordnung des Reglers 723 im 14-DIP-Gehäuse

Zur Erklärung der einzelnen Schaltungen verwenden wir das Funktionssymbol von **Bild 1.43** für den Baustein 723. Die Referenzspannungsquelle ist hier als Z-Diode mit vorgeschalteter Konstantstromquelle geschaltet. Der Operationsverstärker und die Referenzspannungsquelle sind mit den beiden Betriebsspannungsanschlüssen verbunden. Die internen Transistoren sind entsprechend herausgeführt.

Betrachten wir uns zuerst die Schaltung von **Bild 1.44**. Diese Schaltung verwenden wir für eine Ausgangsspannung zwischen $U_{amin} = 2\,V$ und $U_{amax} = 7\,V$.

Bild 1.43 Funktionssymbol des Spannungsreglers 723

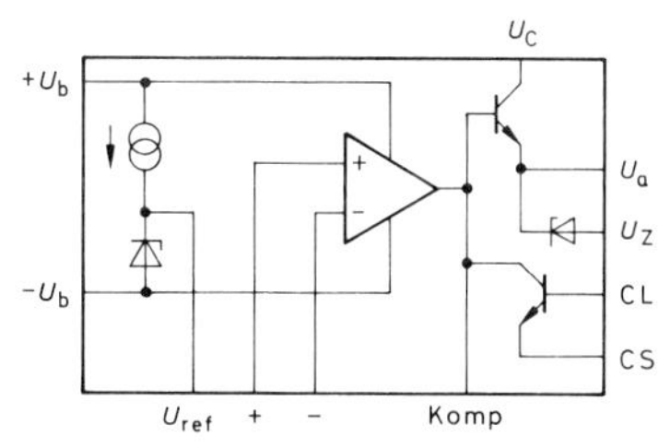

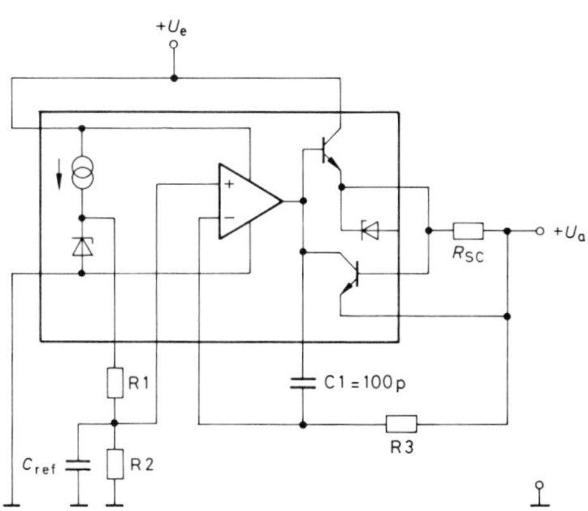

Bild 1.44 Spannungsregler 723 für Ausgangsspannungen zwischen $U_a = 2\,V$ bis $7\,V$

Die Ausgangsspannung wird von den beiden Widerständen R 1 und R 2 bestimmt:

$$U_a = U_{ref} \cdot \frac{R_2}{R_1 + R_2}.$$

Benötigen wir z. B. eine Ausgangsspannung von $U_a = 5$ V und haben einen Widerstand von R 2 = 4,7 kΩ, so können wir durch Umstellen der Gleichung den Wert des Widerstandes R 1 berechnen:

$$U_a = U_{ref} \cdot \frac{R_2}{R_1 + R_2}$$

$$\frac{U_a}{U_{ref}} = \frac{R_2}{R_1 + R_2}$$

$$\frac{U_{ref}}{U_a} = \frac{R_1 + R_2}{R_2}$$

$$\frac{U_{ref}}{U_a} = 1 + \frac{R_1}{R_2}$$

$$\frac{U_{ref}}{U_a} - 1 = \frac{R_1}{R_2}$$

$$R_1 = R_2 \left(\frac{U_{ref}}{U_a} - 1\right)$$

$$= 4{,}7\,\text{k}\Omega \left(\frac{7{,}15\,\text{V}}{5\,\text{V}} - 1\right)$$

$$= 4{,}7\,\text{k}\Omega \quad (1{,}43 - 1)$$

$$= 2{,}02\,\text{k}\Omega$$

Wir wählen einen Widerstand aus der Reihe E 24 mit $R_1 = 2$ kΩ. Andernfalls müssen wir einen Festwiderstand, z. B. 1,5 kΩ, in Reihe mit einem Einsteller von 1 kΩ schalten, damit sich die Ausgangsspannung auf $U_a = 5{,}0$ V einstellen läßt.

Der Widerstand R 3 erzeugt die Eingangsspannung für den internen Fehlerverstärker. Der Widerstand R 3 berechnet sich aus

$$R_3 = \frac{R_1 \cdot R_2}{R_1 + R_2}$$

$$= \frac{2\,\text{k}\Omega \cdot 4{,}7\,\text{k}\Omega}{2\,\text{k}\Omega + 4{,}7\,\text{k}\Omega}$$

$$= 1{,}4\,\text{k}\Omega$$

Wir verwenden einen Wert mit 1,5 kΩ für den Widerstand R 3 und erhalten gleichzeitig eine sehr geringe Temperaturdrift für unsere Schaltung.

Mit dem Widerstand R_{SC} bestimmen wir die Strombegrenzung für unsere Schaltung:

$$I_{max} = \frac{U_{SE}}{R_{SC}}$$

Die Spannung U_{SE} fühlt oder tastet (sense) die Spannung am Ausgang ab. Der Widerstand R_{SC} liegt zwischen der Basis und dem Emitter des Transistors für die Strombegrenzung. Wird der Spannungsabfall an dem Widerstand R_{SC} durch den Ausgangsstrom zu groß, schaltet der Spannungsregler 723 ab. Diese Spannung für die Abschaltung ist erreicht, wenn $U_{SE} > 0{,}65\,V$ wird. Diese Spannung ist identisch mit der Basis-Emitter-Spannung U_{BE} des internen Transistors. Bei einer Spannung von $U_{BE} > 0{,}65\,V$ schaltet der Transistor voll durch und wir haben eine Ausgangsspannung die annähernd 0 V ist.

Mit dem Kondensator C 1 verhindern wir eine Schwingungserzeugung im Überlastungs- oder Kurzschlußfall.

Durch eine andere Beschaltung können wir den Spannungsregler 723 für höhere Ausgangsspannungen verwenden. **Bild 1.45** zeigt hier eine Schaltungsvariante.

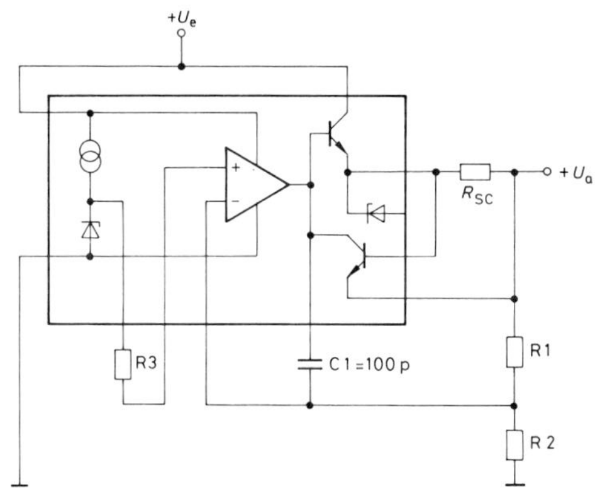

Bild 1.45 Spannungsregler 723 für Ausgangsspannungen zwischen $U_a = 7\,V$ bis 37 V

Die Ausgangsspannung berechnet sich aus

$$U_a = U_{ref} \cdot \frac{R_1 + R_2}{R_2}$$

Benötigen wir z. B. eine Ausgangsspannung von $U_a = 22\,V$ und haben einen Widerstand von $R_1 = 10\,k\Omega$, so können wir R 2 berechnen:

$$U_a = U_{ref} \cdot \frac{R_1 + R_2}{R_2}$$

$$\frac{U_a}{U_{ref}} = \frac{R_1 + R_2}{R_1}$$

$$\frac{U_a}{U_{ref}} = 1 + \frac{R_2}{R_1}$$

$$\frac{U_a}{U_{ref}} - 1 = \frac{R_2}{R_1}$$

$$R_2 = \left(\frac{U_a}{U_{ref}} - 1\right) \cdot R_1$$

$$\begin{aligned} R_2 &= \left(\frac{22\,V}{7{,}15\,V} - 1\right) \cdot 10\,k\Omega \\ &= (3 - 1) \cdot 10\,k\Omega \\ &= 2 \cdot 10\,k\Omega \\ &= 20\,k\Omega \end{aligned}$$

Wir müssen einen Widerstand von 20 kΩ verwenden. Diesen Wert finden wir in der Widerstandsreihe E 24. Ideal für den Spannungsabgleich ist eine Reihenschaltung eines Festwiderstandes mit dem Wert von 15 kΩ mit einem Einsteller von 10 kΩ, damit lassen sich alle Bauteile-Toleranzen ausgleichen.

Der Widerstand R 3 berechnet sich nach

$$\begin{aligned} R_3 &= \frac{R_1 \cdot R_2}{R_1 + R_2} \\ &= \frac{10\,k\Omega \cdot 20\,k\Omega}{10\,k\Omega + 20\,k\Omega} \\ &= 6{,}67\,k\Omega \end{aligned}$$

Wir verwenden einen Wert von 6,8 kΩ und erhalten eine sehr geringe Temperaturdrift für die Schaltung.

Der Widerstand R_{SC} für die Strombegrenzung errechnet sich nach der bereits gezeigten Formel.

Der Ausgangsstrom des Spannungsreglers 723 beträgt $I_a = 60$ mA. Bei ausreichender Kühlung können wir den Strom auf $I_{amax} = 80$ mA erhöhen. Dieser Strom reicht für die meisten Anwendungsbeispiele nicht aus. Wir benötigen einen externen Leistungstransistor, über den der Ausgangsstrom fließen kann.

Bild 1.46 zeigt uns eine Schaltung für die Stromerhöhung. Die unstabilisierte Eingangsspannung liegt an dem Pin $+U_b$, an dem Pin U_C und an dem Kollektor von dem Leistungstransistor T 1.

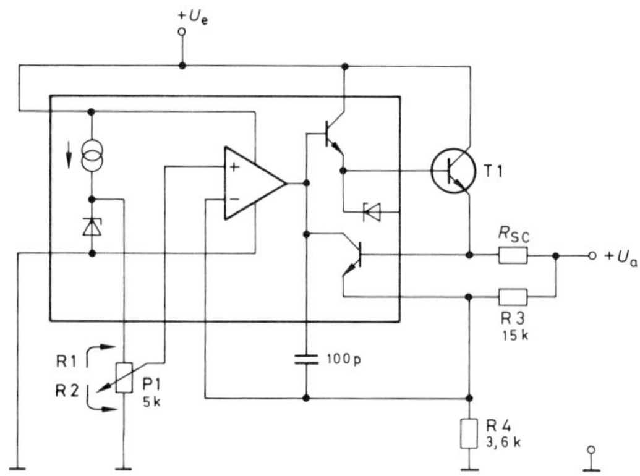

Bild 1.46 Spannungsregler 723 in Verbindung mit externem Leistungstransistor

Der interne Transistor treibt den externen Leistungstransistor. Dadurch ergibt sich eine Darlingtonstufe, d. h. die Verstärkungsfaktoren für diese Stufe multiplizieren sich.

Mit dem Potentiometer P 1 ändern wir die Eingangsspannung von dem Fehlerverstärker. Das Potentiometer läßt sich stufenlos zwischen 0 V und + 7,15 V (Referenzspannung) einstellen. Der andere Eingang des Fehlerverstärkers erhält seine Spannung von einem Spannungsteiler, der die Ausgangsspannung in einem bestimmten Verhältnis herunterteilt. Damit ist die Spannung an dem nichtinvertierenden Eingang der „SOLL"-Wert und die Ausgangsspannung des Spannungsteilers der „IST"-Wert.

Der Fehlerverstärker vergleicht den „SOLL"-Wert mit dem „IST"-Wert und erhält hieraus seine Regelabweichung. Durch den Fehlerverstärker, der eine sehr hohe Leerlaufverstärkung hat, werden kleine Spannungsdifferenzen sofort verstärkt und auf den internen Treibertransistor gegeben. Dieser steuert dann seinerseits den externen Leistungstransistor an.

Der interne Treibertransistor kann einen Strom bis zu 60 mA treiben, ohne daß sich der Spannungsregler 723 stark erwärmt. Durch den Längstransistor erhalten wir eine entsprechende Stromverstärkung.

Wir verwenden als externen Leistungs- oder Längstransistor den Typ 2N3055 mit einer typischen Stromverstärkung von $v_I = 50$. Bitte verwenden Sie keine Sonderangebote mit einem $v_I = 20$. Der Strom des internen Treibertransistors kann sich dadurch auf typisch

$$\begin{aligned} I_{T1} &= v_I \cdot I_{Tr} \\ &= 50 \cdot 60\,\text{mA} \\ &= 3\,\text{A} \end{aligned}$$

vergrößern.

Den Strom begrenzen wir durch den Widerstand R_{SC} auf $I_a = 3$ A und erhalten einen Widerstandswert von

$$\begin{aligned} R_{SC} &= \frac{U_{SE}}{I_a} \\ &= \frac{0{,}65\,\text{V}}{3\,\text{A}} \\ &= 0{,}22\,\Omega \end{aligned}$$

Der Widerstand muß dabei eine Leistung von ca. 3 W umsetzen. Es ist ein Widerstand mit 0,22 Ω/5 W zu verwenden.

Wesentlich interessanter wird die Schaltung, wenn wir z. B. den Leistungstransistor 2N6282 mit einer internen Darlingtonstufe verwenden. Dieser Transistor hat bereits eine Stromverstärkung von $v_I = 1000$, d. h. unser Treiberstrom kann auf den theoretischen Wert von 60 A verstärkt werden. Tatsächlich kann der NPN-Transistor 2N6282 aber „nur" einen Kollektorstrom von $I_C = 20$ A fließen lassen. Der Spannungsregler 723 wird mit einem Strom von maximal $I_{Tr} = 20$ mA an seinem Treibertransistor belastet.

Mit dem Widerstand R_{SC} bestimmen wir den Abschaltmoment für unsere Schaltung. Ein Strom von $I_a = 20$ A läßt sich zwar realisieren, aber die Schaltung ist mehr als kritisch, da wir sehr große Kühlflächen für den 2N6282 benötigen. Der maximale Ausgangsstrom soll $I_a = 5$ A nicht übersteigen.

Der Spannungsteiler mit R 3 und R 4 teilt die Ausgangsspannung im Verhältnis 1 zu 0,2 herunter, d. h. ändert sich die Ausgangsspannung um 1 V, erhalten wir an dem invertierenden Eingang des Fehlerverstärkers eine Spannungsänderung von 0,2 V. Dies wird aber durch die hohe Leerlaufverstärkung wieder ausgeglichen. Die Schaltung hat eine maximale Ausgangsspannungsänderung von $\triangle U_a = 0{,}1$ V, bei $U_a = 10$ V und $I_a = 1$ A.

Die Gründe für den Ausgangsspannungsteiler sind wichtig, da wir auf die Eingangsspannung des Fehlerverstärkers achten müssen. Erhöht sich die Differenzspannung zwischen den Operationsverstärkereingängen um mehr als $U_D = \pm 5$ V, erfolgt eine Zerstörung der Eingangstransistoren. Die Ausgangsspannung von Bild 1.46 ändert sich von 4 V auf 35 V.

Bild 1.47 zeigt uns eine spezielle Anwendung mit dem Spannungsregler 723. Der Ausgang des Spannungsreglers ist nicht direkt mit dem Eingang C_L verbunden, wie es bei den bisher gezeigten Schaltungen der Fall war, sondern wir haben hier nur einen Widerstand R_{FB}. Aus einem „Sicherungsbetrieb" bei einem Kurzschluß- oder Überlastungsfall wird nun ein „fold-back"-Betrieb.

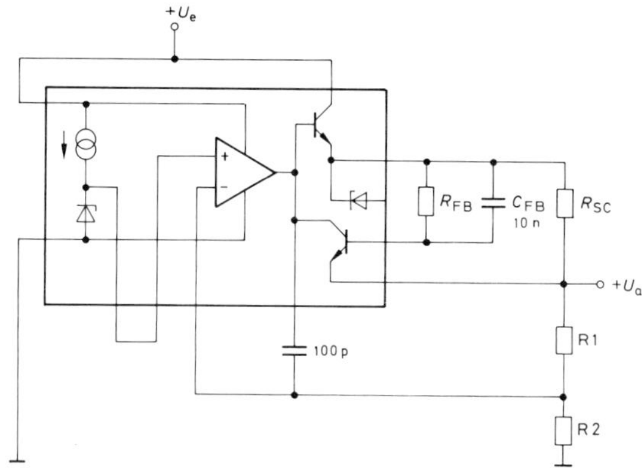

Bild 1.47 Spannungsregler 723 mit „switch-back"-Ausgangskennlinie

Der Verlauf der Ausgangskennlinie bleibt solange konstant, bis ein Überlastungs- oder Kurzschlußfall auftritt. Dieser Fall tritt auf, wenn der Ausgangsstrom seinen maximalen Wert I_{amax} erreicht hat. Beim „fold-back"-Betrieb haben wir hierbei keine schlagartige Abschaltung, wie beim „Sicherungsbetrieb", sondern die Kennlinie wird rückläufig, d. h. wir erhalten in dem Spannungsregler 723 einen negativen Innenwiderstand.

Bild 1.48 zeigt uns für diese Schaltung die Kennlinie.

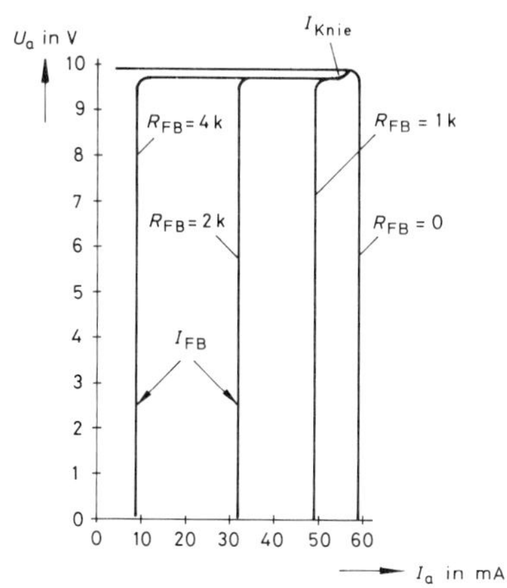

Bild 1.48 Diagramm für den „switch-back"-Betrieb

Wir haben für den Spannungsregler 723 eine Eingangsspannung von $U_e = 15\,V$, einen Widerstand $R_{SC} = 10\,\Omega$ und zwei Kondensatoren mit $C_{FB} = 0{,}01\,\mu F$ bzw. $C_1 = 200\,pF$. Erreicht der Ausgangsstrom den Punkt I_{Knie}, also I_{amax}, erfolgt bei einem Widerstand von $R_{FB} = 0$ ein schnelles Abschalten. Wir sprechen vom „Sicherungsbetrieb". Der Strom bleibt erhalten und die Spannung sinkt auf $U_a = 0\,V$ ab. Verwenden wir dagegen für den Widerstand R_{FB} einen bestimmten Wert, ergeben sich die einzelnen Kennlinien, wie sie in Bild 1.48 gezeigt sind.

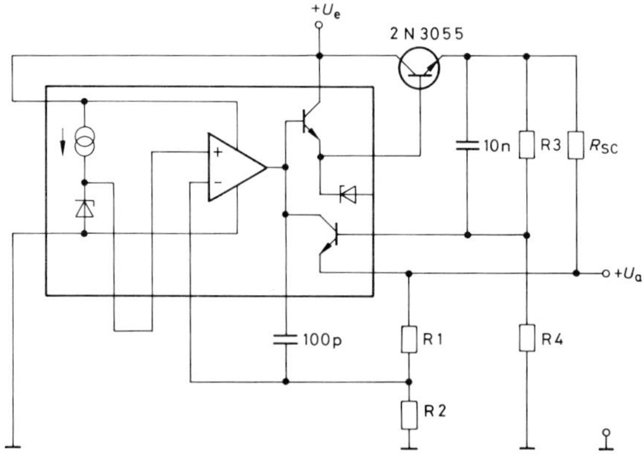

Bild 1.49 Spannungsregler 723 mit „fold-back"-Ausgangskennlinie

Die Schaltung von **Bild 1.49** zeigt uns eine Spannungsreglerschaltung für $U_a = 10\,V$ bei $I_a = 1\,A$. Die Kennlinie für die Schaltung ist in **Bild 1.50** gezeigt. Im Gegensatz zu dem Diagramm von Bild 1.48 haben wir hier einen „echten fold-back"-Betrieb. Wir sehen hier den typischen Verlauf einer rückläufigen Kennlinie.

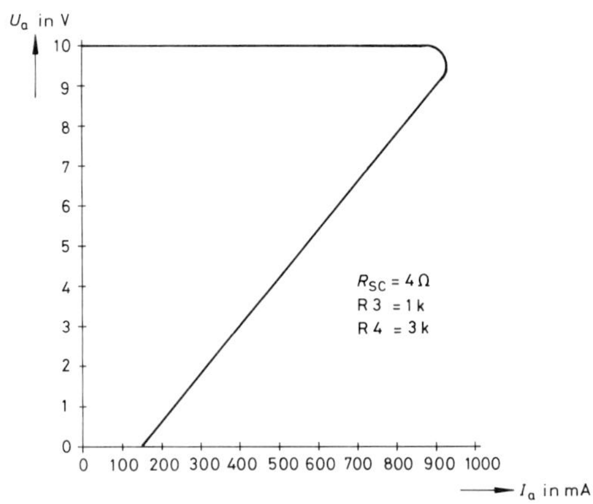

Bild 1.50 Diagramm für den „fold-back"-Betrieb

Die Berechnung der Schaltung von Bild 1.49 kann in zwei Größen unterteilt werden. Die Berechnung der Ausgangsspannung ist kein Problem, da die Formeln relativ einfach sind. Wollen wir aber die Kennlinie für den „fold-back“-Betrieb berechnen, so sind eine Reihe von komplizierten Formeln notwendig.

Der Wert für den Punkt I_{Knie} oder I_{amax} kann mit der nachfolgenden Gleichung berechnet werden:

$$I_{Knie} = \frac{U_a \cdot R_3 + (U_{SE} - I_{CL} \cdot R_3) \cdot (R_3 + R_4)}{R_4 \cdot R_{SC}}$$

Der Strom I_{SC} durch den Widerstand R_{SC} ist

$$I_{SC} = \frac{(R_3 + R_4) \cdot (U_{SE} - I_{CL} \cdot R_3)}{R_4 \cdot R_{SC}}$$

Die Berechnungen der beiden Widerstände R 3 und R 4 kann nicht direkt, sondern über das Verhältnis von R 4 zu R 3 berechnet werden:

$$\frac{R_4}{R_3} = \frac{U_a \cdot I_{SC}}{U_{SE} \cdot (I_{Knie} - I_{SC})} - 1$$

Die Werte sind:

$$R_{SC} = 4\Omega$$
$$R_3 = 1\,k\Omega$$
$$R_4 = 3\,k\Omega$$

Durch Änderung der Widerstände R 1 und R 2 läßt sich die Ausgangsspannung in bestimmten Bereichen variieren.

Die Schaltung von **Bild 1.51** zeigt ein TTL-Netzgerät mit einer Ausgangsspannung von $U_a = +5\,V$ bei einem Ausgangsstrom von $I_a = 2\,A$.

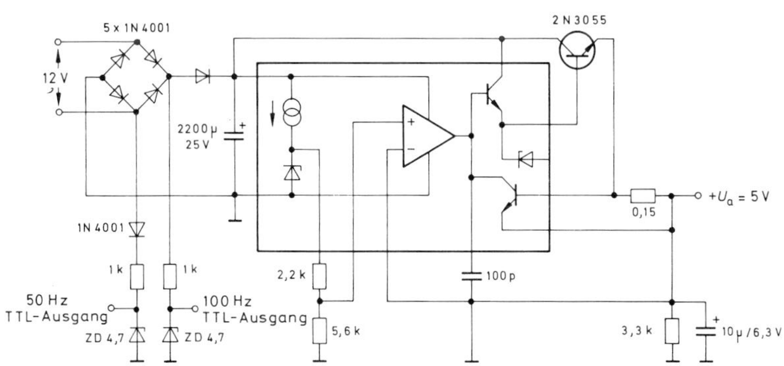

Bild 1.51 TTL-Netzgerät mit 50-Hz- und 100-Hz-Zeitbasis

$$U_a = 7{,}15\,\text{V} \cdot \frac{5{,}6\,\text{k}\Omega}{5{,}6\,\text{k}\Omega + 2{,}2\,\text{k}\Omega} = 7{,}15\,\text{V} \cdot 0{,}718 = 5{,}1\,\text{V}$$

$$I_a = \frac{0{,}3\,\text{V}}{0{,}15\,\Omega} = 2\,\text{A}$$

Neben der TTL-Ausgangsspannung haben wir noch zwei Zeitbasen, die ebenfalls TTL-kompatibel sind.

Den 50-Hz-Ausgang erzeugen wir uns direkt aus der Eingangswechselspannung. Die Diode läßt jede positive Halbwelle passieren und die negativen werden gesperrt. Durch den Vorwiderstand und die Z-Diode ergibt sich eine fast rechteckförmige Spannung, die durch die Z-Diode auf maximal $U_Z = 4{,}7$ V gehalten wird.

Den 100-Hz-Ausgang erzeugt uns der Brückengleichrichter. Durch Hochklappen der negativen Halbwelle erhalten wir aus den 50 Hz eine Frequenz von 100 Hz. Durch den Vorwiderstand und die Z-Diode ergibt sich wie bei dem 50-Hz-Ausgang eine fast rechteckförmige Spannung, die durch die Z-Diode auf $U_Z = 4{,}7$ V festgelegt wird.

Über eine Diode kann sich der Ladekondensator für das eigentliche Netzgerät aufladen. Vergessen wir die Diode, so wirkt der Kondensator auf den 100-Hz-Ausgang und wir erhalten eine Gleichspannung von $U_Z = 4{,}7$ V.

Das eigentliche Netzgerät mit dem Baustein 723 in Verbindung mit dem Leistungstransistor ist kein Problem, da der Kondensator mit 100 pF jede Schwingung innerhalb des Gerätes wirksam unterdrückt.

1.2.2 Spannungsreglerserie 3085 mit Anwendung

Die Spannungsreglerserie 3085 ist eine Weiterentwicklung des Spannungsreglers 723. Der Unterschied bei dieser Serie sind folgende Daten:

Typ	U_e in V	U_a in V	I_{amax} in mA	U_{a0} in %
3085	7,5 ... 30	1,8 ... 26	12*	0,1
3085A	7,5 ... 40	1,7 ... 36	100	0,15
3085B	7,5 ... 50	1,7 ... 46	100	0,15

* Der Ausgangsstrom kann auf 100 mA erhöht werden, die Stabilität ist aber für $I_0 > 12$ mA nicht spezifiziert.

Abgesehen von den hier aufgezeigten Unterschieden sind die Toleranzbereiche der einzelnen spezifizierten Parameter noch zu berücksichtigen.

Die Spannungsreglerserie wird in einem TO-5-Gehäuse (**Bild 1.52**) mit acht Anschlüssen geliefert.

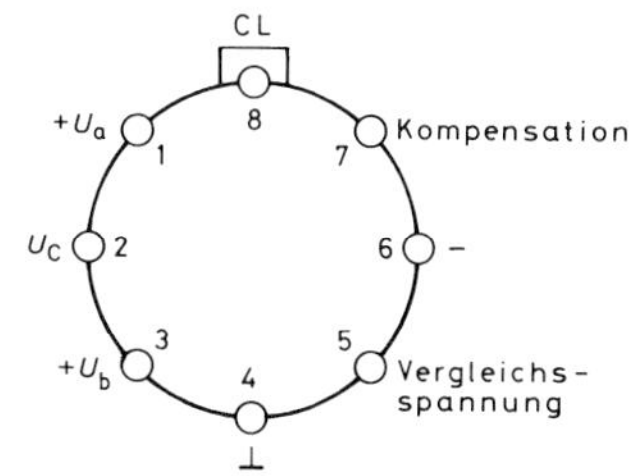

Bild 1.52 TO-5-Gehäuse des Spannungsreglers 3085

Bild 1.53 zeigt uns das Blockschaltbild für die Serie 3085. Kernstück dieses Blockschaltbildes ist ein frequenzkompensierter Fehlersignal-Verstärker, der eine intern erzeugte Vergleichs- oder Referenzspannung mit einem Teilwert der Ausgangsspannung vergleicht und einen Serien-Regelverstärker steuert. Mit Hilfe einer besonderen Anlaufschaltung wird erreicht, daß die Referenzspannungsquelle bei jedem Einschalten einen stabilen Betriebszustand annimmt. Eine weitere Zusatzschaltung bietet die Möglichkeit, den Regler durch eine Strombegrenzung vor dem Überlastungs- oder Kurzschlußfall zu schützen. An dem Anschluß-Pin 5 steht für den externen Gebrauch eine Referenzspannung zur Verfügung. Diese Spannungsquelle darf mit Strömen bis zu 0,25 mA belastet werden, ohne daß die Stabilität der Vergleichsspannung merklich beeinträchtigt wird.

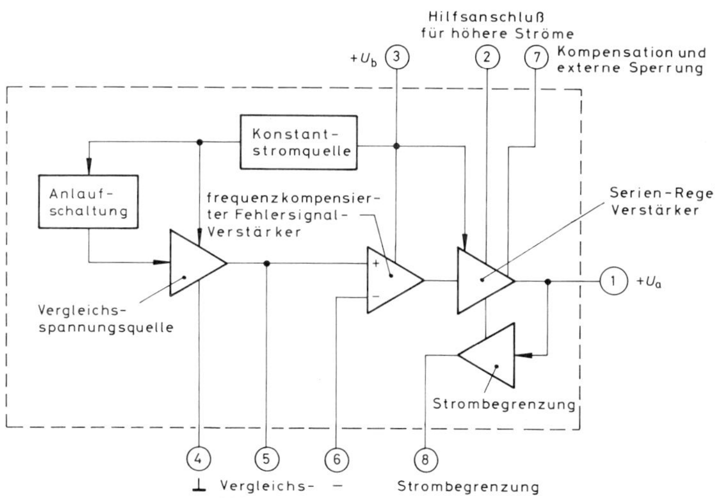

Bild 1.53 Blockschaltbild des Spannungsreglers 3085

Bei verschiedenen Spezialanwendungen läßt sich das von der Vergleichsspannung überlagerte, in der Schaltung entstehende Rauschen mit Hilfe eines Filterkondensators zwischen den Anschlüssen 4 und 5 unschädlich machen.

Der Anschluß-Pin ist der invertierende Eingang des frequenzkompensierten Fehlersignal-Verstärkers. Hier geben wir einen Teil der Ausgangsspannung an den Verstärker. Die Ausgangsspannung wird durch einen externen Spannungsteiler auf den richtigen Wert heruntergeteilt.

Der Kollektor des Serien-Regeltransistors ist über den Anschluß-Pin 2 (Hilfsanschluß für höhere Ströme) von außen direkt zugänglich. Hier können wir höhere Ströme (bis zu 100 mA) entnehmen, die dann die Basis eines externen PNP-Leistungstransistors ansteuern. Diesen internen Transistor bezeichnen wir auch als Treiberstufe.

Da es sich bei den Spannungsreglern im wesentlichen um Operationsverstärker mit sehr hoher Leerlaufverstärkung handelt, ist bei manchen Anwendungsbeispielen eine Frequenzkompensation erforderlich. Vergessen wir diese Kompensation, so können im Überlastungs- oder Kurzschlußfall parasitäre (wilde) Schwingungen auftreten und die Ausgangsspannung schwingt. Die Frequenzkompensation für die Serie 3085 ist am Anschluß-Pin 7 vorzunehmen. Andererseits läßt sich der Anschluß 7 aber auch zur Sperrung, zum Tasten oder Takten des Serien-Reglerverstärkers verwenden.

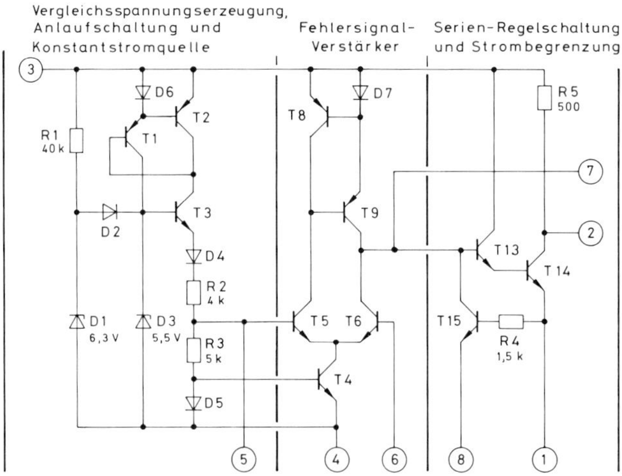

Bild 1.54 Innenschaltung des Spannungsreglers 3085

Bild 1.54 zeigt uns das Schaltbild der Spannungsreglerserie 3085. Der linke Teil in dem Schaltbild umfaßt die Vergleichsspannungserzeugung mit der dazugehörigen Anlaufschaltung und der Konstantstromquelle. Bei dem mittleren Teil handelt es sich im wesentlichen um einen Operationsverstärker, der als Fehlersignal-Verstärker dient und den im rechten Teil gezeigten Serien-Regelverstärker in der Darlington-Anordnung (T 13, T 14) ansteuert. Erhält der Transistor T 15 von einer geeigneten externen Anordnung ein passendes Steuersignal, dann kann er als Überstrom-Schutzschaltung dienen, in dem er dem Serien-Regelverstärker die Ansteuerung entzieht. Für einen Betrieb an der Grenze der zulässigen Strombelastbarkeit werden die Anschlüsse 2 und 3 miteinander verbunden. Auf diese Weise vermeidet man den Spannungsabfall, der sich sonst an dem internen Widerstand R 5 ergeben würde.

Maßgebend für die Erzeugung der Vergleichsspannung bei der Serie 3085 ist die Z-Diode D 3. Sie erzeugt eine Referenzspannung mit dem Nennwert von $U_Z =$ 5,5 V und zeigt einen positiven Temperaturkoeffizienten von etwa 2,5 mV/°C. Würde man diese Referenzspannung nun unmittelbar dem Fehlersignal-Verstärker (T 5, T 6) zuführen, dann ergeben sich zwei entscheidende Nachteile. Wir hätten einen „miserablen" Temperaturgang und die Ausgangsspannung würde immer über $U_a = 5{,}5$ V liegen.

Um nun diese Nachteile zu vermeiden, muß einerseits der positive Temperaturkoeffizient von D 3 eliminiert werden, und man muß andererseits für eine niedrige, aber ebenfalls sehr stabile Vergleichsspannung sorgen. Sowohl der Temperaturkompensator wie die Verkleinerung der Vergleichs- oder Referenzspannung werden nun durch die Spannungsteilerschaltung erreicht, die sich aus der Basis-Emitter-Sperrschicht des Transistors T 3, der Diode D 4, den Widerständen R 2 und R 3, sowie aus der Diode D 5 zusammensetzt.

Dieser Spannungsteiler wird aus der von der Diode D 3 gelieferten Spannung gespeist, wobei zwischen der Katode von D 4 und der von D 5 (Substrat-Anschluß Pin 4) eine Spannung von ca. 4 V auftritt. Der durch den Spannungsteiler fließende Strom ist nahezu temperaturkompensiert, da sich die entsprechenden Temperaturkoeffizienten der Z-Diode D 3, der Basis-Emitter-Diode von T 3, der Dioden D 4 und D 5, sowie der Widerstände R 2 und R 3 fast vollständig kompensieren. Der durch den Widerstand R 3 und der Diode D 5 fließende konstante Strom bewirkt zwischen den Anschlüssen 4 und 5 einen Spannungsabfall, der dann als Vergleichsspannung von etwa 1,6 V mit einem Temperaturkoeffizienten von nur $3{,}5 \cdot 10^{-5}$/°C oder 0,0035 %/°C zur Verfügung steht.

Durch die Referenz-Diode D 3 fließt ein Strom von ca. 0,62 mA. Er stammt aus einer Konstantstromquelle, die aus dem Transistor T 3, sowie aus der Diode D 6 und den Transistoren T 1 und T 2 als Stromspiegel (siehe IC-Hobby Teil 1) besteht. Den Anlaufstrom, der die Konstantstromquelle nach jedem Einschalten auf die richtigen Betriebswerte bringt, liefert die Z-Diode D 1 und der Widerstand R 1. Hat die Konstantstromquelle ein stabiles Referenz-Potential hergestellt, sperrt die Diode D 2 den von D 1 und R 1 gelieferten Anlaufstrom. Auf diese Weise wird verhindert, daß die Referenzspannung durch Brummspannungsstörungen aus der ungeregelten Eingangsspannung moduliert wird.

Die Transistoren T 5 und T 6 bilden einen Differenzverstärker, der als Fehlersignal-Verstärker die an der Basis von dem Transistor T 5 liegende Vergleichsspannung mit einem dem Anschluß 6 zugeführten Teil der geregelten Ausgangsspannung vergleicht. Die Kombination aus Diode D 5 und Transistor T 4 arbeitet als Stromspiegel, der einen praktisch konstanten, von Schwankungen der unstabilisierten Eingangsspannung unabhängigen Strom für die Emitter der Transistoren T 5 und T 6 liefert. Die Diode D 7 und die beiden Transistoren T 8 und T 9 – ebenfalls eine Stromspiegel-Anordnung – stellen „aktive" Arbeitswiderstände für die Transistoren T 5 und T 6 dar und ermöglichen die Eintakt-Ansteuerung der Serien-Regeltransistoren T 13 und T 14 in Abhängigkeit vom Differenzsignal zwischen den beiden Basisanschlüssen von Transistor T 5 und T 6. Die Leerlaufverstärkung des Fehlersignal-Verstärkers ist größer als $v_0 = 1000$.

Bei einem normalen Betrieb des Bausteines 3085 oder auch, wenn beim Arbeiten an der Grenze der zulässigen Strombelastbarkeit die Anschlüsse 2 und 3 miteinander verbunden sind, stellt der Darlington-Transistor T 13 und T 14 die eigentliche Regelstrecke zwischen dem Anschluß 3 für die ungeregelte Eingangsspannung und dem Anschluß 1 für die geregelte Ausgangsspannung dar. Arbeiten wir mit einer Strombegrenzung, dann ist auch der Transistor T 15 wirksam. Er schützt den Baustein 3085 vor Überlastung und/oder begrenzt auch den Ausgangsstrom auf einen gewünschten Wert. Um einen solchen Überstromschutz zu erreichen, werden die Anschlüsse 1 und 8 über einen Widerstand (z. B. 5 Ω) miteinander verbunden, und als Ausgang für die geregelte Spannung dient Anschluß 8. Je größer der entnommene Strom wird, desto stärker wird der Spannungsabfall an dem externen Widerstand und damit auch zwischen der Basis und dem Emitter von T 15. Ab einem gewissen Wert beginnt in T 15 ein Basisstrom zu fließen, und die Kollektor-Emitter-Strecke von dem Transistor T 15 wird leitend. Damit wird ein Teil des Steuerstromes für den Transistor T 13 abgeleitet und zwar um so stärker, je höher der Spannungsabfall am externen Widerstand ist, und der Ausgangsstrom von dem Transistor T 14 wird entsprechend verringert. Der Widerstand R 4 schützt den Transistor T 15 vor Übersteuerung, indem er den Basisstrom bei kurzen Stoßspannungen und unter Kurzschlußbedingungen begrenzt.

Da es sich bei der Serie 3085 im wesentlichen um Operationsverstärker mit großer Leerlaufspannung handelt, kann es zu unerwünschten Schwingungen kommen. Dies gilt auch im Hinblick auf kurzzeitige Netz- oder Lastspitzen, selbst bei Betrieb von Blindlasten (z. B. mit Filter-Kondensatoren) muß Stabilität am Ausgang des Netzgerätes gewährleistet sein.

Die Ausgangsstabilität läßt sich durch den Anschluß eines kleinen Kondensators zwischen den Anschlüssen 6 und 7 erreichen. Dieser Kondensator bewirkt, wenn nötig, einen starken Einfluß auf die Verstärkung der Operationsverstärker bei höheren Frequenzen. Anschluß 7 läßt sich darüber hinaus auch als Sperr-Eingang verwenden. An ihm können wir den Steuerstrom für die Transistoren T 13 und T 14 kurzschließen, so daß dann kein Ausgangsstrom mehr fließen kann. Auf diese Weise ist Tast-, Takt- oder programmierbarer Betrieb möglich, und/oder es lassen sich zusätzliche Überlast-Schutzschaltungen anwenden.

Bild 1.55 zeigt die Schaltung eines einfachen geregelten Netzgerätes mit dem 3085. Die Netzspannung wird mit Hilfe eines Transformators auf einen Spannungswert von $U_{\text{eff}} = 25\,\text{V}$ heruntertransformiert. Die Brückengleichrichterschaltung besteht aus vier Dioden und die so gleichgerichtete Wechselspannung wird auf den Ladekondensator C 1 gegeben.

Diese Spannung an dem Ladekondensator ist zwar geglättet, aber nicht stabilisiert. An den beiden Einschlüssen 2 und 3 liegt die unstabilisierte Eingangsspannung an. Der Pin 2 ist der Hilfsanschluß für höhere Ströme und Pin 3 der

Eingang für die ungeregelte Spannung. Den Pin 4 (Substratanschluß) legen wir auf Masse (Minus des Gleichrichters) und den Pin 5 (Vergleichsspannung) legen wir über einen Kondensator auf Masse. Der Kondensator C 3 hält die Vergleichsspannung auf konstantem Wert. Die Frequenzkompensation des Fehlersignal-Verstärkers erfolgt mit dem Kondensator C 2.

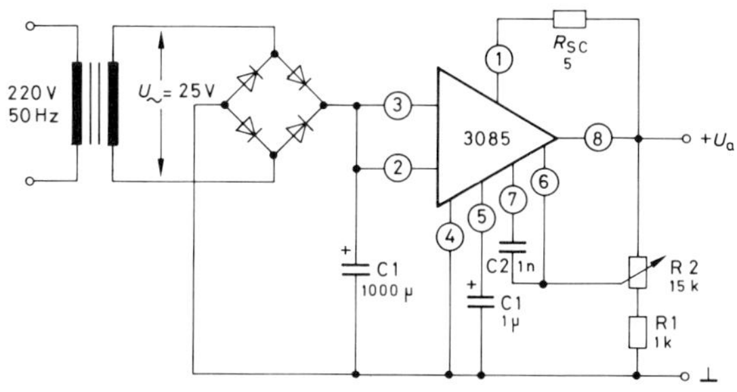

Bild 1.55 Einfaches Netzgerät mit dem Spannungsregler 3085

Die Ausgangsspannung für die Schaltung von Bild 1.55 errechnet sich aus

$$U_a = U_{ref} \cdot \frac{R_1 + R_2}{R_1}$$

Bei der Schaltung haben wir ein Potentiometer für den Widerstand R 2. Wir können daher die Ausgangsspannung zwischen 1,8 V und 20 V stufenlos einstellen.

Der maximale Ausgangsstrom für diese Schaltung wird durch den Widerstand R_{SC} bestimmt. Für den Kurzschlußstrom gilt:

$$I_{SC} = \frac{U_{BE}}{R_{SC}} \approx \frac{0{,}7\text{ V}}{R_{SC}}$$

Bei der Schaltung von Bild 1.55 können wir einen Strom von 140 mA entnehmen. Benötigen wir ein stabilisiertes Netzgerät für höhere Ströme, so läßt sich der Baustein 3085 in Verbindung mit einem externen NPN-Transistor verwenden, wie wir dies bereits beim Baustein 723 vorgenommen haben.

Bei der Schaltung mit einem externen Serien-Regeltransistor wird der Ausgangsstrom des internen Transistors um den Stromverstärkungsfaktor h_{FE} oder v_I des verwendeten Transistortyps vergrößert. Die Schaltungen gestatten eine Spannungsstabilisierung bis zu Ausgangsströmen von $I_a = 8$ A. Noch höhere Ströme sind möglich, wenn wir bei dem externen Transistor einen Typ mit Darlingtonstufe verwenden.

Die Schaltung von **Bild 1.56** ist mit einem sehr einfachen Kurzschlußschutz ausgestattet. Der einstellbare Widerstand R_{SCP} dient für zwei verschiedene Zwecke. Einerseits läßt sich mit ihm die Ansteuerung des verwendeten Transistors 2N3055 im Hinblick auf die Fertigungsstreuungen des h_{FE}-Wertes einstellen oder justieren. Andererseits übernimmt der Widerstand R_{SCP} aber auch den Überlastungsschutz, wenn im Falle eines Kurzschlusses am Ausgang der Basisstrom des 2N3055 ansteigt, steigt auch der Spannungsabfall an R_{SCP}.

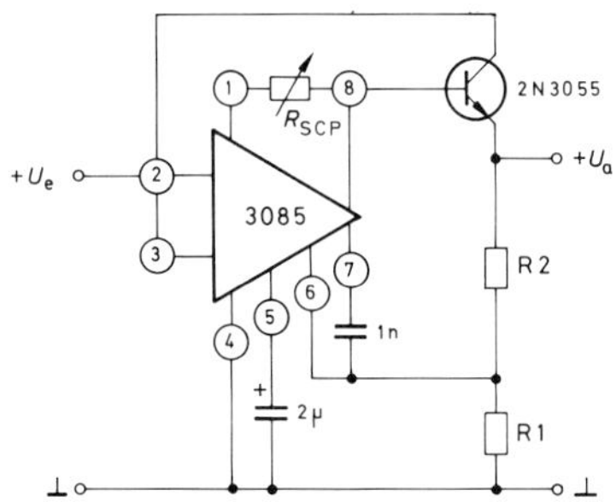

Bild 1.56 Spannungsregler 3085 mit einfachem Kurzschlußschutz

Wird dabei die Ansprechschwelle des internen Kurzschlußschutzes im 3085 überschritten, regelt der 3085 in der bereits beschriebenen Weise den am Anschluß 8 zur Verfügung stehenden Strom zurück. Dabei ist zu beachten, daß die Wirksamkeit dieser Schutzschaltung von der Größe des Widerstandes R_{SCP} abhängt. Bei der Auslegung der Schaltung muß also im Hinblick auf die Ansteuerung des Leistungstransistors 2N3055 ein gewisser Kompromiß geschlossen werden, damit der Kurzschlußschutz nicht beeinträchtigt wird. Wählen wir die Bauelemente bei dieser Schaltung falsch aus und es tritt am Ausgang ein Kurzschlußfall auf, kann der externe Transistor 2N3055 zerstört werden, bevor die Kurzschlußsicherung im Baustein 3085 anspricht.

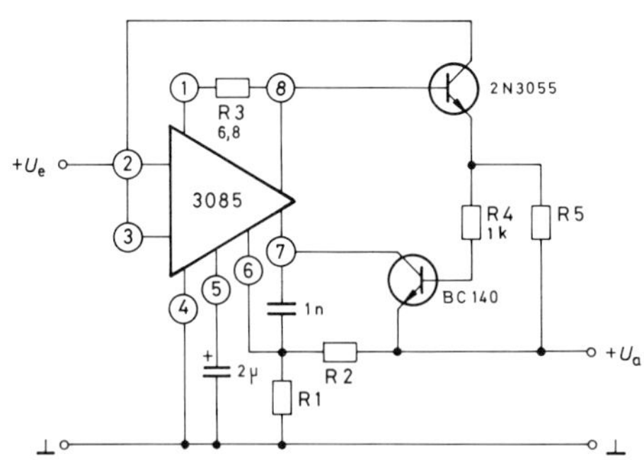

Bild 1.57 Spannungsregler 3085 mit zusätzlicher Kurzschlußschaltung

Um diesen Nachteil zu vermeiden, schalten wir einen zusätzlichen Transistor ein und erhalten die Schaltung von **Bild 1.57**. In dieser Schaltung übernimmt der zusätzliche Transistor BC140 und die beiden Widerstände R4 und R5 den Kurzschlußschutz. Der Widerstand R3 dient hier ausschließlich zur Einstellung der Ansteuerung von dem Leistungstransistor 2N3055. Das Auslösen der Überstrom-Schutzschaltung erfolgt mit Hilfe des Widerstandes R 5, an dem im Kurzschlußfall eine Spannung abfällt, so daß im Transistor BC 140 ein Basisstrom fließt. Dieser Basisstrom verursacht einen Kollektorstrom des BC 140 über den Anschluß 7 des Bausteines 3085, also einen Nebenschluß über den Basis-Steuerstrom der Darlington-Endstufe des 3085. Damit sinkt der Ausgangsstrom des 3085 und die Ausgangsspannung des gesamten Regelteils bricht zusammen. Die Lastabhängigkeit dieser Schaltung beträgt im Bereich von I_a = 0 A . . . 3 A im Mittel nur 0,025 %. Für die Netzspannungsabhängigkeit gilt ein Mittelwert von 0,025 % je Volt bei Eingangsspannungsänderungen. Für den Betrieb der Schaltungen von Bild 1.55, 1.56 und 1.57 benötigen wir eine Eingangsspannung, die wenigstens um 4 V größer sein muß als die stabilisierte Ausgangsspannung. Es gibt nun aber gewisse Anwendungen, bei denen dies nicht tragbar ist, z. B. in der Kraftfahrzeugelektronik. Hierzu verwenden wir dann die Schaltung von **Bild 1.58.**

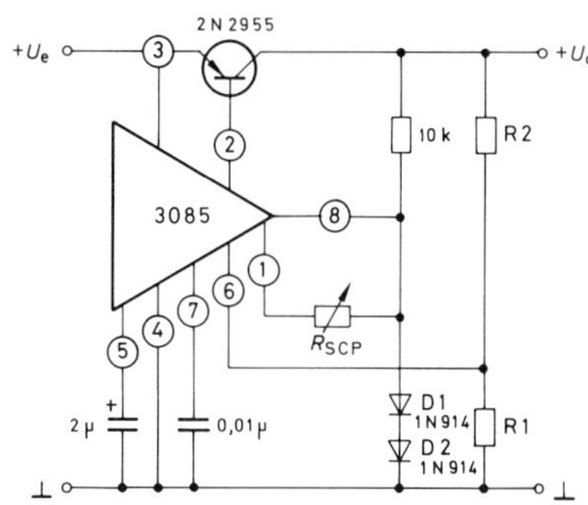

Bild 1.58 Spannungsregler 3085 für Kfz-Elektronik

Die Schaltung von Bild 1.58 kann Ausgangsströme in der Größenordnung von 2 A erzeugen, wobei die Spannungsdifferenz zwischen der unstabilisierten Eingangsspannung und der stabilisierten Ausgangsspannung nur 1 V betragen darf.

Die Schaltung erfordert einen zusätzlichen PNP-Transistor, dessen Basis und Emitter mit den Anschlüssen 2 und 3 des Bausteines 3085 verbunden sind. Der Emitter des Endstufen-Transistors im Baustein 3085, der Transistor T 14, ist dabei über den Anschluß 1, den Widerstand R_{SCP} und die beiden hintereinander geschalteten Dioden D 1 und D 2 mit der Masse (0 V) oder der negativen Betriebsspannung verbunden. Die beiden in Durchlaßrichtung geschalteten Dioden sorgen dafür, daß der Transistor T 6 in dem Baustein 3085 linear arbeitet. Für die Bemessung der beiden Widerstände R 1 und R 2 gilt die vorhin gezeigte Gleichung. Eine geeignete Frequenz-Kompensation wird in der Schaltung von Bild 1.58 für den Baustein 3085 und der Masse oder negativen Betriebsspannung erreicht. Hierzu dient der Kondensator mit 10 nF an dem Pin 7.

Haben wir eine zu hohe unstabilisierte Eingangsgleichspannung, so verwenden wir das Schaltbeispiel von **Bild 1.59**. Der Baustein 3085 wird hier als Vergleichsspannungs- und Regelsignal-Erzeuger in einem Netzteil eingesetzt, bei dem die zu regelnde Spannung weit über dem für den 3085 zulässigen Betriebsspannungswert liegt. Die Spannungsfestigkeit der extern zugeschalteten Transistoren T 1 und T 2 muß daher höher sein als die höchste zu regelnde unstabilisierte Eingangsspannung. Der Serien-Regeltransistor T 2 wird vom Kollektor des Transistors T 1 gesteuert, wobei T 1 ein Steuersignal wiederum vom geregelten Ausgang des 3085 erhält. Seine Eingangsspannung erhält der Baustein 3085 über den Vorwiderstand R 3, wobei die Z-Diode D 1 dafür sorgt, daß die Eingangsspannung auf einem für den 3085 zulässigen Wert festgehalten wird. Für die Berechnung und Bemessung der Werte von Widerstand R 1 und R 2 gelten wieder die bereits gezeigten Gleichungen.

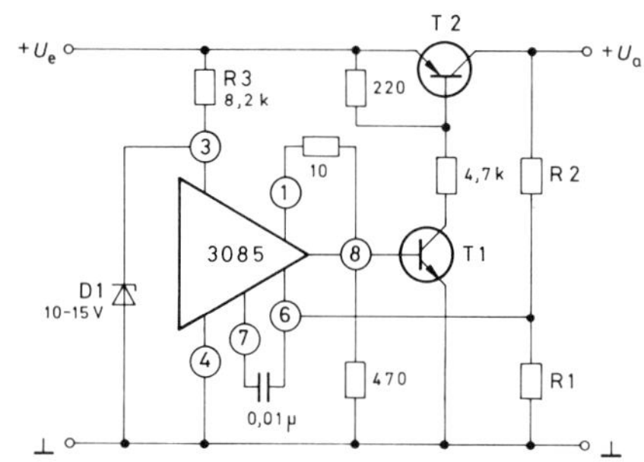

Bild 1.59 Spannungsregler 3085 für höhere Eingangsspannungen

Für die Regelung von negativen Ausgangsspannungen läßt sich der Baustein 3085 ebenfalls verwenden. Hierzu zeigt **Bild 1.60** eine Schaltung. Als Serien-Regeltransistor dient hier der T 3. Interessant bei dieser Schaltung ist, daß der

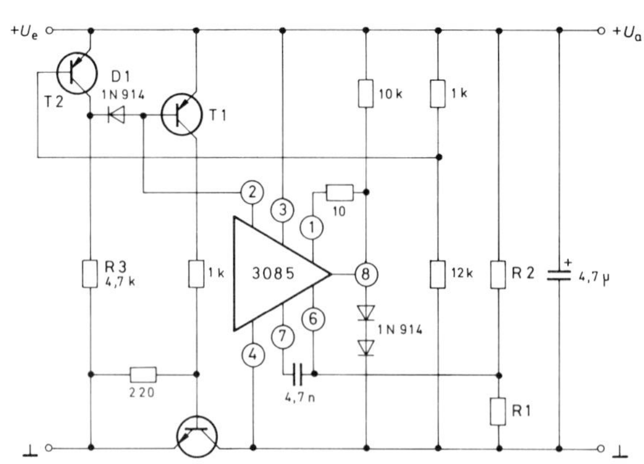

Bild 1.60 Spannungsregler 3085 für negative Spannungen

Baustein 3085 nicht mit der ungeregelten Eingangsspannung verbunden ist, sondern nur mit der geregelten Ausgangsspannung. Die Diode D1 sorgt dafür, daß beim Einschalten am Ausgang überhaupt erst einmal eine Spannung auftritt. Wenn dann der Baustein 3085 seine Regelfunktion übernommen hat und über den Transistor T1 den Serien-Regeltranistor T3 ansteuert, wird die Anlauffunktion der Diode D1 über den Transistor T2 aufgehoben. Wir haben eine rückwärtige Anlaufsteuerschaltung.

Die Schaltung funktioniert folgendermaßen: Beim Einschalten der Betriebsspannung fließt über den Widerstand R3 und der Diode D1 ein Steuerstrom in die Basis von dem Transistor T1, dessen Kollektorstrom dann wiederum einen Basis-Steuerstrom für den Transistor T3 liefert. Auf diese Weise entsteht zwischen dem Kollektor des Serien-Regeltransistors T3 und der positiven Betriebsspannung zunächst einmal eine Betriebsspannung für den Baustein 3085 (zwischen dessen Anschlüssen 3 und 4). Hat die Ausgangsspannung einen Wert von ca. 7,5 V erreicht, kann der Baustein 3085 richtig arbeiten. Über den Spannungsteiler 1 kΩ/12 kΩ erhält der Transistor T2 einen Basisstrom und seine Kollektor-Emitter-Strecke wird leitend. Sie stellt für den von Widerstand R3 gelieferten Strom einen Nebenschluß dar, und die Diode D1 sperrt. Die Anlaufschaltung ist damit außer Funktion und die Steuerung der Basis von Transistor T1 erfolgt jetzt aus dem Anschluß 2 des Bausteins 3085. Da der Transistor T1 den Serien-Regeltransistor T3 steuert, ist die Regelung voll wirksam. Zur Feststellung der Werte von Widerstand R1 und R2 verwenden wir die bereits erklärten Gleichungen.

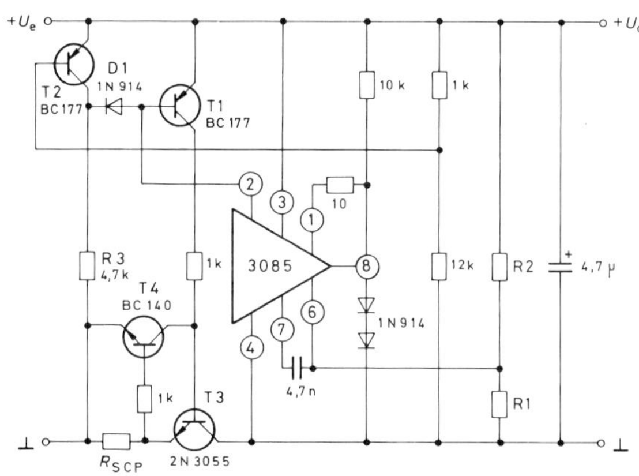

Bild 1.61 Spannungsregler 3085 für negative Spannungen und zusätzlicher Schaltung zur Strombegrenzung

Die im **Bild 1.61** gezeigte Schaltung weist große Ähnlichkeit mit der Schaltung von Bild 1.60 auf, nur daß wir hier noch eine zusätzliche Anordung für die Strombegrenzung haben. Diese Strombegrenzungsschaltung besteht aus dem Transistor T4, einem 1-kΩ-Widerstand und dem Widerstand R_{SCP}. Steigt der Ausgangsstrom über einen bestimmten Wert an, dann bewirkt der in gleichem Maße stärkere Spannungsabfall an dem Widerstand R_{SCP} einen zusätzlichen

Basis-Steuerstrom für den Transistor T 4. Die Kollektor-Emitter-Strecke von dem Transistor T4 wird dadurch immer stärker leitend und stellt einen immer größer werdenden Nebenschluß für den Basis-Steuerstrom des Transistors T3 dar. Wegen der schwächer werdenden Ansteuerung dieses Serien-Regeltransistors wird der Ausgangsstrom kleiner.

Mit den Schaltungen von Bild 1.60 und 1.61 können wir Ströme bis zu 5A verarbeiten, ohne daß es Probleme gibt. Bitte verwenden Sie großflächige Kühlbleche und Wärmeleitpaste zwischen Kühlblech und Transistor.

Bei Spannungsreglern für höhere Ströme, bei denen der Kurzschlußstrom nur auf einen bestimmten und konstanten Wert begrenzt wird, wie dies bei den bisher gezeigten Schaltungen der Fall war, kann es im Falle eines Kurzschlusses an den Ausgangsklemmen zu unzulässig hohen Verlustleistungen im Serien-Regel-Transistors kommen. Dieser Nachteil kann mit einer Kurzschlußstrom-Rückregelung, einem ,,fold-back" oder einer ,,switch-back"-Regelung vermieden werden, wenn wir die Schaltung von **Bild 1.62** verwenden.

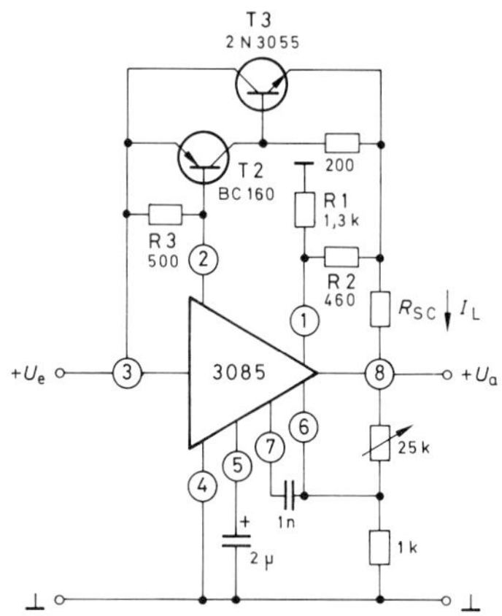

Bild 1.62 Spannungsregler 3085 mit ,,fold-back"-Ausgangskennlinie

Bild 1.62 zeigt einen Spannungsregler für höhere Ausgangsströme und mit einer Kurzschluß-Rückregelung. In dieser Schaltung ist der Anschluß 8 des Bausteines mit der Ausgangsspannung verbunden, während der Anschluß 1 an der Anzapfung eines Spannungsteilers (bestehend aus den Widerständen R 1 und R 2) liegt, der einerseits mit dem Emitter des Serien-Regeltransistors T 3, andererseits mit Masse verbunden ist. Der Einsatzpunkt I_{Knie} für die Strom-Rückregelung wird durch den Widerstand R_{SC} bestimmt.

Die Auslösung der Schutzschaltung erfolgt dadurch, daß der Transistor T 15 im Baustein 3085 eine Vorspannung in Durchlaßrichtung erhält. Die für die Auslösung erforderliche Bedingungen liefert die folgende Rechnung:

$$U_{BE\,(T\,15)} = (\text{Spannung am Pin 1}) - U_a$$
$$= (U_a + I_L \cdot R_{SC}) \frac{R_1}{R_1 + R_2} - U_a$$

Setzen wir

$$K = \frac{R_1}{R_1 + R_2}$$

ein, erhalten wir

$$U_{BE}\,(T\,15) = (U_a + I_L \cdot R_{SC}) \cdot K - U_a$$
$$= K \cdot U_a + K \cdot I_L \cdot R_{SC}$$

woraus sich ergibt

$$R_{SC} = \frac{U_a + U_{BE\,(T\,15)} - K \cdot U_a}{K \cdot I_L}$$

Bei einem Kurzschluß am Ausgang der Schaltung liegt der Anschluß 8 des Bausteines 3085 und damit der Emitter vom Transistor T 15 an Masse. Der Emitter von dem Transistor T 14 liefert über die Widerstände R 1 einerseits und über $R_2 + R_{SC}$ andererseits einen Strom, der den Anschluß 1 um den Betrag einer Sperrschicht-Durchlaßspannung (ca. 0,7 V) positiver hält als die Masse. Der Transistor T 15 verhält sich dann in einem teilweise leitenden Zustand. Der Strom, den der Transistor T 14 zur Aufrechterhaltung von der Spannung U_{BE} an dem Anschluß 1 liefern muß, ist gleich der Summe der Ströme, die durch den Widerstand R 1 bzw. durch $R_2 + R_{SC}$ nach Masse fließen. Normalerweise ist der Wert des Widerstandes wesentlich kleiner als R 2 und kann deshalb vernachlässigt werden. Der an Anschluß 1 wirksame Widerstand nach Masse besteht dann aus der Parallelschaltung von R 1 und R 2. Daraus läßt sich der von Transistor T 14 zu liefernde Strom errechnen.

$$I_{T\,14} = \frac{U_{BE\,(T\,15)}}{\dfrac{R_1 \cdot R_2}{R_1 + R_2}} = \frac{0{,}7 \cdot (1{,}3\ \text{k}\Omega + 0{,}46\ \text{k}\Omega)}{1{,}3\ \text{k}\Omega \cdot 0{,}46\ \text{k}\Omega} = 2{,}06\,\text{mA}$$

Zwischen den Anschlüssen 2 und 3 des Bausteins 3085 ist der externe Widerstand R 3 mit einem Wert von 500 Ω (Normwert 470 Ω) angeschlossen. Zusammen mit dem im Baustein 3085 integrierten Widerstand R 5 von ebenfalls 500 Ω ergibt sich zwischen den beiden Anschlüssen 2 und 3 ein wirksamer Widerstand von 250 Ω. An ihm fällt wegen des durch den Transistor T 14 fließenden Stromes ($\approx$ 2,06 mA) eine Spannung U_{23} ab:

$$U_{23} = I_{(T\,14)} \cdot 250\ \Omega$$
$$= 2{,}06 \cdot 10^{-3}\,\text{A} \cdot 250\ \Omega$$
$$= 0{,}515\ \text{V}$$

Diese Spannung von 0,515 V ist nun aber zu klein, um für den externen PNP-Transistor T 2 einen Basis-Steuerstrom zu liefern. Damit wird auch der Transistor T 3 nicht mehr angesteuert und der Ausgangsstrom geht auf Null zurück. Die Auslösung der Strom-Rückregelung setzt bei $I_{amax} = 1$ A ein.

Ein anderes Verfahren zur Kurzschlußstrom-Rückregelung ist in **Bild 1.63** dargestellt. Diese Schaltung ähnelt in ihrer Arbeitsweise der nach Bild 1.62, die Steuerung der Rückregelung erfolgt hier aber über den externen Transistor T 2. Auf diese Weise hat man beim Entwickeln der Schutzschaltung größere Freiheiten.

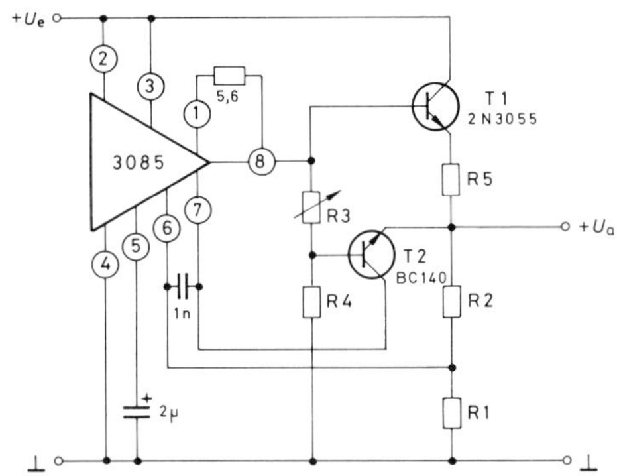

Bild 1.63 Spannungsregler 3085 für höhere Ströme und „fold-back"-Ausgangskennlinie

Bei niedrigen Ausgangsströmen ist der Transistor T 2 etwas in Sperrichtung vorgespannt und zwar um einen Betrag, der von den Werten der Widerstände R 3 und R 4 abhängig ist. Mit wachsendem Ausgangsstrom steigt auch der Spannungsabfall am Widerstand R 5 an und mit ihm die Spannung an der Basis vom Transistor T 1. Da dadurch die Spannung an der Basis von dem Transistor T 2 ebenfalls höher wird, beginnt schließlich der Transistor T 2 zu leiten. Der Transistor T 2 stellt über den Anschluß 7 des Bausteines 3085 einen immer wirksamer werdenden Kurzschluß für den Steuerstrom der Darlington-Endstufe im 3085 dar, so daß der Steuerstrom für den externen Serien-Regeltransistor geringer und damit die Ausgangsspannung kleiner wird. Der Auslösewert I_{Knie} für die Stromrückregelung läßt sich auf folgende Weise berechnen:

Ist R 5 klein, gilt:

$$U_{BE\,(T\,1)} = (\text{Spannung am Anschluß 8}) - U_a$$

$$U_{BE\,(T\,2)} = (\text{Spannung am Anschluß 8}) \cdot \frac{R_4}{R_3 + R_4} - U_a$$

$$= [U_a + I_L \cdot R_5 + U_{BE\,(T\,1)}] \cdot \frac{R_4}{R_3 + R_4} - U_a$$

Setzen wir

$$\frac{R_4}{R_3 + R_4} = K$$

ein, ergibt sich für den Auslösewert I_{Knie} die Gleichung

$$I_{Knie} = \frac{U_{BE\,(T\,2)} - K \cdot [U_a + U_{BE\,(T\,1)}] + U_a}{K \cdot R_5}$$

Bei der Schaltung von Bild 1.62 geht im Falle eines Kurzschlusses der Ausgangsstrom auf den Wert $I_a = 0\,A$ zurück. Dagegen wird im gleichen Falle bei der Schaltung von Bild 1.63 der Ausgangsstrom I_a stark verringert, behält aber einen gewissen Wert I_{SC}. Dieser Wert für den Reststrom errechnet sich wie folgt:

$$U_{BE\,(T\,2)} + \left[\frac{U_{BE\,(T\,2)}}{R_2} + I_{B\,(T\,2)}\right] \cdot R_1 = U_{BE\,(T\,1)} + I_{SC} \cdot R_5$$

$$I_{SC} = \frac{U_{BE\,(T\,2)} + \left[\frac{U_{BE\,(T\,2)}}{R_2}\right] + I_{B\,(T\,2)} \cdot R_1 - U_{BE\,(T\,1)}}{R_5}$$

Die Lastkennlinie zwischen dem Auslösepunkt und dem Kurzschlußpunkt verläuft bei dieser Schaltung wesentlich linearer.

Bei Regelschaltungen für höhere Spannungen, wie wir bereits bei der Schaltung von Bild 1.59 gesehen haben, bietet eine Kurzschlußstrom-Rückregelung nicht genügend Sicherheit. Wegen der hohen Spannungen kann es nämlich trotz der Herabsetzung des Stromes durch den Serien-Regeltransistor in diesem zu einem Sekundär-Durchbruch kommen. Um ihn in solchen Schaltungen wirkungsvoll zu schützen, kann man eine Kurzschlußstrom-Rückschaltung verwenden, die der Fachmann als „snap-back"-Schaltung bezeichnet. Bei diesem „snap-back"-Betrieb wird der Ausgangsstrom im Falle einer Überlastung innerhalb von Mikrosekunden auf den Ausgangswert von $U_a = 0\,V$ zurückgehen. Damit wird eine Zerstörung des Transistors im Sekundär-Durchbruch verhindert.

Die Schaltung eines Spannungsreglers für höhere Spannungen, der mit einer derartigen Strom-Rückschaltung ausgerüstet ist, können wir im **Bild 1.64** sehen. Die Regelung arbeitet ähnlich wie bei der im Bild 1.59 gezeigten Schaltung. Durch zusätzliche Maßnahmen wird aber bewirkt, daß im Falle einer Überlastung am Ausgang die Ansteuerung des Serien-Regeltransistors in kürzester Zeit unterbrochen wird. Die Auslösung dieser Strom-Rückschaltung erfolgt bei dem Stromwert

$$I_{Knie} = \frac{U_{BE\,(T\,1)}}{R_{SC}}$$

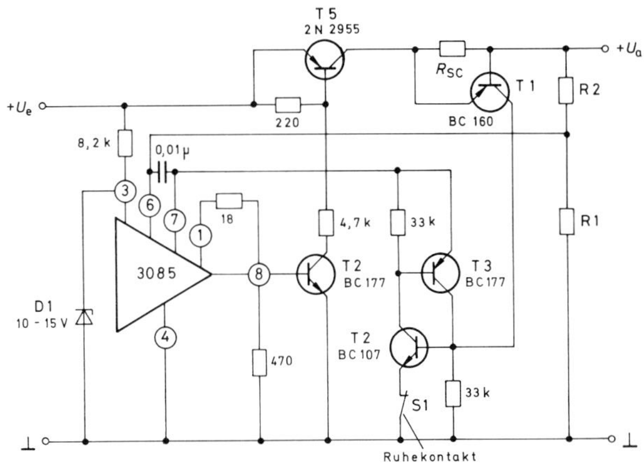

Bild 1.64 Spannungsregler 3085 für höhere Spannungen und „fold-back"-Ausgangskennlinie

Bei diesem Strom fällt an dem Widerstand R_{SC} eine ausreichend hohe Spannung ab, die den Transistor T 1 in den leitenden Zustand bringt. Die Basis des Transistors T 2 erhält einen Steuerstrom, so daß auch dieser Transistor stromführend wird und seinerseits den Transistor T 3 mit Basisstrom versorgt. Jetzt liefert also auch der Kollektor von dem Transistor T 3 einen Strom und hält eine Art Rückkopplung über die Basis von T 2 die ganze Transistorkombination T 2/T 3 stromführend. Die beiden Transistoren T 2 und T 3 wirken dabei wie ein Thyristor. Sie schließen über den Anschluß 7 des Bausteins 3085 die Ansteuerung für dessen Darlington-Endstufe kurz (T 13 und T 14 sperren), so daß die Ansteuerung für T 4 und damit auch für den Serien-Regeltransistor T 5 entfällt. Die Ausgangsspannung bricht deshalb sofort zusammen. Nach Aufhebung der Überlastung muß erst der Ruhekontant S 1 kurzzeitig geöffnet werden, damit der Regler wieder eine Ausgangsspannung liefern kann. Beim Öffnen von Taste S 1 hört nämlich der Stromfluß durch die beiden Transistoren T 2 und T 3 auf und der Kurzschluß für die Ansteuerung der Endstufe des Bausteines 3085 ist aufgehoben.

1.2.3 Spannungsreglerserie LM 117/LM 217/LM 317 mit Anwendungen

Bei dieser Serie haben wir einstellbare Spannungsregler mit drei Anschlußpunkten. In der Elektronik spricht man vom einstellbaren 3-Terminal-Reglertyp.

Für die Einstellung der Ausgangsspannung benötigen wir ein externes Potentiometer. Auf diese Weise können wir die Ausgangsspannung zwischen $U_{amin} = 1{,}2\,V$ und $U_{amax} = 37\,V$ einstellen. Der Ausgangsstrom für diese Reglertypen liegt bei $I_{amax} = 1{,}5$ A, wenn der Spannungsregler ausreichend gekühlt wird. Der Unterschied zwischen den drei Typen liegt im Temperaturbereich:

LM 117: −55°C bis +150°C
LM 217: −25°C bis +150°C
LM 317: 0°C bis +125°C

Die Anschlußbelegung für diese Spannungsregler finden wir in **Bild 1.65** (TO-3-Metallgehäuse), in **Bild 1.66** (TO-5-Metallgehäuse) und in **Bild 1.67** (TO-220-Plastikgehäuse). Im Gegensatz zu den anderen Spannungsreglern haben wir hier keinen Masseanschluß, sondern ein Einstellpin oder einen Einstellanschluß. An diesen läßt sich die Ausgangsspannung einstellen.

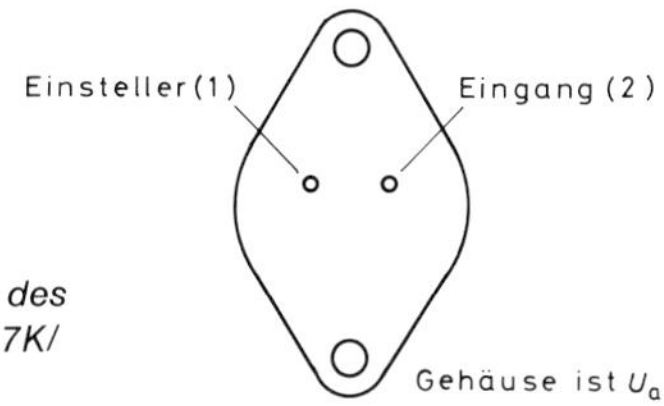

Bild 1.65 TO-3-Gehäuse des Spannungsreglers LM 117K/ LM 217K/LM 317K

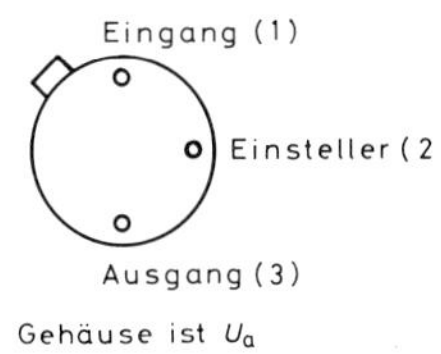

Bild 1.66 TO-5-Gehäuse des Spannungsreglers LM 117H/ LM 217H/LM 317H

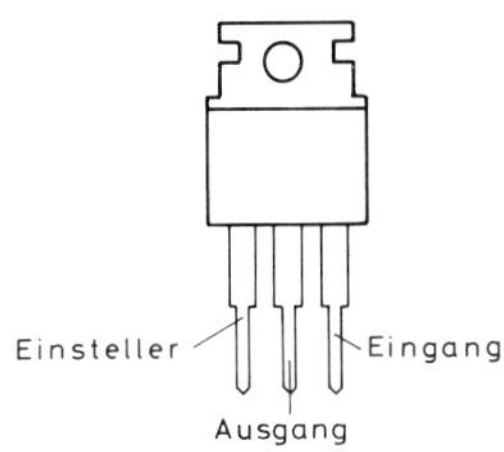

Bild 1.67 TO-220-Gehäuse des Spannungsreglers LM 317T

Bild 1.68 zeigt ein einfaches Anwendungsbeispiel mit dem LM 317. Selbstverständlich können wir auch hier andere Typen dieser Serien verwenden, wobei sich keine Änderungen in bezug auf die externen Bausteine ergeben. Die Ausgangsspannung läßt sich im Bereich zwischen 1,2 V und 25 V stufenlos einstellen, da die Eingangsspannung $U_a = 28$ V ist.

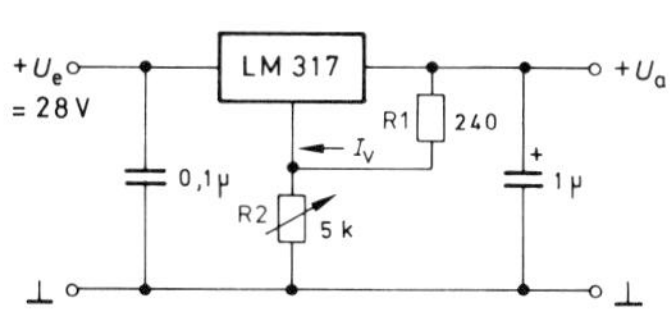

Bild 1.68 Einstellbarer Spannungsregler von 1,2 V bis 25 V mit dem LM 317, $I_a = 1,5$ A

Das Einstellpin des LM 317 befindet sich zwischen dem Festwiderstand R 1 und dem Potentiometer R 2. Haben wir den Wert des Potentiometers ganz zurückgedreht, ergibt sich die minimale Ausgangsspannung der Schaltung. Bedingt durch den Spannungsregler LM 317 liegt sie bei $U_{amin} = 1{,}2$ V.

Vergrößern wir den Wert des Potentiometers durch eine Drehung des Schleifers, erhöht sich die Ausgangsspannung. Dadurch fließt ein Vorspannungsstrom über den Widerstand R 1 zu dem Einstellpin. Dieser Strom liegt beim LM 317 bei $I_v = 10\,\text{mA}$, beim LM 117 und LM 217 bei $I_v = 5\,\text{mA}$ und bringt damit das Einstellpin auf einen bestimmten Spannungswert. Die Ausgangsspannung für die Schaltung berechnet sich nach

$$U_a = 1{,}2\,\text{V} \cdot \left(1 + \frac{R_2}{240\,\Omega}\right) + I_v \cdot R_2.$$

Der Widerstand R_1 mit $240\,\Omega$ darf nicht geändert werden. Dieser Wert wurde im Labor festgelegt und ist für die Vorspannung optimal. Nehmen wir z. B. einen Widerstand von $R_2 = 1\,\text{k}\Omega$ und setzen diesen Wert in die Formel ein, so erhalten wir eine Ausgangsspannung von

$$\begin{aligned} U_a &= 1{,}2\,\text{V} \left(1 + \frac{1000\,\Omega}{240\,\Omega}\right) + 10\,\text{mA} \cdot 1000\,\Omega \\ &= 6{,}2\,\text{V} + 10 \\ &= 16{,}2\,\text{V} \end{aligned}$$

Wir erhalten eine Ausgangsspannung von $U_a = 16{,}2$ V.

Stellen wir die Gleichung nach dem Widerstand R_2 um, ergibt sich

$$R_2 = \frac{U_a - 1{,}2\,\text{V}}{\dfrac{1{,}2\,\text{V}}{220\,\Omega} + I_v}.$$

Wir setzen in die Formel unsere gewünschte Ausgangsspannung und den Strom I_v für die Vorspannung ein. Dadurch erhalten wir dann den Widerstand R_2. Benötigen wir z. B. eine $U_a = 15$ V, ergibt sich ein Widerstand R_2 durch

$$\begin{aligned} R_2 &= \frac{15\,\text{V} - 1{,}2\,\text{V}}{5{,}5\,\text{mA} + 10\,\text{mA}} \\ &= 890\,\Omega. \end{aligned}$$

Auf diese Weise ergibt sich ein Widerstandswert von $R = 890\,\Omega$. Bei der Berechnung ist entscheidend, welcher Spannungsreglertyp verwendet wird, damit der Vorspannungsstrom richtig ist.

Die Schwankungen des Vorspannungsstromes I_v über einen Eingangsspannungsbereich von 16,7 V bis 40 V und einem Ausgangsstrom von 10 mA bis 1,5 A betragen nur $\triangle I_v = 5\,\mu\text{A}$. Die Ausgangsspannung ist einer Schwankung von nur $\triangle U_a = 6{,}435$ mV ausgesetzt, die durch den Vorspannungsfehler auftreten kann. Daher arbeitet die Spannungsreglerschaltung konstant.

Der Kurzschlußausgangsstrom bei dieser Spannungsreglerserie ist auf $I_K = 2{,}2$ A eingestellt. Dieser Wert bleibt über den gesamten Temperaturbereich weitgehend stabil.

Die Spannungsreglerserie enthält auch einen thermischen Überlastungsschutz, der selbst dann arbeiten kann, wenn das Einstellpin nicht angeschlossen ist. Dies ist besonders beim Betrieb in Kraftfahrzeugen zur Spannungsversorgung elektronischer Schaltungen von Bedeutung, da diese störungsfrei arbeiten müssen.

Die meisten Spannungsregler werden zerstört, wenn die Ausgangsspannung größer als die Eingangsspannung wird. Dies kann z. B. auftreten, wenn wir zwei Netzgeräte parallel schalten und zwei separate Einsteller für die Ausgangsspannungen haben. Durch einen „safe-area"-Schutz kann dies aber verhindert werden. Normalerweise ist dieser Schutz durch Dioden zu realisieren, die antiparallel zu dem Spannungsregler geschaltet werden, wobei aber hierbei auch erhebliche Probleme auftreten können. Diese Spannungsregler haben diesen Schutz bereits eingebaut.

Die Ausgangsdaten der Schaltung von Bild 1.68 sind bereits sehr gut, jedoch können sie noch weiter verbessert werden. Die Schaltung von **Bild 1.69** zeigt hier eine Variante, mit der wir eine extrem geringe Restwelligkeit der Ausgangsspannung erzielen können.

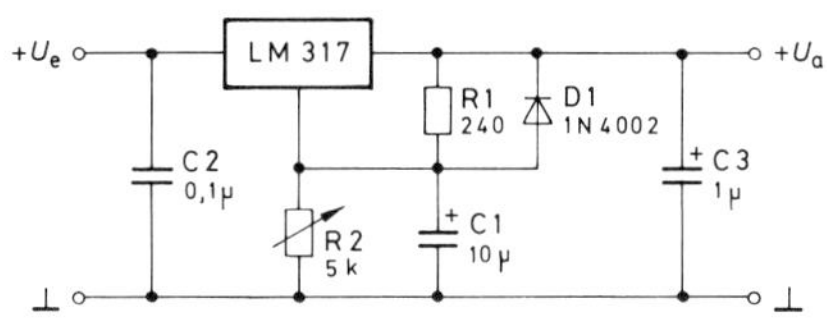

Bild 1.69 Einstellbarer Spannungsregler mit geringer Restwelligkeit

Diese Verbesserung erreicht man durch den zusätzlichen Kondensator C1. Damit wird der Spannungswert an dem Einstellpin gegenüber von Lastschwankungen am Ausgang stabil gehalten.

Die Diode D1 ist erforderlich, damit sich der Kondensator entladen kann, wenn die Ausgangsspannung verringert werden soll. Dies ist aber besonders wichtig, wenn am Ausgang ein Kurzschluß auftritt. Wäre dies nicht der Fall, erfolgt eine Entladung des Kondensators nach einer e-Funktion und damit kann der LM 317 zerstört werden, da der Überlastungsschutz unnötig verzögert wird. Ansonsten ist die Schaltung nicht kritisch.

Mit dieser Spannungsreglerserie können wir auch eine programmierbare Spannungsquelle aufbauen. **Bild 1.70** zeigt die Schaltung. Durch TTL- oder CMOS-Digitalbausteine erfolgt die Ansteuerung der Transistoren.

Hierbei gelten dann folgende Bedingungen: Bei TTL-Bausteinen müssen die Ausgänge offene Kollektoren haben. Über die Basiswiderstände und externen Arbeitswiderstände können wir die Transistoren ansteuern. Durch die externen

Arbeitswiderstände erhalten die Basisanschlüsse einen Strom, wenn der Ausgangstransistor des TTL-Bausteines gesperrt ist. Bitte verwenden Sie TTL-Bausteine mit offenen Kollektoren, die eine maximal zulässige Ausgangsspannung von 30 V haben. Andernfalls kann es Probleme mit der Anpassung geben. Bei den CMOS-Bausteinen kann es ebenfalls Probleme geben, da hier ebenfalls die Betriebsspannung der Bausteine von $U_b = 15\,V$ nicht überschritten werden darf. Durch die Transistoren können wir aber die CMOS-Spannungsversorgung von der programmierbaren Spannungsquelle trennen.

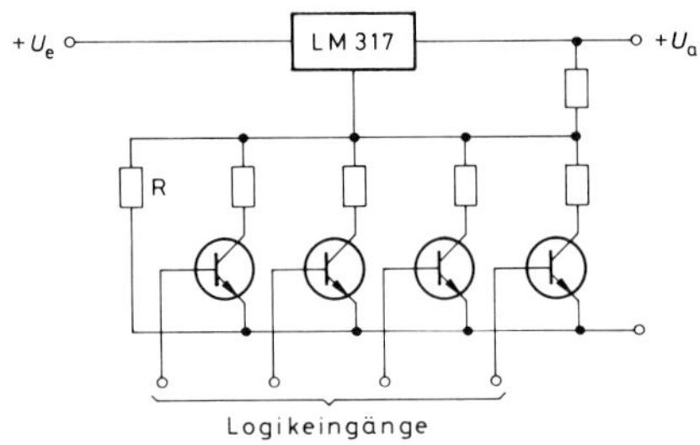

Bild 1.70 TTL-Ansteuerung des Spannungsreglers LM 317

Der Widerstand R in der Schaltung von Bild 1.70 bestimmt die maximale Ausgangsspannung. Durch die vier Widerstände können wir die Schaltung so programmieren, daß sich am Ausgang eine Treppenspannung ergibt. Eine Treppenspannung erhalten wir bei der Ansteuerung durch einen Zähler, der im Dual-Code arbeitet. Die Widerstände müssen ebenfalls im Dual-Code abgestimmt sein. Dies werden wir aber noch bei der Schaltung im Kapitel 1.5.4 behandeln.

Erweitern wir die Schaltung, so lassen sich durch einen Zähler beispielsweise 8, 12 oder 16 dieser Transistorstufen ansteuern. Die Ansteuerung kann durch einen Zähler oder durch einen Interface-Baustein von einem Mikroprozessor-System erfolgen. Benötigt eine Anlage z. B. 10 V und wir haben aber am Ausgang eine Spannung von $U_a = 12\,V$, so erhält der Mikroprozessor durch einen anderen Interface-Baustein einen Wert, der über seinem SOLL-Wert liegt. Durch eine Programmierungsschleife wird nun Schritt für Schritt die Ausgangsspannung verringert, bis IST-Wert gleich SOLL-Wert ist. Wir haben in diesem Falle eine digitale Spannungsregelung durch einen Mikroprozessor. Die Ausgangsspannungsverringerung dauert nur Millisekunden.

Bricht die Spannung bei der programmierbaren Spannungsquelle in Verbindung mit einem Mikroprozessor-System zusammen, verschiebt sich wieder der IST-Wert zum SOLL-Wert. Der Mikroprozessor springt in ein Unterprogramm (Schleifenprogramm) und erhöht wieder Schritt für Schritt die Ausgangsspannung, bis der IST-Wert gleich dem SOLL-Wert ist.

Ebenfalls für industrielle Steuerungen ist die Schaltung von **Bild 1.71**. Die Ausgangsspannung wurde durch die beiden Widerstände R 1 und R 2 auf $U_a = 5\,V$ festgelegt. Die Spannung ist am Ausgang so lange vorhanden, bis der Transistor einen Durchsteuerbefehl erhält. Der Ansteuerungspegel für den Transistor ist voll TTL-kompatibel, d. h. wir können die Basis des Transistors direkt durch einen TTL-Baustein ansteuern.

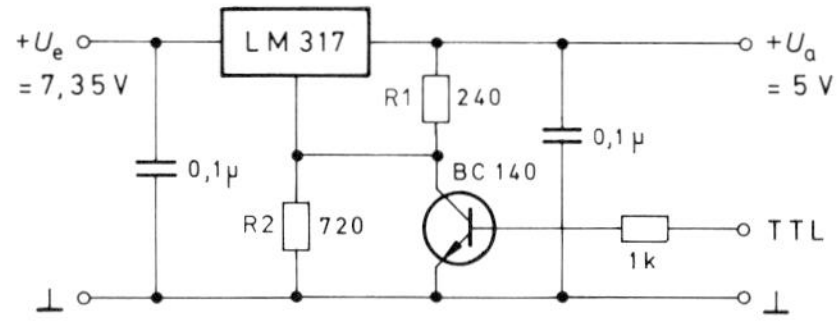

Bild 1.71 TTL-Netzgerät mit dem LM 317 und elektronischer Abschaltung

Mit der Schaltung von Bild 1.71 kann die Stromversorgung für ein ganzes Gerät ein- oder ausgeschaltet werden. In der Mikroprozessortechnik z. B. liegen am Ausgang dieses Netzgerätes ein Teil der Festwertspeicher (ROMs, PROMs, EPROMs). Benötigt der Mikroprozessor aus diesen Festwertspeichern Daten, Werte (Variable) oder Befehle, schaltet er durch einen Steuerbefehl zuerst die Stromversorgung für diese Festwertspeicher ein. Nach einer kurzen Wartezeit von ca. 1 ms hat sich die Stromversorgung stabilisiert, er kann aus den aktivierten (adressierten) Speichern seine entsprechenden Funktionen entnehmen und in seinem Programm fortfahren. Ist dieser Zyklus abgeschlossen, gibt der Mikroprozessor einen H-Pegel auf den Transistor des Spannungsreglers und schaltet so die Stromversorgung der Festwertspeicher wieder ab. Auf diese Weise kann der Stromverbrauch eines Systems reduziert werden.

Als letztes Anwendungsbeispiel mit dem Regler LM 317 ist die Schaltung von **Bild 1.72** gezeigt. Wir haben hier ein einstellbares Netzgerät mit $U_{amin} = 1{,}2\,V$ und $U_{amax} = 30\,V$. Für diese Schaltung müssen wir aber einen speziellen Operationsverstärker verwenden, den LM 301 A.

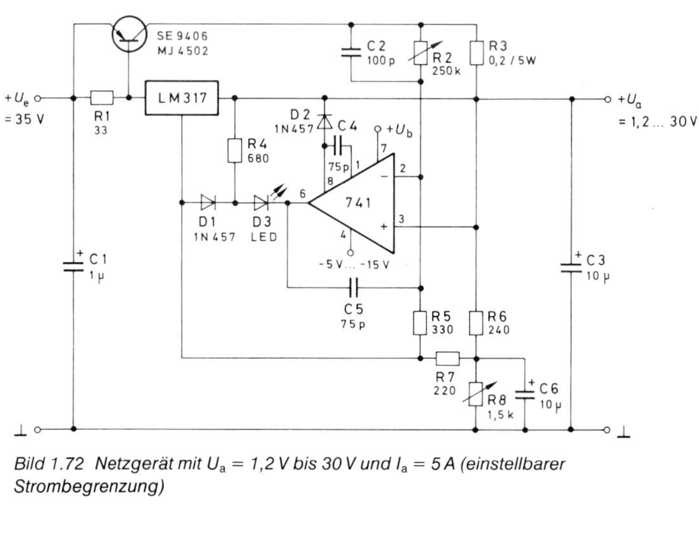

Bild 1.72 Netzgerät mit $U_a = 1{,}2\,V$ bis 30 V und $I_a = 5\,A$ (einstellbarer Strombegrenzung)

Bei der Beschaffung dieses Verstärkers kann es Probleme geben, da es sich um einen rein industriellen Operationsverstärker handelt.

Der Ausgang des Operationsverstärkers steuert über die beiden Dioden D1 und D2 den Einstellpin des LM 317 an. Dabei arbeitet der Operationsverstärker als Stromsenke. Parallel zu dem Spannungsregler LM 317 liegt der Leistungstransistor. Bitte verwenden Sie nach Möglichkeit den Leistungstransistor mit der Typenbezeichnung MJ 4502. Dieser Leistungstransistor ist auf ein großes Kühlblech zu montieren und zwischen Transistor und Kühlblech muß Wärmeleitpaste verwendet werden. Bei einer Eingangsspannung von $U_e = 35\,V$ und einer Ausgangsspannung von $U_a = 1{,}2\,V$ haben wir an dem Transistor einen Spannungsabfall von 33,8 V und bei einem Strom von $I_a = 5\,A$ ergibt sich eine Leistung von $P_T = 170\,W$. Diese Leistung muß in Form von Wärme abgegeben werden. Der Transistor MJ 4502 wird in einem TO-3-Gehäuse geliefert.

Mit dem Potentiometer R8 stellen wir die Ausgangsspannung ein. Wir beeinflussen mit dem Potentiometer direkt den Spannungsregler LM 317. Der Widerstand R6 liefert uns den Vorspannungsstrom für das Einstellpin. Der Widerstand R7 begrenzt den Einstellungsbereich der Ausgangsspannung. Entfernen wir diesen Widerstand aus der Schaltung, würde die Ausgangsspannung bis $U_a \approx 34\,V$ ansteigen.

Die Ausgangsspannung des Netzgerätes liegt direkt an dem nichtinvertierenden Eingang des Operationsverstärkers LM 301 A. Der invertierende Eingang erhält über einen Spannungsteiler, bestehend aus dem Potentiometer R2 und dem Widerstand R5, seine Spannung. Die Widerstände R7 und das Potentiometer kommen hier nicht zur Wirkung, da der Widerstand R5 den Verstärkungsfaktor des Operationsverstärkers bestimmt.

Das Potentiometer R2 dient zur Begrenzung des Ausgangsstromes. Wird der Spannungsabfall über den Widerstand R3 zu groß, schaltet der Operationsverstärker am Ausgang um und legt das Einstellpin des Spannungsreglers LM 317 auf einen negativen Wert. Dieser Spannungswert liegt in der Größenordnung von ca. $U = -1{,}4\,V$ und damit wird die Ausgangsspannung des Netzgerätes zu $U_a = 0\,V$, da auch der Leistungstransistor gesperrt wird.

Heben wir den Kurzschluß oder die Überlastung am Ausgang auf, startet der Spannungsregler LM 317 seine Anlaufschaltung und die Ausgangsspannung erreicht innerhalb kürzester Zeit ihren SOLL-Wert. Die Schaltung von Bild 1.72 ist weitgehend problemlos, wenn wir den Leistungstransistor ausreichend kühlen.

1.2.4 Spannungsreglerserie LM 150/LM 250/LM 350 mit Anwendungen

Die Spannungsreglerserie LM 150/LM 250/LM 350 ist mit der Serie LM 117/LM 217/LM 317 weitgehend identisch, nur liefert diese Serie einen Ausgangsstrom von $I_a = 3\,A$ und der Spannungsbereich reicht von $U_{amin} = 1{,}2\,V$ bis $U_{amax} = 33\,V$.

Der Unterschied zwischen den einzelnen Typen bei dieser Serie ist der Temperaturbereich:

LM 150: −55°C bis +150°C
LM 250: −25°C bis +150°C
LM 350: 0°C bis +125°C

Wir benützen für unsere Anwendungen den Reglertyp LM 350. Dieser wird wie die anderen beiden nur im TO-3-Metallgehäuse geliefert. Bild 1.65 zeigt das Anschlußschema (identisch mit LM-117-Serie).

Im Prinzip können wir den Ausgangsstrom eines Netzgerätes erhöhen, wenn wir statt dem LM 317 einen LM 350 verwenden.

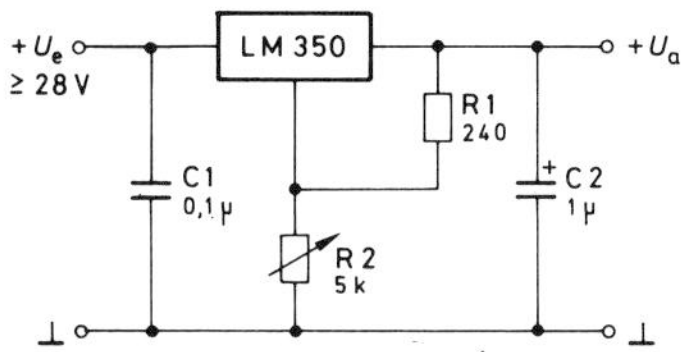

Bild 1.73 Einstellbarer Spannungsregler von 1,2 V bis 25 V mit dem LM 350, $I_a = 3$ A

Bild 1.73 zeigt einen einstellbaren Spannungsregler für einen Ausgangsstrom von $I_a = 3$ A. Die Ausgangsspannung läßt sich im Bereich von $U_{amin} = 1{,}2$ V und $U_{amax} = 25$ V stufenlos einstellen. Die Ausgangsspannung errechnet sich aus

$$U_a = 1{,}25\,\mathrm{V} \cdot \left(1 + \frac{R_2}{R_1}\right) .$$

Für den Vorspannungsstrom benötigen wir einen Widerstandswert von $R_1 = 240\,\Omega$. Dieser Wert darf nicht geändert werden.

Der Ausgangsstrom für ein Netzgerät kann einfach erhöht werden, wenn wir die Schaltung von **Bild 1.74** verwenden. Hiermit läßt sich der Ausgangsstrom auf $I_a = 6$ A verdoppeln.

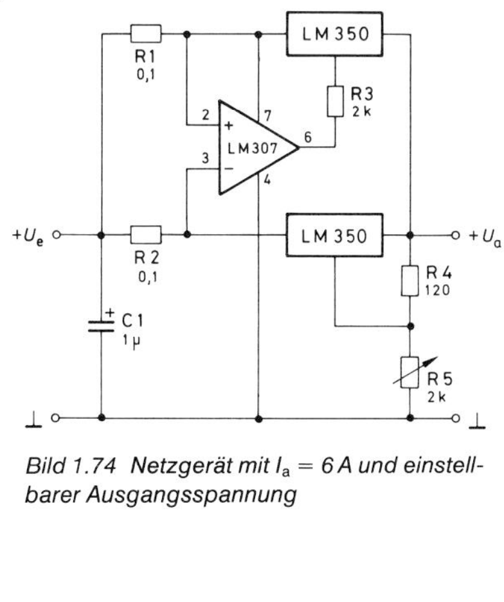

Bild 1.74 Netzgerät mit $I_a = 6$ A und einstellbarer Ausgangsspannung

Die Parallelschaltung von zwei Spannungsreglern vom Typ LM 350 kann normalerweise direkt erfolgen. Um aber die Fertigungstoleranzen auszugleichen, schalten wir einen Operationsverstärker in die Schaltung ein. Als Operationsverstärker verwenden wir einen LM 307.

Der Operationsverstärker ist als Komparator geschaltet, d. h. er arbeitet mit der vollen Leerlaufverstärkung. Der nichtinvertierende Eingang ist mit dem Widerstand R 1 und der invertierende Eingang mit dem Widerstand R 2 verbunden. Ist der Spannungsabfall an beiden Widerständen gleich, so ergibt sich zwischen den beiden Eingängen des Operationsverstärkers keine Differenzspannung und die Ausgangsspannung wird in der Mitte gehalten. Dadurch ist der Stromfluß durch die beiden Spannungsregler gleich.

Durch Fertigungstoleranzen kann der eine Spannungsregler mehr belastet werden als der andere, wenn wir keinen Operationsverstärker in der Schaltung haben. An den beiden Widerständen R 1 und R 2 treten dadurch unterschiedliche Spannungsabfälle auf, die uns nun der Operationsverstärker ausregelt. Wir erhalten eine gleichmäßige Verteilung des Ausgangsstromes auf die beiden Spannungsregler.

Mit dem Potentiometer R 5 können wir das Einstellpin des unteren Spannungsreglers beeinflussen. Dadurch vergrößert oder verkleinert sich der Spannungsabfall an dem Widerstand R 2. Der Operationsverstärker mißt eine Spannungsdifferenz und gleicht diese sofort aus. Dadurch können wir eine einfache Einstellung der Ausgangsspannung vornehmen.

Für Laborzwecke benötigt man aber Netzgeräte für einen Spannungsbereich zwischen 0 V und 30 V. **Bild 1.75** zeigt uns eine solche Schaltungsvariante. Wir benötigen eine unstabilisierte Gleichspannung von $U_e = 35\,V$ und eine negative Spannung von $U_e = -10\,V$.

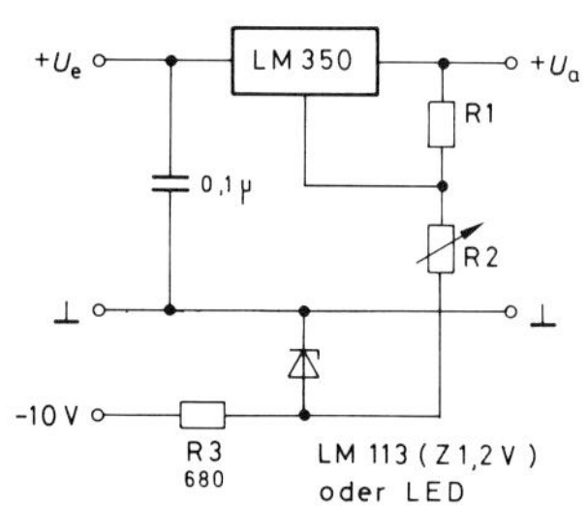

Bild 1.75 Netzgerät mit $U_a = 0\,V$ bis 30 V und $I_a = 3\,A$

Mit dem Spannungsteiler R 1, R 2 und R 3 erzeugen wir uns den Vorspannungsstrom für den Spannungsregler LM 350. Durch die Diode LM 113, einer speziellen Z-Diode, wird der Spannungswert zwischen dem Potentiometer R 2 und dem Widerstand R 3 auf $U = -1{,}2\,V$ festgehalten. Da es bei der Beschaffung der Diode LM 113 Probleme geben kann, können wir hier auch eine Leuchtdiode einschalten. Durch die Leuchtdiode erhalten wir einen Ausgangsspannungsbereich von $U_{amax} = -0{,}2\,V$ bis $U_{amax} = +30\,V$. Die geringe negative Spannung kommt von der Leuchtdiode, da diese eine Durchlaßspannung von $U_D \approx 1{,}4\,V$ hat.

Die Schaltung von Bild 1.75 ist im Aufbau problemlos. Setzen wir diesen Teil der Schaltung in die von Bild 1.74 ein, erhalten wir ein Netzgerät mit einem Ausgangsstrom von $I_a = 6\,A$ und der Aufbau ist ebenfalls problemlos.

1.2.5 Spannungsreglerserie 78 G und 79 G mit Anwendungen

Die Festspannungsregler-Serie 78XX und 79XX, die wir bereits kennengelernt haben, wurden noch durch eine einstellbare Reglerserie 78G und 79G ergänzt. Damit ist diese Serie für den Anwender direkt ideal.

Bild 1.76 zeigt das Anschlußschema des Reglers 78G. Wir erkennen ein U-1-Gehäuse, das sich von den bisherigen Gehäuseformen wesentlich unterscheidet. Die Bohrung an der Kühlfahne dient zur Befestigung an einem Kühlblech. Leider kann hierbei unter der Kühlfahne ein Luftraum entstehen, der einen ungünstigen Wirkungsgrad bei der Kühlung verursacht. Verwenden Sie daher Wärmeleitpaste bei der Montage des Spannungsreglers.

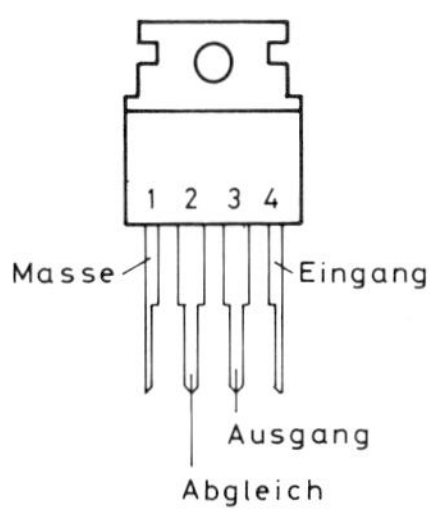

Bild 1.76 Anschlußschema des Spannungsreglers 78G (positiv)

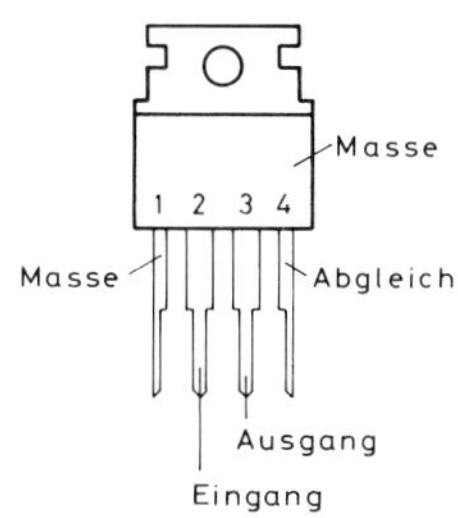

Bild 1.77 Anschlußschema des Spannungsreglers 79G (negativ)

Der Spannungsregler 79G (**Bild 1.77**) für negative einstellbare Ausgangsspannungen hat das gleiche Gehäuse, aber die Belegung der Anschlußbeine ist anders. Bitte beachten Sie die Reihenfolge, damit der Baustein nicht zerstört wird.

Bild 1.78 zeigt den Spannungsregler 78G als positiven Spannungsregler. Die Ausgangsspannung läßt sich in einem Bereich von $U_{amin} = 5\,V$ bis $U_{amax} = 30\,V$ einstellen. Der Ausgangsstrom beträgt $I_a = 1\,A$, bei ausreichender Kühlung.

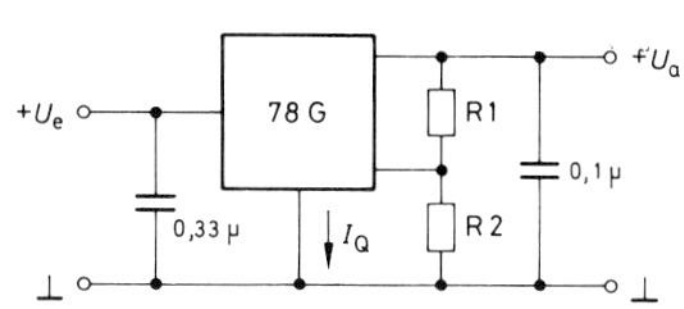

Bild 1.78 Angeschlossener Spannungsregler 78G

Am Eingang der Schaltung haben wir eine unstabilisierte Gleichspannung, die um ca. 3 V höher sein soll als die maximale Ausgangsspannung. Wir benötigen am Eingang noch einen Kondensator mit $C = 0{,}33\,\mu F$ zur Unterdrückung von parasitären Schwingungen.

Der Masseanschluß des Reglers 78 G muß mit der gemeinsamen Masseleitung verbunden sein und es fließt hierbei ein Strom I_Q gegen Masse ab. An dem Pin U_a erhalten wir die Ausgangsspannung, die gleichzeitig die Ausgangsspannung von unserem Netzgerät ist. Ein Teil dieser Ausgangsspannung wird über den Spannungsteiler, bestehend aus dem Widerstand R 1 und R 2 auf den Kontroll-Eingang U_C gegeben. Über diesen Eingang stellen wir die Ausgangsspannung ein.

Die Ausgangsspannung wird von den beiden Widerständen R 1 und R 2 bestimmt. Sie errechnet sich aus

$$U_a = U_C \cdot \left(\frac{R_1 + R_2}{R_2} \right)$$

$$= U_C \left(1 + \frac{R_1}{R_2} \right) .$$

Durch den Widerstand R 2 soll ein Strom von 1 mA abfließen. Dieser Strom ist für die Spannungseinstellung unbedingt erforderlich. Im Labor wurde daher für den Widerstand R 2 folgender Wert ermittelt, der unbedingt eingehalten werden muß: $R_2 = 5\,k\Omega$. Da dies kein Normwert ist, verwenden wir einen Wert von $R_2 = 4{,}7\,k\Omega$. Dieser Wert gilt für alle Anwendungen mit dem Baustein 78 G.

Der Wert des Kontroll-Einganges U_C liegt bei einer Spannung von $U_C = 5\,V$. Dieser Wert ist als konstant zu betrachten.

Wir können nun die Gleichung nach dem Widerstand R 1 umstellen:

$$\frac{U_a}{U_C} = 1 + \frac{R_1}{R_2}$$

$$\frac{U_a}{U_C} - 1 = \frac{R_1}{R_2}$$

$$R_1 = R_2 \cdot \left(\frac{U_a}{U_C} - 1 \right) .$$

Beispiel: Wir benötigen eine Ausgangsspannung von $U_a = 12\,V$. Wie groß ist der Widerstand R 1?

$$R_1 = 4{,}7\ k\Omega \left(\frac{12\,V}{5\,V} - 1 \right)$$

$$= 4{,}7\ k\Omega\ (\ 2{,}4 - 1\ )$$

$$= 6{,}58\,k\Omega \quad \text{(Normwert } 6{,}8\,k\Omega\text{)}$$

Mit dem Widerstand $R_1 = 6{,}8\,\mathrm{k\Omega}$ erhalten wir eine Ausgangsspannung, die etwas von $U_a = 12\,\mathrm{V}$ abweichen dürfte. Bei einer genauen Spannung schalten wir einen Widerstand mit $R = 4{,}7\,\mathrm{k\Omega}$ in Reihe mit einem Potentiometer (Einsteller) von $5\,\mathrm{k\Omega}$. Damit können wir die Ausgangsspannung genau auf diesen Wert einstellen.

Bei einer Verwendung des Bausteines 79 G erhalten wir eine negative Ausgangsspannung. **Bild 1.79** zeigt die Schaltung. Die Ausgangsspannung läßt sich in einem Bereich zwischen $U_{amin} = -30\,\mathrm{V}$ und $U_{amax} = -2{,}2\,\mathrm{V}$ stufenlos einstellen. Der Ausgangsstrom beträgt $I_a = -1$ A bei ausreichender Kühlung.

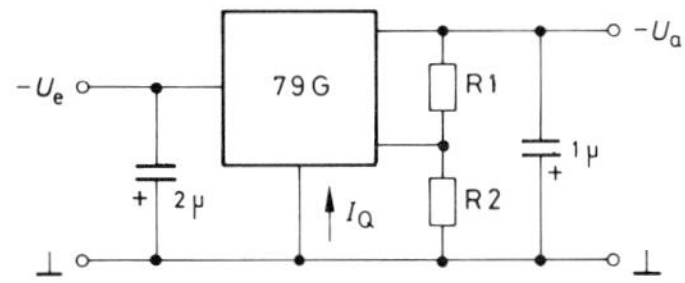

Bild 1.79 Angeschlossener Spannungsregler 79G

Am Eingang der Schaltung liegt die unstabilisierte Gleichspannung an. Bitte beachten Sie die Polarität der Eingangsspannung. Der Pluspol der Brückengleichrichtung muß mit Masse verbunden sein und der Minuspol mit dem Eingang des Bausteines 79G. Ebenso muß die Eingangsspannung um ca. 3 V größer sein als die Ausgangsspannung.

Im Gegensatz zu dem Baustein 78 G benötigen wir am Eingang einen Kondensator mit $C = 2\,\mu\mathrm{F}$ und am Ausgang mit $C = 1\,\mu\mathrm{F}$. Diese Werte wurden im Labor ermittelt und sollen von uns nicht über- oder unterschritten werden.

Der Masseanschluß des Reglers 79 G muß mit der gemeinsamen Masseleitung verbunden sein und es fließt hierbei ein Strom I_Q von Masse in den Baustein hinein, da wir andere Bezugsrichtungen haben. An Pin U_a erhalten wir die Ausgangsspannung, die gleichzeitig die Ausgangsspannung von unserem Netzgerät ist. Ein Teil dieser Ausgangsspannung wird über den Spannungsteiler, bestehend aus dem Widerstand R 1 und R 2 auf den Kontroll-Eingang U_C gegeben. An diesem Punkt stellen wir die Ausgangsspannung ein.

Die Ausgangsspannung wird von den beiden Widerständen R 1 und R 2 bestimmt. Die Ausgangsspannung errechnet sich aus

$$U_a = U_C \left(1 + \frac{R_1}{R_2}\right).$$

Wir haben die gleiche Formel wie beim Baustein 78 G, nur die Nominalspannung U_C am Kontrolleingang ändert sich auf $U_C = -2{,}23\,\mathrm{V}$.

Durch den Widerstand R 2 soll ein Strom von 1 mA zufließen können. Dieser Strom ist für die Spannungseinstellung unbedingt erforderlich. Im Labor wurde daher für den Widerstand R 2 folgender Wert ermittelt, der von uns unbedingt eingehalten werden muß: $R_2 = 2{,}2\,k\Omega$. Da dieser Wert der Norm entspricht, müssen wir keine Kompromisse eingehen.

Der Wert des Kontroll-Einganges U_C liegt bei einer Spannung von $U_C = -2{,}23\,V$. Diesen Wert können wir als konstant betrachten.

Durch Umstellen der Formel erhalten wir

$$R_1 = R_2 \cdot \left(\frac{U_a}{U_C} - 1\right) \quad .$$

Beispiel: Wir benötigen eine Ausgangsspannung von $U_a = -12\,V$. Wie groß ist der Widerstand R 1?

$$R_1 = 2{,}2\,k\Omega \cdot \left(\frac{-12\,V}{-2{,}23\,V} - 1\right)$$
$$= 2{,}2\,k\Omega \cdot (5{,}38 - 1)$$
$$= 9{,}64\,k\Omega \quad (\text{Normwert } 10\,k\Omega)$$

Mit dem Widerstand $R_1 = 10\,k\Omega$ erhalten wir eine Ausgangsspannung, die etwas von $U_a = -12\,V$ abweichen dürfte. Bei einer genauen Spannung schalten wir einen Widerstand mit $R = 6{,}8\,k\Omega$ mit einem Potentiometer (Einsteller) von $R = 5\,k\Omega$ in Reihe und gleichen die Ausgangsspannung genau auf den Wert ab.

Bei den zwei nachfolgenden Schaltungen verwenden wir nur den Baustein 78 G. Wenn Sie eine negative Spannung benötigen, so müssen nur die Widerstände neu berechnet werden, bzw. andere Transistoren verwendet werden.

Bild 1.80 zeigt ein einstellbares Netzgerät von $U_{amin} = 5\,V$ und $U_{amax} = 30\,V$ bei einer Eingangsspannung von $U_e = 35\,V$. Mit dem Potentiometer stellen wir die Ausgangsspannung ein. Im Gegensatz zu anderen integrierten Spannungsreglern benötigen wir hier keine externe Schutzschaltung für den Kontrolleingang. Der Wert von $R_1 = 25\,k\Omega$ soll unbedingt eingehalten werden.

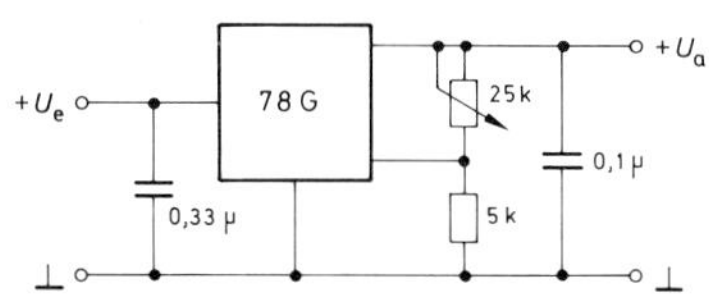

Bild 1.80 Einstellbares Netzgerät mit dem Spannungsregler 78G, von 5 V bis 30 V

Die Schaltung von Bild 1.80 kann einen maximalen Strom von $I_a = 1\,A$ erzeugen. Bei größeren Strömen verwenden wir die Schaltung von **Bild 1.81**. Mit den beiden externen Transistoren sind Ausgangsströme bis zu 5 A möglich. Der Transistor T 1 dient zur Abschaltung des Transistors T 2, wenn der Strom durch den Widerstand R_{SC} zu groß wird.

$$R_{CS} = \frac{U_{BE\,(T\,1)}}{I_{SC}}$$

Der Transistor T2 ist ein PNP-Leistungstransistor. Hier können wir entweder den Typ 2N2955 oder den MJ4502 verwenden. Der Typ für den Transistor T1 ist dagegen problemlos. Hier empfiehlt sich der BC 160.

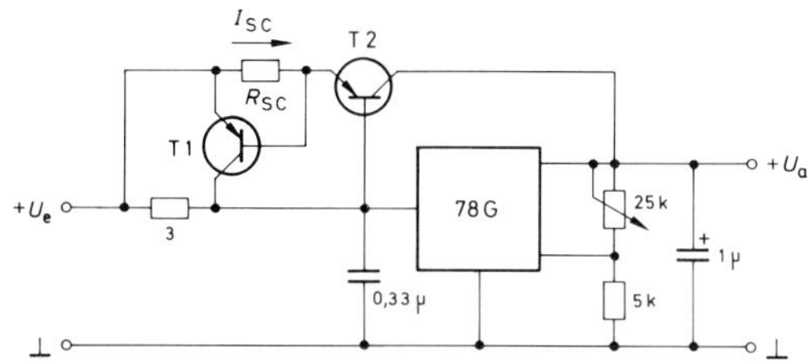

Bild 1.81 Hochstrom-Schaltung in Verbindung mit dem Baustein 78G

Mit dem Potentiometer können wir die Ausgangsspannung einstellen. Eine Einstellung des Stromes, also eine Strombegrenzung ist nicht möglich.

Eine Zusammenschaltung von einem Spannungsregler 78G und 79G ist in **Bild 1.82** gezeigt. Wir sehen hier die unterschiedliche Bestückung durch die Kondensatoren und die Zusammenschaltung der beiden Kontrolleingänge.

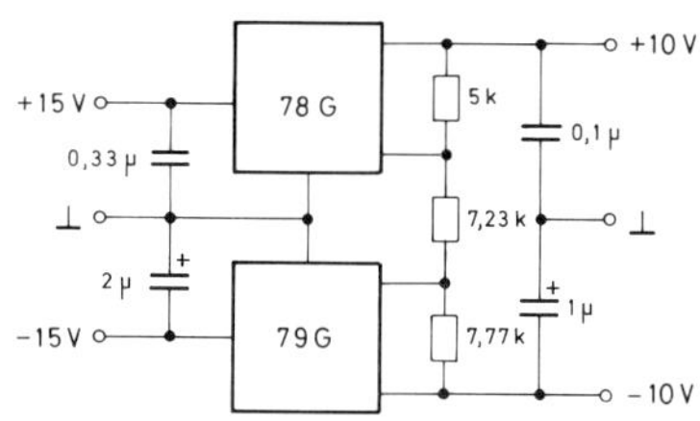

Bild 1.82 Einstellbares Doppelnetzgerät für $U_a = \pm 10\,V$ und $I_a = 1\,A$

Die beiden unstabilisierten Gleichspannungen liegen an den Eingängen und die gemeinsame Masseleitung an den Masseanschlüssen. Die stabilisierten Ausgangsspannungen erhalten wir durch die Spannungsregler. Den Wert bzw. die Größe der Ausgangsspannungen bestimmen wir durch die drei Widerstände. Da wir hier keinen Bezugspunkt gegen Masse haben, ergeben sich keine erdsymmetrischen Ausgangsspannungen, sondern wir erhalten einen spannungssymmetrischen Bezugspunkt. Dadurch benötigen wir auch diese Widerstandskombination.

Die Schaltung einer programmierbaren Spannungsquelle ist in **Bild 1.83** gezeigt. Wir haben den Baustein 7240, einen programmierbaren Timer (Zeitgeber) mit Zähler. Diesen Timer werden wir im Kapitel 4 ausführlich kennenlernen. Mit dem Widerstand R1 und dem Kondensator C1 bestimmen wir die Taktfrequenz des internen Oszillators. Bei diesen Werten haben wir eine Frequenz von ca. 5 kHz.

Mit der Frequenz von 5 kHz wird ein interner $2^8 \triangleq 256$er-Zähler angesteuert, d. h. der Zähler beginnt bei 0 und zählt dann bis 255. Nach Erreichen dieses Zählerstandes setzt er sich automatisch auf 0 zurück und beginnt mit einer neuen Zählsequenz.

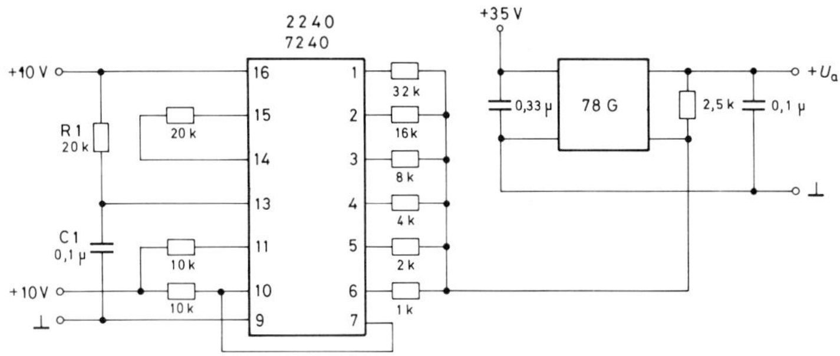

Bild 1.83 Programmierbares Netzgerät mit dem Zeitgeber 2240/7240 und dem Spannungsregler 78G

Von den acht internen Zählern verwenden wir aber in diesem Fall nur sechs Stufen, d. h. der Zähler kann von 0 bis 63 zählen und setzt sich dann automatisch auf 0 zurück. Wir bekommen dadurch 64 Spannungstreppen an dem Ausgang des Netzgerätes. Der Ausgang von Pin 7 ($f_{0/64}$) ist direkt mit dem Rückstelleingang von Pin 10 verbunden. Damit erfolgt eine automatische Rückstellung durch den Baustein 7240.

Wichtigster Teil in dieser Schaltung ist der Digital-Analog-Wandler zwischen dem Baustein 7240 und dem Spannungsregler. Wurde der Zähler zurückgestellt, haben wir an den Zähler-Flipflops keine Wertigkeit und alle Ausgänge sind auf L-Pegel, d. h. wir haben die kleinste Ausgangsspannung. Durch den Oszillator in dem Baustein erhöht sich laufend der Zählerzustand und damit vergrößert sich die Ausgangsspannung. Die Widerstände sind nach Dual-Code aufgeschlüsselt:

$\frac{R_0}{1}$	$\frac{R_0}{2}$	$\frac{R_0}{4}$	$\frac{R_0}{8}$	$\frac{R_0}{16}$	$\frac{R_0}{32}$
$\downarrow$	$\downarrow$	$\downarrow$	$\downarrow$	$\downarrow$	$\downarrow$
32 kΩ	16 kΩ	8 kΩ	4 kΩ	2 kΩ	1 kΩ

Der Widerstand R_0 ist unser Berechnungswert für die anderen Widerstände im dualen Zahlensystem.

1.2.6 Spannungsregler L 200 mit Anwendungen

Bei den bisherigen Spannungsreglertypen mußten wir die Strombegrenzung bzw. die Einstellung des Ausgangsstromes durch externe Bauelemente bestimmen. Bei dem Spannungsregler L 200 können wir neben der Ausgangsspannung auch den Ausgangsstrom einstellen.

Bild 1.84 zeigt uns das Anschlußschema im „Pentawatt"-Gehäuse. Diese Gehäuseform wurde von der Firma SGS-ATES speziell für diesen Spannungsregler entwickelt. Wir haben fünf Eingänge, die auch für das Anschlußschema von dem TO-3-Metallgehäuse in **Bild 1.85** gilt:

Pin 1: Anschluß der unstabilisierten Eingangsspannung
Pin 2: Anschluß der stabilisierten Ausgangsspannung
Pin 3: Anschluß der gemeinsamen Masseleitung
Pin 4: Anschlußpin für die Einstellung der Ausgangsspannung
Pin 5: Anschlußpin für die Einstellung des Ausgangsstromes

Beim TO-3-Gehäuse hat das Gehäuse die gemeinsame Masse.

Der Ausgangsstrom beim L 200 liegt bei $I_{amax} = 2$ A. Die unstabilisierte Gleichspannung am Eingang darf bis zu $U_e = 40$ V betragen, wobei der L 200 aber Spannungsspitzen bis zu 60 V kurzzeitig verträgt. Die minimale Ausgangsspannung ist durch den Spannungsregler gegeben und sie liegt bei $U_{amin} = 2{,}85$ V.

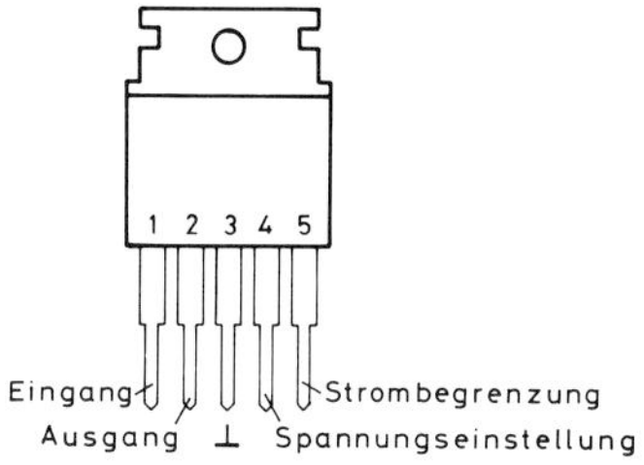

Bild 1.84 Pentawatt-Gehäuse und Anschlußschema des L 200

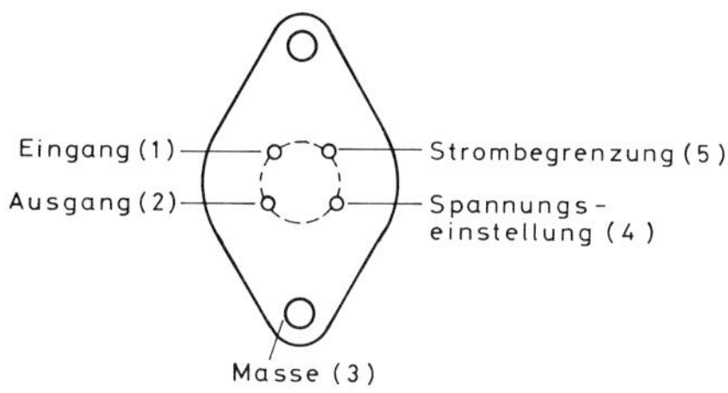

Bild 1.85 TO-3-Gehäuse und Anschlußschema des L 200

Wichtige Bedingung ist noch, daß die Spannungsdifferenz zwischen Ein- und Ausgang den Wert von $U_{Diff} = 32$ V nicht überschreitet, da sonst der Baustein beschädigt wird.

Betrachten wir uns zuerst die Stromeinstellung bei dem Spannungsregler L 200. **Bild 1.86** zeigt die Schaltung. Am Eingang der Schaltung muß ein Kondensator mit $C_e = 0{,}22\,\mu$F und am Ausgang einer mit $C_a = 0{,}1\,\mu$F vorhanden sein. Die Stromeinstellung nehmen wir über den Widerstand R vor, der als Potentiometer gezeichnet ist.

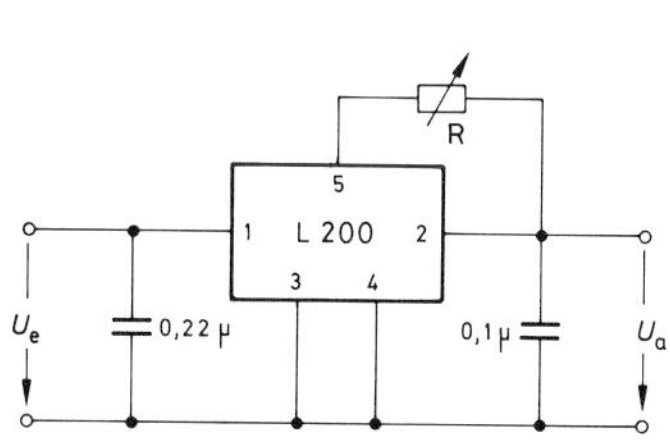

Bild 1.86 L 200 als einstellbare Stromquelle

Der Ausgangsstrom I_a berechnet sich aus

$$I_a = \frac{U_a - 5\,V}{R} \quad .$$

Damit ist der Ausgangsstrom I_a von der Ausgangsspannung U_a und dem Widerstand R abhängig. Der Wert 5 in der Gleichrichtung wurde im Labor ermittelt.

Die Einstellung der Ausgangsspannung ist in **Bild 1.87** gezeigt. Hierbei haben wir einen Festwiderstand R 1 und ein Potentiometer oder einen Einsteller R 2.

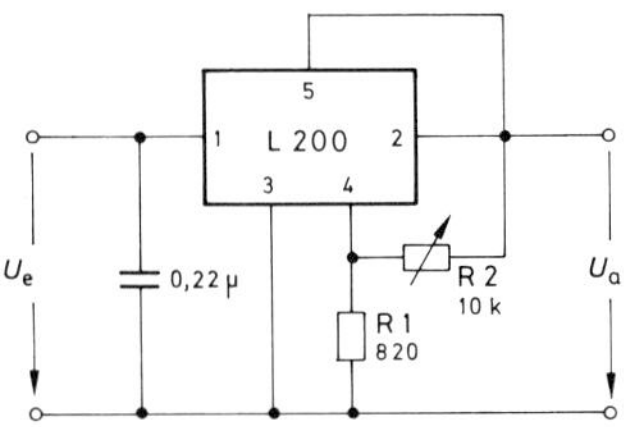

Bild 1.87 L 200 als einstellbare Spannungsquelle

Mit diesem R 2 stellen wir die Ausgangsspannung ein. Die Ausgangsspannung U_a berechnet sich aus

$$U_a = U_{ref} \cdot \left(1 + \frac{R_2}{R_1}\right) .$$

Die Referenzspannung hat einen Wert von $U_{ref} = 2{,}85$ V. Unter diesen Wert kann auch die Ausgangsspannung nicht gesenkt werden, außer die Masseleitung ist um diesen Betrag negativer.

Ein komplettes Netzgerät mit einstellbarer Ausgangsspannung und Ausgangsstrom ist in **Bild 1.88** gezeigt. Mit dem Widerstand R 2 stellen wir die Ausgangsspannung und mit R 3 den Ausgangsstrom ein.

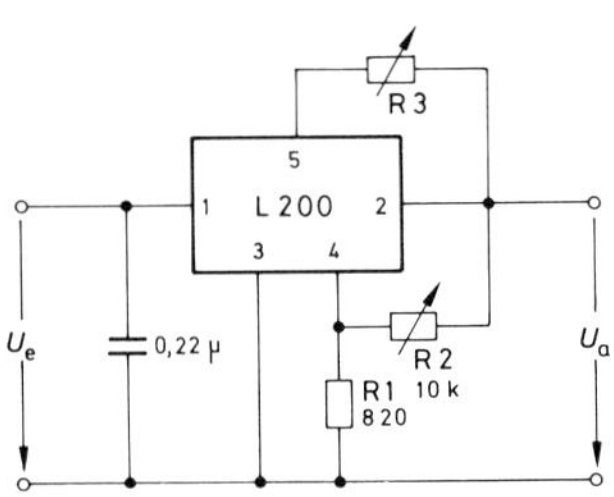

Bild 1.88 Netzgerät mit einstellbaren Spannungs- und Stromwerten

Der Spannungsbereich für die Schaltung von Bild 1.88 liegt zwischen 2,85 V und 37 V, wobei wir bereits den kritischen Wert der Schaltung überschritten haben, da $U_{Diff} < 32\,V$ sein muß. Durch den Widerstand R 1 können wir aber diesen Wert einstellen, weil sich die Ausgangsspannung nur bis knapp unter 5 V einstellen läßt. Der Bereich liegt dann zwischen 5 V und 37 V.

Wählen wir eine Ausgangsspannung von $U_a = 10\,V$ und einen Ausgangsstrom von $I_a = 1\,A$, so können wir den Wert des Widerstandes R 3 berechnen:

$$R_3 = \frac{U_a - 5\,V}{I_a} = \frac{10\,V - 5\,V}{1\,A} = \frac{5\,V}{1\,A} = 5\,\Omega$$

Wird der Ausgangsstrom größer als $I_a = 1\,A$, so spricht der Überlastungsschutz des L 200 an.

Den Ausgangsstrom von dem Spannungsregler L 200 können wir vergrößern, wenn wir einen PNP-Leistungstransistor parallel schalten, wie dies in der Schaltung von **Bild 1.89** gezeigt ist.

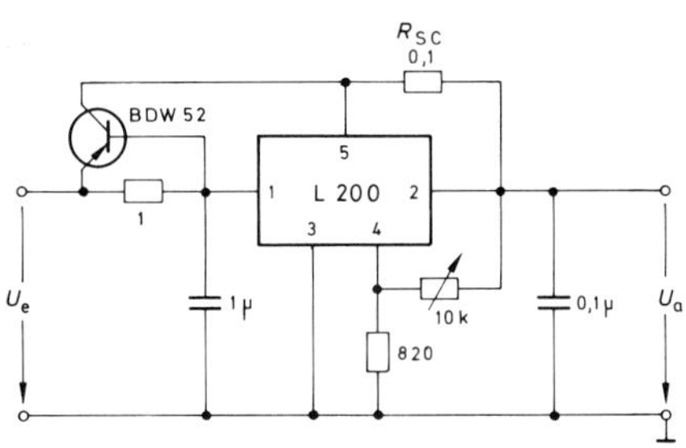

Bild 1.89 Hochstrom-Netzgerät mit dem Baustein L 200

Der Ausgangsstrom errechnet sich hierbei aus

$$I_a = \frac{U_a - 5\,V}{R_{SC}} = 5\,A \quad .$$

Der Baustein L 200 schaltet die Ausgangsspannung ab, wenn der Strom größer als $I_a = 5\,A$ wird.

1.3 Geschaltete Netzgeräte

Bei den bisher gezeigten Strom- und Spannungsversorgungen haben wir die Ausgangsspannung immer durch einen Spannungsregler mit oder ohne externen Leistungstransistor erzeugt. Da zwischen der unstabilisierten Eingangsspannung und der stabilisierten Ausgangsspannung eine Spannungsdifferenz bestehen muß, fällt diese Spannungsdifferenz zwischen den beiden Werten an dem Spannungsregler und dem Leistungstransistor ab. Dabei wird die überschüssige Spannung durch den Strom in einem Serien-Regeltransistor in Wärme umgewandelt und an die Umgebung abgegeben. Das Netzgerät erwärmt sich mehr oder weniger, aber entscheidend ist der ungünstige Wirkungsgrad, den wir mit „η" bezeichnen.

Beispiel für eine Wirkungsgradberechnung bei herkömmlichen Netzgeräten:

Daten: $U_e = 30\,V$, $U_a = 5\,V$, $I_a = 1\,A$

Leistung am Ausgang der Schaltung:

$$P_a = U_a \cdot I_a = 5\,V \cdot 1\,A = 5\,W$$

Leistung am Transistor:

$$P_T = (U_e - U_a) \cdot I_a = (30\,V - 5\,V) \cdot 1\,A = 25\,V \cdot 1\,A = 25\,W$$

Wirkungsgrad in %:

$$\eta = \frac{P_a \cdot 100\,\%}{P_T} = \frac{5\,W \cdot 100\,\%}{25\,W} = 20\,\%$$

Mit einem Wirkungsgrad von $\eta = 20\,\%$ haben wir einen sehr ungünstigen Wert. Wenn wir dieses Netzgerät aufbauen, erhalten wir aber nur einen Wirkungsgrad von $\eta \approx 15\,\%$, da die anderen Verluste noch hinzukommen. Diesen Wirkungsgrad können wir zwar verbessern, wenn die Eingangsspannung verringert wird, trotzdem sind Wirkungsgrade von $\eta = 40\,\%$ fast unmöglich.

Wesentlich besser in bezug auf den Wirkungsgrad arbeiten hier die Schaltregler!

1.3.1 Grundfunktion von Schaltreglern

Bevor wir uns eingehend mit den Schaltreglern beschäftigen, wollen wir anhand der Schaltung von **Bild 1.90 a** die Grundfunktion erklären.

a

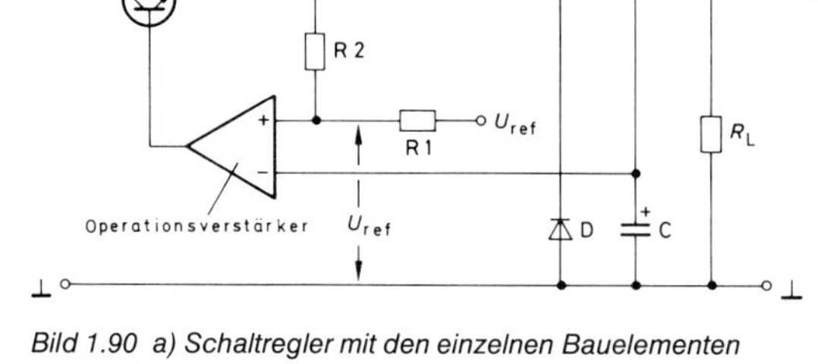

Bild 1.90 a) Schaltregler mit den einzelnen Bauelementen

In der Schaltung befindet sich ein Operationsverstärker, der als Komparator geschaltet ist. Wir vergleichen mit ihm die Ausgangsspannung U_a mit der Vergleich- oder Referenzspannung U_{ref}. Der Transistor T schaltet den Stromfluß für das Netzgerät. Außerdem benötigen wir eine Induktivität L, einen Kondensator C und eine Diode D.

Der Transistor T arbeitet als Schalter und ist entweder voll leitend (t_{ON}) oder voll gesperrt (t_{OFF}). Dadurch können wir bereits die Verlustleistung an dem Transistor verringern und der Wirkungsgrad vergrößert sich.

Hat der Transistor durchgeschaltet, ist der Spannungspunkt U_X positiv und die Diode D gesperrt. Der Strom durch die Induktivität steigt nach der Beziehung

$$\triangle i_L = \frac{1}{L} \int_{t_0}^{t_1} U \cdot dt \quad .$$

Darin ist die Spannung U die an der Induktivität anliegende Spannung. Der durch die Induktivität fließende Strom lädt den Kondensator C auf und steht gleichzeitig als Ausgangsstrom I_a zur Verfügung.

Die Ausgangsspannung steigt so lange an, bis sie die Vergleichs- oder Referenzspannung U_{ref} erreicht hat. Überschreitet sie diese um einen sehr kleinen Betrag, spricht der Komparator (Operationsverstärker) an und sperrt den Schalttransistor. Die Eingangsspannung wird abgetrennt, die Zeit t_{ON} ist beendet und die Zeit t_{OFF} beginnt.

Die in der Induktivität gespeicherte Energie wird nun in Form einer negativen Spannung am Spannungspunkt U_X bemerkbar und die Diode D beginnt zu leiten. Dadurch kann über die Diode weiterhin ein Strom in die Last fließen. Dabei verbraucht sich aber die in der Induktivität gespeicherte Energie, bis der durch die Drossel fließende Strom kleiner wird als der Laststrom oder der Ausgangsstrom I_a. Ab diesem Zeitpunkt muß der Kondensator anfangen, sich zu entladen und die Ausgangsspannung U_0 beginnt zu sinken. Ist die Ausgangsspannung U_a um einen sehr kleinen Betrag unter der Referenzspannung U_{ref}, spricht der Komparator (Operationsverstärker) an und der Transistor T wird eingeschaltet. Die Eingangsspannung wird zugeschaltet, die Zeit t_{OFF} ist beendet und die Zeit t_{ON} beginnt, d. h. der Zyklus beginnt wieder von vorne.

Wir erhalten durch diese Regelung immer eine kleine Wechselspannung, die der Ausgangsgleichspannung überlagert ist. Je höher die Leerlaufverstärkung von dem Operationsverstärker ist, um so kleiner wird diese Ausgangswechselspannung.

Ebenso ergibt sich durch die beiden Widerstände und dem Vergleich ein Problem, das aber für normale Anwendungen nicht berücksichtigt werden muß. Die Referenzspannung U_{ref} wird meistens von der Ausgangsspannung abgeleitet. Ändert sich die Ausgangsspannung, ändert sich auch die Referenzspannung. Durch eine optimale Auslegung der beiden Widerstände und der Referenzspannungsquelle läßt sich der Fehler auf ein Minimum reduzieren. Ist der Transistor T stromführend, erhöht sich die Spannung an dem Widerstand R1 und U_{ref} wird positiver und ist Transistor T gesperrt, verringert sich die Spannung an dem Widerstand R1 und U_{ref} wird negativer.

Der Verlauf der einzelnen Spannungs- und Stromkurven ist in **Bild 1.90 b–d**

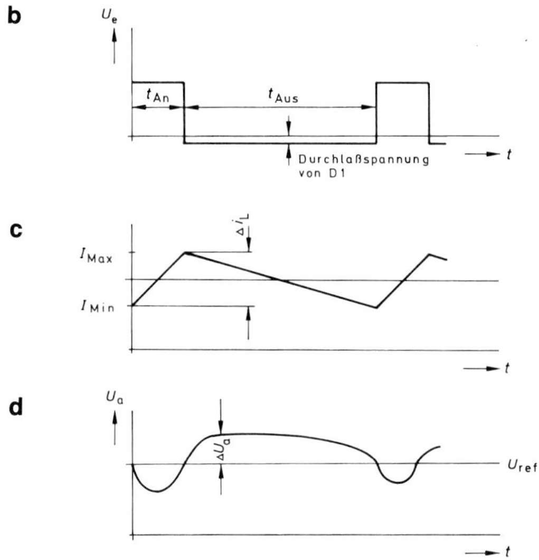

Bild 1.90 Spannungs- und Stromkurven bei einem Schaltregler
b) Spannungsverlauf am Punkt U_x
c) Stromverlauf durch die Induktivität L
d) Ausgangsspannungsverlauf

gezeigt. Bei der Zeit t_{ON} steigt der Stromverlauf in der Induktivität an und fällt während der Zeit t_{OFF}. Bei der Ausgangsspannung sehen wir die Wechselspannung, die der Ausgleichsspannung überlagert ist.

1.3.2 Berechnungen eines Schaltreglers

Wir wollen einen Schaltregler mit folgenden Daten berechnen:

$U_e = 30\,V$, $U_a = 5\,V$, $I_a = 500\,mA$, Schaltfrequenz $= 20\,kHz$ und bei der Brummspannung am Ausgang von $U_{BR} = 0{,}1\,V$.

Wenn wir annehmen können, daß der Transistor T im voll durchgesteuerten Zustand nur eine sehr geringe Kollektor-Emitter-Sättigungsspannung aufweist, dann ergibt sich der Strom i_L durch die Induktivität mit der Gleichspannung 1:

$$i_L = \frac{1}{L} \int_{t_0}^{t_1} U \cdot dt$$

$$= \frac{U_a - U_e}{L} \cdot t_{ON} \quad (1)$$

Bei einem gesperrten Transistor T hat der Strom durch die Drossel die Größe

$$i_L = \frac{U_a + U_D}{L} \cdot t_{OFF} \quad (2)$$

Aus der Gleichung 1 ergibt sich dann die Gleichung 3:

$$L = \frac{U_e - U_a}{i_L} \cdot \frac{1}{f} \cdot \frac{U_a}{U_e} \quad (3)$$

Der Strom i_{max} muß für unsere Berechnung auf $i_{max} = 1{,}3 \cdot I_L$ ($I_L = I_a$) erweitert werden, dann beträgt während der Zeit t_{ON} der Strom i_L durch die Induktivität

$$i_L = 1{,}3 \cdot 0{,}5\,A = 0{,}65\,A$$

Daraus ergibt sich:

$$\triangle i_L = 0{,}15\,A$$

Setzen wir nun diesen Wert in Gleichung 3 ein, erhalten wir

$$L = \frac{30\,V - 5\,V}{0{,}15\,A} \cdot \frac{1}{20 \cdot 10^3\,Hz} \cdot \frac{5\,V}{30\,V} \quad (4)$$

$$= 1{,}4\,mH$$

Die Induktivität muß einen Wert von $L = 1{,}4$ mH haben.

Die Entladung eines Kondensators erfolgt nach dem Zusammenhang

$$i_C = C \frac{du}{dt} \quad (5)$$

Daraus ergibt sich

$$\triangle i_C = C \cdot \frac{\triangle u}{\triangle t} \quad \text{oder} \quad C = \frac{\triangle i_C \cdot \triangle t}{\triangle u}$$

Da $i_C = i_L$ und $\triangle t = t_{OFF}$ ist, erhalten wir

$$C = \frac{\triangle i_L \cdot t_{OFF}}{\triangle u}$$

Aus der Gleichung 3 läßt sich der Strom durch die Induktivität bestimmen. Setzen wir den Wert ein, erhalten wir

$$C = \frac{\frac{U_e - U_a}{L} \cdot \frac{1}{f} \cdot \frac{U_a}{U_e} \cdot t_{OFF}}{\triangle u} \quad (6)$$

Für die Dauer der Frequenz gilt $T = t_{OFF} + t_{ON} = \frac{1}{f}$. Daraus ergibt sich

$$t_{OFF} = \frac{1}{f} - t_{ON} \quad (7)$$

Um einen maximalen Wirkungsgrad zu erhalten, sollte folgende Bedingung erfüllt sein:

$$t_{ON} \approx \frac{U_a}{U_e} \cdot T \quad \text{oder} \quad t_{ON} \approx \frac{U_a}{U_e} \cdot \frac{1}{f} \tag{8}$$

Durch Einsetzen dieses Wertes in Gleichung 7 läßt sich diese dann anders schreiben:

$$t_{OFF} = \frac{1}{f} - \frac{U_a}{U_e} \cdot \frac{1}{f}$$

$$= \frac{1}{f}\left(1 - \frac{U_a}{U_e}\right) \tag{9}$$

Diesen Wert können wir nun in Gleichung 6 einsetzen und erhalten

$$C = \frac{U_a}{\triangle u \cdot f^2 \cdot L} \cdot \left(1 - \frac{U_a}{U_e}\right)^2 \tag{10}$$

Setzen wir die einzelnen Zahlenwerte ein, erhalten wir für den Kondensator eine Kapazität von $C = 63\,\mu F$.

Aus diesem Berechnungsbeispiel sehen wir, daß die technische Realisierung eines Schaltreglers einfach, die Berechnung aber aufwendig ist.

1.3.3 Arbeitsweisen eines Schaltreglers

Bei den Schaltreglern kennen wir grundsätzlich drei Arbeitsweisen, die in **Bild 1.91** dargestellt sind:

1.91 a) Abwärtsregler: Die Ausgangsspannung U_a ist kleiner als die Eingangsspannung.

1.91 b) Aufwärtsregler: Die Ausgangsspannung U_a ist größer als die Eingangsspannung.

1.91 c) Inverterregler: Die Eingangsspannung wird zur Ausgangsspannung um 180° verschoben, d. h. aus $+U_e$ wird $-U_a$ oder aus $-U_e$ wird $+U_a$.

Der Schalttransistor wurde hier als Schalter S dargestellt. Bitte beachten Sie die Anordnungen der Induktivität, der Diode und des Kondensators. Dadurch wird ein Schaltregler zum universellen Spannungsregler.

Bei der Weiterentwicklung von Schaltreglern wurden drei Wege beschritten, um die Schaltregler verbessern zu können.

Der Komparator von Bild 1.90 steuert nicht direkt einen Schalttransistor an, sondern einen Oszillator. Mit dem Oszillator ist es nun möglich, die Schaltfrequenz, d. h. das Tastverhältnis für den Schalter zu ändern. Das Tastverhältnis kann auf verschiedene Weise verändert werden: Konstante Einschaltdauer, konstante Ausschaltdauer oder konstante Frequenz.

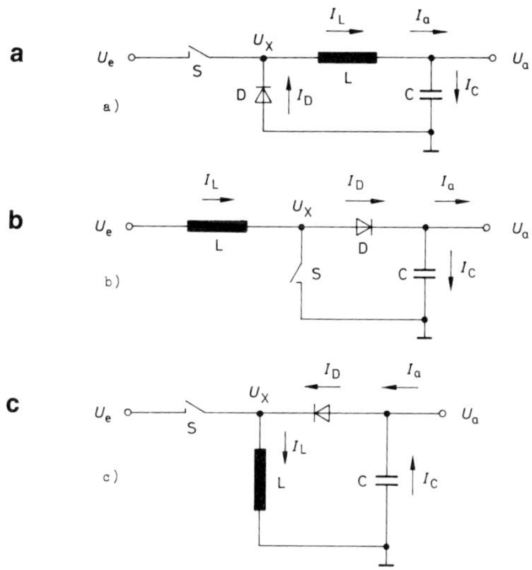

Bild 1.91 Arbeitsweisen von Schaltreglern
a) Abwärtsregler (STEP-DOWN)
b) Aufwärtsregler (STEP-UP)
c) Invertierender Regler

Bei den Schaltspannungsreglern mit konstanter Einschaltzeit und variabler Frequenz wird z. B. alle 10 ms der Schalter (Transistor) eingeschaltet und die Zeit t_{ON} ist von der variablen Frequenz abhängig. Mit dieser Methode können wir die drei Möglichkeiten der Abwärts-, Aufwärts- oder Inverterregelung durchführen. Die Ladung, die während der Zeit t_{ON} in der Induktivität gespeichert wird, ist konstant und bestimmt den Ausgangsstrom. Für die Spule gilt daher folgende Gleichung

$$L = \frac{\triangle u}{I_a} \cdot t_{ON}$$

Dabei ist L die Induktivität der Spule, $\triangle u$ der anliegende Spannungsunterschied, I_a der Ausgangsstrom und t_{ON} die Einschaltzeit des Transistors. Wir erhalten in der Induktivität eine definierte Ladung und damit können wir eine Spule einfacher berechnen.

Die Kennlinie für diesen Regler ist in **Bild 1.92** gezeigt.

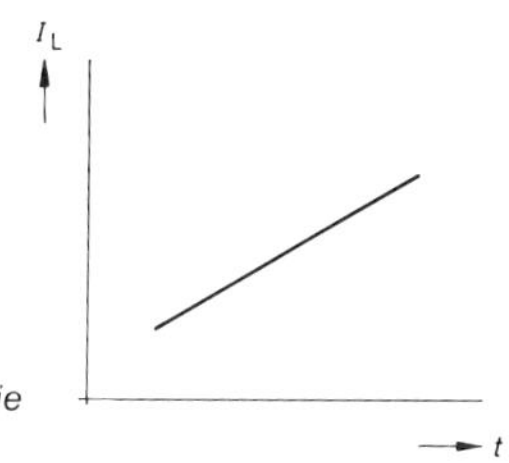

Bild 1.92 Frequenz-Strom-Kennlinie bei konstanter Einschaltzeit

Wir erhalten einen linearen Verlauf von dem Laststrom I_L (Ausgangsstrom I_a) über der Zeit t, d. h. die Frequenz f erhöht sich proportional mit dem Laststrom I_L.

Die zweite Möglichkeit für den Schaltregler ist eine konstante Ausschaltzeit bei variabler Frequenz. Die Frequenz wird als Ausgangsgleichspannung im zeitlichen Mittel von der Länge der Einschaltzeit t_{ON} bestimmt, während die Zeit, in der die Spannungsversorgung ausgeschaltet ist, konstant bleibt. Erhöht oder verringert sich die Stromentnahme an dem Netzgerät, wird die Einschaltdauer t_{ON} entsprechend verlängert oder verkürzt. Damit ändert sich bedingt die Schaltfrequenz für den Schalttransistor, d. h. sie wird vergrößert oder verkleinert.

Das Diagramm von **Bild 1.93** zeigt uns die Kennlinie für diesen Schaltregler bei konstanter Ausschaltzeit. Der Schaltregler stellt in Verbindung mit dem Oszillator eine Minimalfrequenz sicher, bei der er unter dem größtmöglichen Ausgangsstrom betrieben wird. Das Schaltkonzept erlaubt es auch, daß sich bei steigendem Stromverbrauch in der Induktivität ein Gleichstrom einstellt. Damit verkleinert sich die überlagerte Wechselspannung (Brummspannung = ripple voltage) an der Ausgangsgleichspannung, während ein gleichbleibender mittlerer Gleichstrom aufrechterhalten wird. Der maximale Strom durch die Induktivität bei Änderungen des Laststromes ist dagegen nicht so präzise zu erfassen wie bei den anderen Schaltungskonzepten. Deshalb darf die Induktivität bei dieser Schaltungsvariante nicht in der Sättigung betrieben werden, da sich dadurch die Ausgangsspannung vergrößern kann.

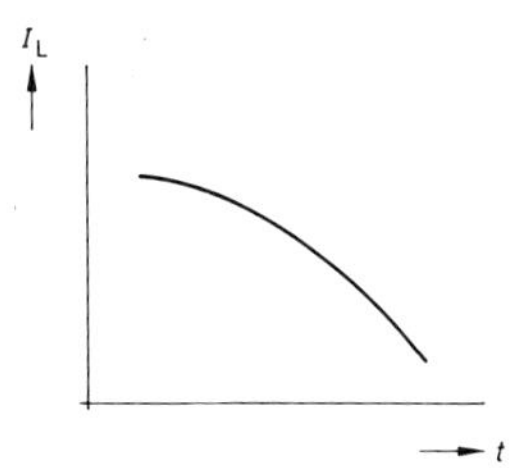

Bild 1.93 Frequenz-Strom-Kennlinie bei konstanter Ausschaltzeit

Die dritte Möglichkeit für einen Schaltregler mit konstanter Frequenz und variablem Tastverhältnis ist meistens die bessere Lösung für ein Netzgerät. Bei diesem Verfahren spricht der Elektroniker von der „Pulsbreitenmodulation".

Der Schaltregler in Verbindung mit dem Oszillator ändert das Tastverhältnis der Impulsfolge für den Schalttransistor, um so die mittlere Leistung zu regeln. Ein typischer Baustein hierfür ist der 78S40.

1.3.4 Integrierter Schaltregler 78S40

Bild 1.94 zeigt uns das Blockschaltbild für den Schaltregler 78S40. Um diesen Baustein in den drei Betriebsarten „Abwärtsregler", „Aufwärtsregler" und „Inverterregler“ einsetzen zu können, betrachten wir uns zuerst die einzelnen Funktionsblöcke. Hierzu gehören folgende Gruppen:

a) stromgesteuerter Oszillator
b) temperaturkompensierte Strombegrenzung
c) temperaturkompensierte Referenzspannung
d) Fehlerverstärker
e) Leistungsschalter
f) separater Operationsverstärker.

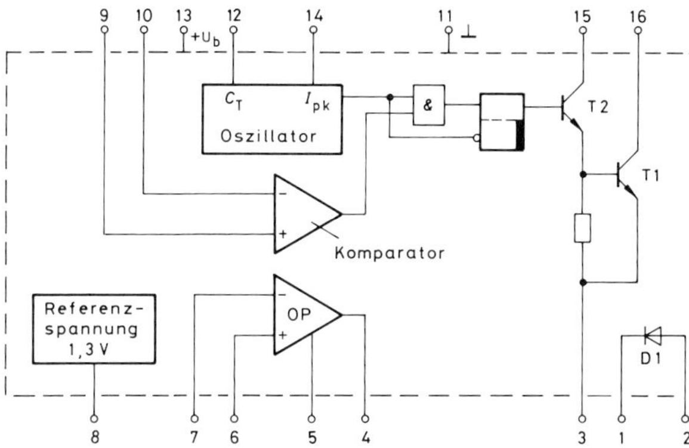

Bild 1.94 Blockschaltbild des integrierten Schaltreglers 78S40

Der stromgesteuerte Oszillator ist über ein UND-Gatter und einem RS-Flipflop mit dem internen Leistungstransistor T2 verbunden, der als Schalter verwendet werden kann. Die Frequenz des Oszillators wird durch einen externen Kondensator bestimmt und wir können dadurch die Frequenz für den entsprechenden Anwendungsfall bestimmen.

Das Tastverhältnis zwischen t_{ON} und t_{OFF} wurde bereits vom Applikationslabor des Herstellers eingestellt und kann daher von uns nicht verändert werden. Das Tastverhältnis ist 8:1 ($t_{ON} : t_{OFF}$).

Die Einschaltzeit des Leistungsschalters ist über eine Strombegrenzungsschaltung gesteuert und damit wird das Tastverhältnis immer automatisch auf den optimalen Wert eingestellt. Diese temperaturkompensierte Schaltung mißt den Strom des Schalttransistors über einen externen Widerstand und stellt die Einschaltzeit ein, wodurch der Spitzenstrom entsprechend begrenzt wird und die Schalttransistoren geschützt sind. Wir erhalten durch diese Schaltungsmaßnahme einen etwas trägen Regler, aber die Bauelemente sind geschützt.

Eine temperaturkompensierte Referenzspannung von $U_{ref} = 1{,}3\,V$ kann einen Ausgangsstrom bis zu 10 mA erzeugen. Der Fehlerverstärker ist ein Operationsverstärker mit einer sehr hohen Leerlaufverstärkung. Über das UND-Gatter sperrt er das Flipflop, wenn die Ausgangsspannung zu hoch wird. Der Fehlerverstärker erhält seine Betriebsspannung vom Anschluß $+U_b$.

Die beiden internen Transistoren sind als Leistungs-Darlington-Schaltstufe ausgelegt und können einen Strom von $I_{max} = 1{,}5\,A$ bei einer Spannung bis zu $U_{max} = 40\,V$ schalten. Die Kollektoranschlüsse und der Emitteranschluß der internen Transistoren sind herausgeführt, um den Baustein 78S40 mit weiteren externen Bauelementen erweitern zu können.

Die interne Leistungsdiode ist für einen Strom von $I = 1{,}5\,A$ bei einer Sperrspannung bis zu $U = 40$ ausgelegt.

Der separate Operationsverstärker im Baustein 78S40 kann einen Ausgangsstrom von $I_a = 150\,mA$ erzeugen. Verwenden wir den Operationsverstärker, so müssen wir den Pin 4 an eine Betriebsspannung legen. Die Masse ist identisch mit den anderen internen Funktionsblöcken. Der Gleichtaktspannungsbereich liegt zwischen 0 V und der separaten Betriebsspannung.

Der Schaltregler 78S40 kann in einem Spannungsbereich von $U_b = 2{,}5\,V$ bis 40 V arbeiten. Bei einer Betriebsspannung von $U_b = 5\,V$ fließt ein Betriebsstrom von $I_b = 2\,mA$.

Der geringe Betriebsstrom verbessert ebenfalls den Wirkungsgrad des Reglers, wenn wir eine niedrige Spannung und einen kleinen Ausgangsstrom haben. Daher können wir diesen Regler auch in Verbindung mit Batterien oder Akkumulatoren verwenden, ohne daß wir eine hohe Leistung an einem Regeltransistor ,,verbraten".

Ein wichtiges, aber kritisches Parameter ist das Timing des Oszillators. Obwohl das Tastverhältnis mit 8:1 bereits fest eingestellt ist, können wir durch geeignete Wahl des Systemstromes, des Oszillator-Kondensators, des Wertes der Induktivität und des Verhältnisses zwischen Ein- und Ausgangsspannung das Tastverhältnis verringern.

Der Spitzenstrom wird nur über die Strombegrenzungsschaltung eingestellt. Der Kondensator für den Oszillator läßt sich nach der benötigten OFF-Zeit (Ausschaltdauer des Schalttransistors) berechnen. Der Anwender soll die OFF-Zeit bestimmen und von der Strombegrenzung die ON-Zeit (Einschaltdauer des Schalttransistors) steuern lassen. Die OFF-Zeit können wir für den intermittierenden (Spitzen- oder Impulsbetrieb) oder für den kontinuierlichen (gleichmäßigen) Betrieb einstellen.

Für den intermittierenden Betrieb wird die OFF-Zeit so gewählt, daß sie gleich der Zeit ist, in der der Strom durch die Induktivität auf Null fällt. Im kontinuierlichen Betrieb wird die OFF-Zeit kleiner gewählt. Daher ist bei dieser Betriebsart der mittlere Strom durch die Induktivität größer als der halbe Spitzenstrom.

Durch die kontinuierliche Betriebsart steht uns am Ausgang des Netzgerätes mehr Leistung zur Verfügung. Das Timing ist jedoch sehr kritisch. Sind die ON- und OFF-Zeiten bei dem Schaltregler zu kurz, treten nicht nur Schaltverluste am Schalttransistor, sondern auch an der Induktivität auf und der Wirkungsgrad des Netzgerätes verringert sich um 50 %.

Bei dem Schaltregler 78S40 sollen die ON- und die OFF-Zeiten größer als 10 µs sein.

Für einfache Anwendungen benützen wir den internen Darlington-Transistor als Schalter. Die Emitter- und Kollektoranschlüsse sind herausgeführt. Bei der Benutzung des Emitterausganges können die Kollektoren verbunden werden. Dabei erhöht sich aber die Schaltspannung auf einen typischen Wert von $U_{BE} = 1{,}6\,V$. Benutzen wir die Kollektoreingänge mit dem Emitter als Bezugspotential, müssen wir die Vor- und Nachteile entsprechend abwägen, die sich ergeben, wenn wir die Kollektoren kurzschließen oder wenn wir nur den Kollektor des Schalttransistors verwenden.

Die gesamten Spezifikationen eines Netzgerätes lassen sich dadurch von uns beeinflussen, wie wir noch bei den Anwendungsbeispielen sehen werden. Wir müssen den Baustein 78S40 immer an die Eingangsspannung in Verbindung mit der Ausgangsspannung anpassen.

Schließen wir die beiden Kollektoren kurz, existieren keine Schaltverluste durch den Basisstrom des Schalttransistors. Wir erhalten eine typische Schaltspannung von ca. 1,1 V. Wird nur der Kollektor des Schalttransistors verwendet, wird der Basisstrom durch den Treibertransistor über einen externen Kollektorwiderstand von der Eingangsspannung erzeugt. Es ergibt sich eine Schalterspannung von ca. 0,5 V.

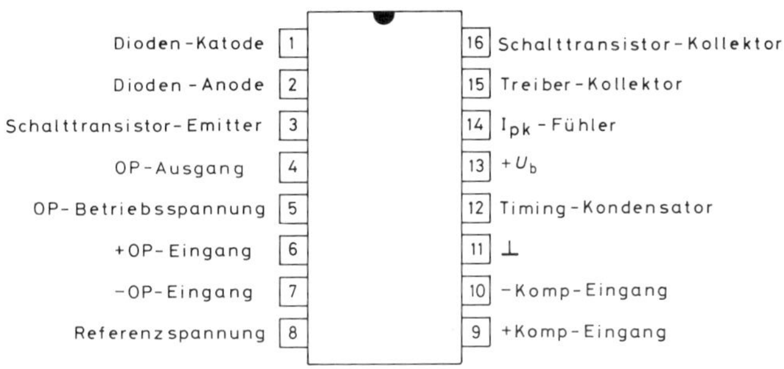

Bild 1.95 Anschlußschema des Schaltreglers 78S40

Bild 1.95 zeigt das Anschlußschema für den Baustein 78S40.

1.3.5 Anwendungen des Schaltreglers 78S40

Betrachten wir uns zuerst die Grundschaltung für einen Abwärtsregler. Bild 1.96 zeigt die Schaltung. Die Ausgangsspannung beträgt $U_a = +5\,V$ bei einem Ausgangsstrom von $I_a = 0{,}5\,A$. Die überlagerte Wechselspannung, also die Brummspannung, ist $U_{Br} < 25\,mV$.

Die beiden internen Transistoren T1 und T2 erhalten über den externen Widerstand für die Strommessung die Eingangsspannung von $U_e = 25\,V$. Die beiden Kollektoranschlüsse sind miteinander verbunden und liegen ebenso an dem Widerstand R_{SC} wie der Eingang für die Stromsteuerung des Oszillators. Die Sättigungsspannung des Schalters (T1 und T2) hat 1,6 V. Bei diesem Wert entspricht die OFF-Zeit ca. dem dreifachen Wert der ON-Zeit. Berücksichtigen wir nun, daß die ON-Zeit größer als 10 µs sein soll, wird die OFF-Zeit von uns auf 60 µs eingestellt. Der Kondensator für den Oszillator hat hierbei einen Wert von $C_T = 20\,nF$ und der Wert der Induktivität von $L = 330\,\mu H$.

Die Ausgangsspannung des geschalteten Netzgerätes wird durch die beiden Widerstände R1 und R2 bestimmt. Der Komparator vergleicht die temperaturkompensierte Referenzspannung mit der Ausgangsspannung des Spannungsteilers und steuert so das UND-Gatter an.

Die Ruheverlustleistung der Schaltung ist kleiner als 50 mW. Der Wirkungsgrad bei Vollast liegt bei 79 %, bei 10 % Vollast beträgt er 70 %.

Der Strom für das System berechnet sich aus

$$I_{pk} = 2 \cdot I_{amax}.$$

Hieraus können wir den Widerstand R_{SC} für die Strombegrenzung berechnen:

$$R_{SC} = \frac{0{,}33\,V}{I_{pk}}$$

Der Wert von 0,33 V wurde im Labor festgestellt.

Die Zeit t_{ON}/t_{OFF} läßt sich mit folgender Gleichung bestimmen:

$$\frac{t_{ON}}{t_{OFF}} = \frac{U_a + U_D}{U_e - U_S - U_a}$$

Die Ausgangsspannung U_a kennen wir ebenso wie die unstabilisierte Eingangsspannung U_e. Die Spannung U_D ist die Durchlaßspannung der Diode und beträgt $U_D = 0{,}7\,V$. Die Spannung U_S ist aber ein Problem, da wir sie zwischen den beiden Kollektoranschlüssen und der Induktivität erhalten, $U_S = U_e - U_a$.

Die Induktivität der Spule ist

$$L = \frac{U_a + U_D}{I_{pk}} \cdot t_{OFF}$$

Den Kondensator C_T für den Oszillator des Bausteines 78S40 erhalten wir in µF, wenn wir

$$45 \cdot 10^{-5} \cdot t_{OFF}\,(\mu s)$$

einsetzen.

Der Ausgangskondensator ist

$$C_O = \frac{I_{pk} \cdot (t_{ON} + t_{OFF})}{8 \cdot U_{Br}}$$

Der Wirkungsgrad η ergibt sich aus

$$\eta = \frac{U_e - U_S + U_D}{U_e} \cdot \frac{U_a}{U_a + U_D}$$

Der Eingangsstrom I_e für den Abwärtsregler

$$I_e = \frac{I_{pk}}{2} \cdot \frac{U_a + U_D}{U_e - U_S + U_D}$$

Die Ausgangsspannung ergibt sich aus dem Widerstandsverhältnis:

$$U_a = 1{,}3\,\text{V} \cdot \frac{R_1 + R_2}{R_2}$$

Legen wir den Widerstand R2 fest, erhalten wir Widerstand R1 aus

$$R_1 = R_2 \cdot \left(\frac{U_a}{1{,}3\,\text{V}} - 1\right)$$

Legen wir dagegen den Widerstand R1 fest, ergibt sich Widerstand R2 aus

$$R_2 = \frac{R_1}{\left(\frac{U_a}{1{,}3\,\text{V}} - 1\right)}.$$

Die einzelnen Werte für die Schaltung sind in **Bild 1.96** eingetragen.

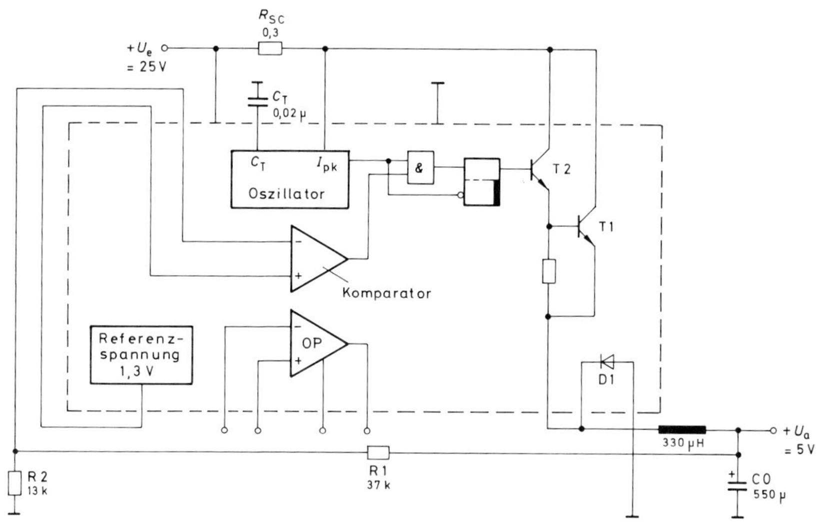

Bild 1.96 Abwärtsregler mit dem Schaltregler 78S40. $U_a = +5$ V, $I_a = 0{,}5$ A.

Verändern wir die einzelnen Bauelemente, ändern sich zum Teil die Schaltungsbedingungen.

Bitte beachten Sie folgende Bemerkungen:

a) Die ON-Zeit ist zu kurz: Der Strom durch die Induktivität ist nicht groß genug und der maximale Ausgangsstrom verringert sich. Der Wirkungsgrad verändert sich kaum.

b) Die ON-Zeit ist zu lang oder die OFF-Zeit zu kurz: Ohne definierte Strombegrenzung steigt der Strom nach einigen Zyklen durch die Induktivität über den zu erwartenden Spitzenstrom und kann zur Zerstörung der Schaltung führen.

c) Die OFF-Zeit ist zu groß: Der Strom durch die Induktivität fällt auf Null und bleibt auf diesem Wert, bis sich der Schalter wieder schließt. Daraus können wir schließen, daß der mittlere Strom kleiner als der halbe Spitzenstrom ist und daher verringert sich der zur Verfügung stehende Ausgangsstrom. Der Wirkungsgrad verändert sich kaum.
d) Die ON-Zeit ist zu lang: Die Strombegrenzung für den Schalttransistor ist nicht optimal eingestellt oder sie funktioniert nicht, wenn der Strom durch die Induktivität gleich dem Spitzenstrom ist, da die Spannung über der Induktivität (bis auf den Ohmschen Spannungsabfall) verschwindet. Über dem Schalter liegt dann die Differenz zwischen Ein- und Ausgangsspannung, $U_S = U_e - U_a$, wodurch der Wirkungsgrad erheblich reduziert wird und der Schalttransistor zerstört werden kann.
e) Die OFF-Zeit ist zu kurz durch die Strombegrenzung der eingestellten ON-Zeit: Der Wirkungsgrad verändert sich kaum, aber der Strom durch die Induktivität geht nicht auf Null zurück. Der mittlere Strom durch die Induktivität ist größer als der halbe Spitzenstrom. Damit ist der maximale Ausgangsstrom auch größer als der halbe Spitzenstrom.

Bei der Induktivität dürfen wir keine Transformatorenbleche für 50 Hz verwenden. Durch die hohen Schaltfrequenzen treten Magnetisierungsverluste auf, die die Bleche stark erhitzen. Ideal sind Hochfrequenz- oder Entstördrosseln mit einem Ferritkern.

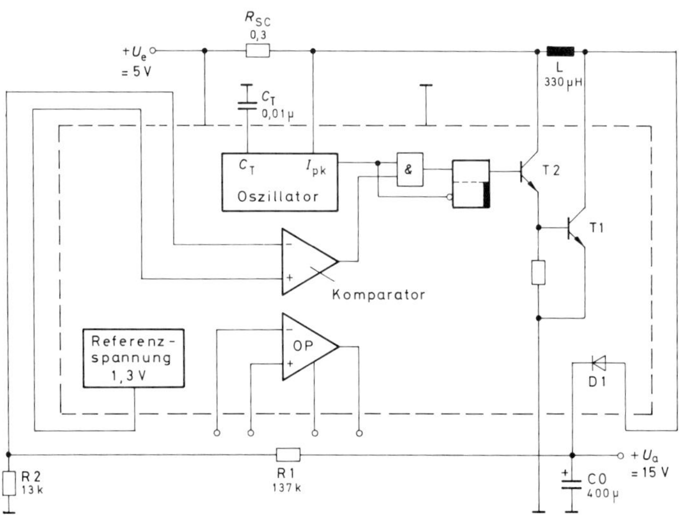

Bild 1.97 Aufwärtsregler mit dem Schaltregler 78S40. $U_e = +5$ V, $U_a = +15$ V, $I_a = 150$ mA.

Bild 1.97 zeigt uns die Schaltung eines „Aufwärtsreglers“. Wir haben hierbei eine Eingangsspannung von $U_e = 5$ V (Gleichspannung) und erhalten eine Ausgangsspannung von $U_a = 15$ V (Gleichspannung). Wir können an dem Ausgang einen Strom von $I_a = 150\,mA$ entnehmen bei einer Brummspannung von $U_{Br} < 25\,mV$. Mit $U_S = 0{,}5\,V$ und $U_D = 1\,V$ ergibt sich eine ON-Zeit, die dem Zweieinhalbfachen der OFF-Zeit ($t_{OFF} = 30\,\mu s$) entspricht. Damit ist die ON-Zeit bei $t_{ON} = 73\,\mu s$. Der Widerstand von $R = 80\,\Omega$ an dem Kollektor von dem Treibertransistor T2 ergibt für den Schalttransistor einen Basisstrom von $I_B = 50\,mA$. Bei einem Eingangsspitzenstrom von $I_e = 1{,}1\,A$ wird für den Strombegrenzungswiderstand ein Wert von $R_{SC} = 0{,}3\,\Omega$ gewählt. Der Wirkungsgrad bei Vollast und einem mittleren Eingangsstrom von $I_e = 555\,mA$ ist 80 %. Bei 10 % Vollast beträgt der Wirkungsgrad 78 %.

Der Strom I_{pk} für das System berechnet sich aus

$$I_{pk} = 2 \cdot I_{amax} \cdot \frac{U_a + U_D - U_S}{U_e - U_S}.$$

Der Widerstandswert für R_{SC} ist

$$R_{SC} = \frac{0{,}33\,V}{I_{pk}},$$

wobei der Wert von 0,33 V im Labor ermittelt wurde.

Die Zeit t_{ON}/t_{OFF} läßt sich mit folgender Gleichung bestimmen:

$$\frac{t_{ON}}{t_{OFF}} = \frac{U_a + U_D - U_e}{U_e - U_S}.$$

Die Induktivität ist

$$L = \frac{U_a + U_D - U_e}{I_{pk}} \cdot t_{OFF}.$$

Die Zeit t_{OFF} für einen Aufwärtsregler ist

$$t_{OFF} = \frac{I_{pk} \cdot L}{U_a + U_D - U_e}.$$

Den Kondensator für den Oszillator bestimmen wir nach

$$C_T = 45 \cdot 10^{-5} \cdot t_{OFF}\,(\mu s)$$

und erhalten den Wert in µF.

Den Wert für den Ausgangskondensator bestimmen wir mit folgender Gleichung:

$$C_O = \frac{(I_{pk} - I_a)^2 \cdot t_{OFF}}{2 \cdot I_{pk} \cdot U_{Br}}.$$

Der Wirkungsgrad der Aufwärtsregelung ist

$$\eta = \frac{U_e - U_S}{U_e} \cdot \frac{U_a}{U_a + U_D - U_S}.$$

Den Eingangsstrom erhalten wir aus

$$I_e = \frac{I_{pk}}{2}.$$

Die Ausgangsspannung, der Widerstand R1 bzw. R2 errechnet sich nach den Formeln der Abwärtsregelung. Das gilt auch für die Kriterien des Timings für den Schaltregler 78S40.

Bild 1.98 zeigt die Schaltung eines Inverterreglers. Wir haben eine Eingangsspannung von $U_e = +12\,V$ und erhalten eine Ausgangsspannung von $U_a = -15\,V$. Die Ein- und Ausgangsspannung sind Gleichspannungen!

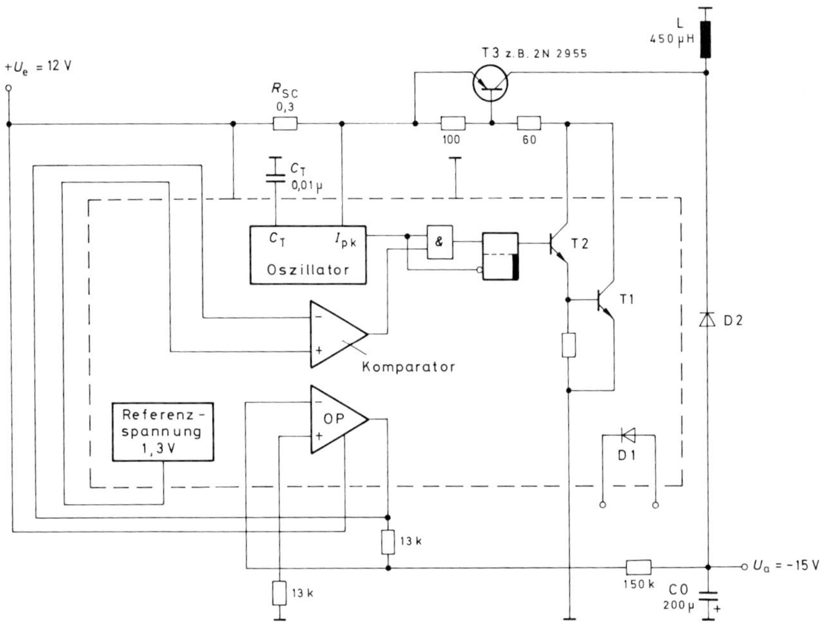

Bild 1.98 Invertierender Reglerbetrieb mit dem Baustein 78S40. $U_e = +12\,V$, $U_a = -15\,V$, $I_a = 200\,mA$.

Für diese Betriebsart benötigen wir einen externen PNP-Transistor. Hierzu können wir den BC 160 (besser 2N2955) verwenden. Außerdem ist eine externe „Catch"-Diode erforderlich.

Wir erhalten einen Ausgangsstrom von $I_a = 200\,mA$ bei einer Brummspannung von $U_{Br} < 50\,mV$. Mit dem Kondensator C_T für den internen Oszillator ergibt sich bei $C_T = 10\,nF$ eine OFF-Zeit von $t_{OFF} = 30\,\mu s$. Der Spitzenstrom $I_{pk} = 0{,}96\,A$, die Induktivität $L = 500\,\mu H$ und der Kondensator $C_0 = 200\,\mu F$.

Der mittlere Eingangsstrom des invertierenden Schaltreglers ist bei $I_{em} = 275\,mA$. Dies ergibt bei Vollast einen Wirkungsgrad von $\eta = 93\,\%$ und einen $\eta = 90\,\%$, wenn wir 10 % Vollast haben.

Bei der Schaltung von Bild 1.98 invertiert der separate Operationsverstärker die Ausgangsspannung zum Vergleich mit der 1,3-V-Referenzspannung. Das ist nur deshalb möglich, da der Gleichtaktspannungsbereich dieses Operationsverstärkers das Nullpotential mit einschließt:

Der Strom I_{pk} berechnet sich aus

$$I_{pk} = 2 \cdot I_{amax} \cdot \frac{U_e + |U_a| + U_D - U_S}{U_e - U_S}$$

Der Widerstand R_{SC} berechnet sich nach den bisher gezeigten Gleichungen. Die Zeit t_{ON}/t_{OFF} ist

$$\frac{t_{ON}}{t_{OFF}} = \frac{|U_a| + U_D}{U_e - U_S}.$$

Den Wert der Induktivität können wir berechnen aus

$$L = \frac{|U_a| + U_D}{I_{pk}} \cdot t_{OFF}.$$

Die Zeit t_{OFF} für einen Inverterregler ist

$$t_{OFF} = \frac{I_{pk} \cdot L}{|U_a| + U_D}.$$

Der Wert des Kondensators C_T für den Oszillator berechnet sich nach den bisher gezeigten Gleichungen. Der Ausgangskondensator C_0 berechnet sich nach der Formel für den Aufwärtsregler. Der Wirkungsgrad für den Inverterregler ist

$$\eta = \frac{U_e - U_S}{U_e} \cdot \frac{|U_a|}{|U_a| + U_D}$$

und der Eingangsstrom ist

$$I_e = \frac{I_{pk}}{2} \cdot \frac{|U_a| + U_D}{U_e + |U_a| + U_D - U_S}.$$

Die Ausgangsspannung U_a und die beiden Widerstände berechnen sich ebenfalls nach den bisher gezeigten Formeln.

1.3.6 Geschaltete Spezial-Netzgeräte mit dem Regler 78S40

Fügen wir weitere externe Bauelemente hinzu, so lassen sich die Daten des Bausteines 78S40 erheblich erweitern.

Bild 1.99 zeigt eine Schaltung, die aus einer unstabilisierten Eingangsspannung (mögliche Spannungsänderung von 4 V bis 24 V!) zwei stabilisierte Ausgangsspannungen mit $U_{a1} = +12$ V und $U_{a2} = +15$ V erzeugen kann. Der Ausgangsstrom bei beiden Spannungen liegt bei $I_a = 100$ mA.

Die Ausgangsspannung von U_{a1} steht uns über den gesamten Eingangsspannungsbereich von $U_{emin} = 4$ V bis $U_{emax} = 24$ V zur Verfügung. Das wird dadurch erreicht, daß ein „Aufwärtsregler" zur Erzeugung einer Spannung von +15 V benutzt wird und der interne Operationsverstärker als Serienregler, der die Spannung auf +12V herabsetzt, betrieben wird. Übersteigt die Eingangsspannung den Wert von $U_e = 16\,V$, folgt der „Aufwärtsregler" der Eingangsspannung mit einer Differenz von ca. 1V, während der Ausgang des Serienreglers konstant bei $U_{a1} = +12\,V$ bleibt.

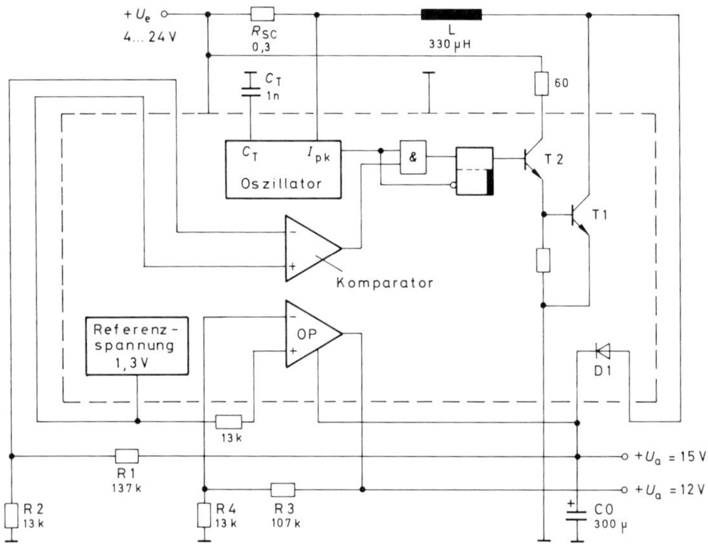

Bild 1.99 Regler für Eingangsspannungsbereich von 4 V bis 24 V und stabiler Ausgangsspannung

Der Operationsverstärker hat eine Rauschunterdrückung, so daß die Brummspannung auf der Ausgangsspannung von U_{e1} vernachlässigbar klein bleibt. Der Wirkungsgrad liegt bei dieser Anwendung bei 50% an der unteren und oberen Grenze der Eingangsspannung. Der Wirkungsgrad verbessert sich auf ca. 75%, wenn wir das Mittel der Eingangsspannung bei $U_{em} = 14\,V$ erreichen.

Der Treibertransistor T2 erhält seinen Kollektorstrom über einen 60-Ω-Widerstand direkt von der unstabilisierten Eingangsspannung. Dagegen liegt der Schalttransistor über den Strombegrenzungswiderstand und der Induktivität an der Eingangsspannung. Die Emitteranschlüsse sind mit Masse verbunden. Daher ergibt sich ein Aufwärtsregler.

Der Komparator von dem 78S40 vergleicht die Referenzspannung mit der Ausgangsspannung U_{a2}. Das Teilverhältnis von R1 zu R2 wurde so gewählt, daß der Aufwärtsregler eine Spannung von $U_{a2} = 15\,V$ erzeugen muß. Mit dieser Ausgangsspannung betreiben wir den Operationsverstärker. Der Operationsverstärker erhält seine Spannung von der Referenzspannung und von der Ausgangsspannung des Teilers R3 zu R4. Da der Operationsverstärker einen Teil der Ausgangsspannung U_{a1} auf seinen Eingang gegenkoppelt, erhalten wir einen gemischten Operationsverstärker-Betrieb und es ist kein separater Ausgangskondensator erforderlich wie bei der Spannung U_{a2}.

Für unser Netzgerät im Kapitel 1.5.3 verwenden wir die Schaltung von **Bild 1.100**.

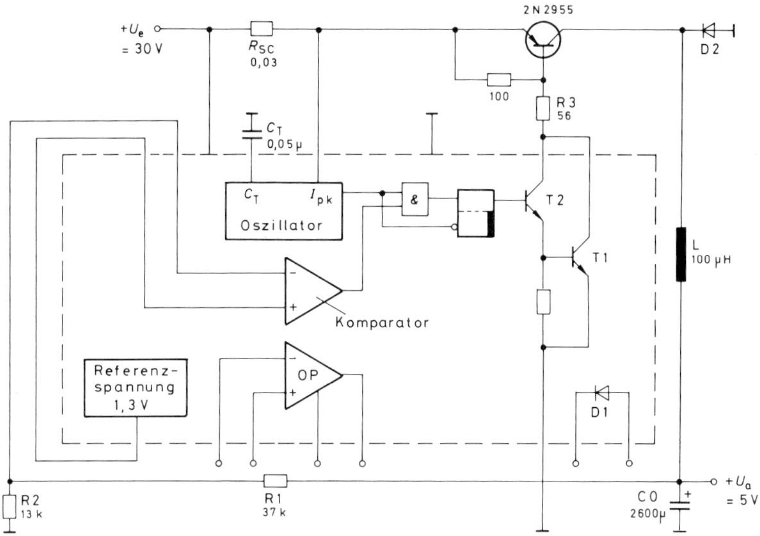

Bild 1.100 Geschaltetes Netzgerät für 5 V/5 A

Wir erhalten einen Abwärtsregler mit einer konstanten Ausgangsspannung von $+U_a = 5$ V und einem Strom von $I_a = 5$ A. Bei dieser Schaltungsvariante wird aber ein externer PNP-Schalttransistor benötigt. Der Transistor T3 erhöht den verfügbaren Ausgangsstrom um den Faktor 10 und verbessert den Schaltwirkungsgrad, da sich die Schaltspannung von 1,6 V auf 1 V reduziert. Der interne NPN-Darlington-Transistor wird bei dieser Anwendung nur als Treiber für den externen Schalttransistor verwendet, wobei der Basisstrom von dem Transistor T3 durch den Widerstand R3 auf ca. 500 mA begrenzt wird. Der Eingangsspitzenstrom von $I_{ep} = 10$ A und der Basisstrom von 0,5 A für den Schalttransistor bei einer Eingangsspannung von 30 V ergibt eine Ausgangsspannung von $+U_a = 5$ V.

Der mittlere Eingangsstrom ist aber nur $I_{em} = 1{,}1$ A. Der Wirkungsgrad dieser Schaltung liegt bei ca. 73 %, wobei der Regler alleine die Treiberleistung für den Schalttransistor liefert.

Die Ausgangsspannung wird durch die beiden Widerstände R1 und R2 eingestellt. Ergeben sich hierbei Probleme mit den Widerstandswerten, wählen wir den Widerstand R2 mit einem Festwert von 10 kΩ und schalten bei R1 einen Festwert von 27 kΩ mit einem Einsteller von 25 kΩ in Reihe. Wir gleichen die Schaltung dann auf eine Ausgangsspannung von $+U_a = 5\,V$ ab.

Das Verhältnis von ON-Zeit zur OFF-Zeit wurde mit 4 zu 1 gewählt, wobei die OFF-Zeit 150 µs und die ON-Zeit 38 µs lang ist. Eine Ausgangskapazität von $C_O = 2500\,\mu F$ hält uns die Brummspannung unter $U_{Br} < 100\,mV$. Verbessert wird die Brummspannung, wenn wir den Wert auf $C_O = 10\,000\,\mu F$ erweitern.

Die externe Diode D 2 wird zur Beherrschung des Schaltstromes von 10 A unbedingt benötigt.

Diese Schaltung wird in der Bauanleitung 1.5.3 verwendet. **Bild 1.101** zeigt ein Foto für diesen Abwärtsregler.

Bild 1.101 Bestückte Platine des geschalteten Netzgerätes nach Bild 1.100

Der Leistungstransistor ist auf einem Kühlblech montiert. Zwischen dem Kühlblech und dem Transistor befindet sich eine Wärmeleitpaste, damit die entstehende Wärme schnell abgeführt werden kann. Ein Schnittband-Transformator liefert uns die Wechselspannung, die wir mit einem Brückengleichrichter gleichrichten und mittels zweier Kondensatoren sieben. Auf einem Sockel befindet sich der Schaltregler 78S40. Dahinter die drei Widerstände für die Strommessung, also der Widerstand R_{SC} mit 0,03 Ω. Hinter dem Ausgangskondensator C_O liegt die Induktivität und die Diode D 2. Bei der Induktivität haben wir einen Ferritring.

Wir können mit dem Baustein 78S40 aus einer Eingangsspannung mit $U_e = 15\,V$ eine Ausgangsspannung von $U_a = 70\,V$ bei $I_a = 1\,A$ erzeugen, wenn wir einen Aufwärtsregler realisieren. **Bild 1.102** zeigt die Schaltung.

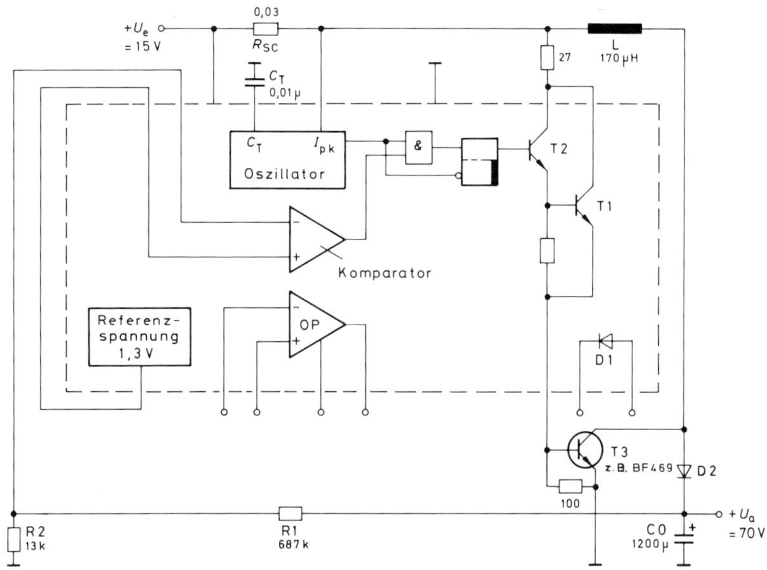

Bild 1.102 Netzgerät mit 15-V-Eingangsspannung und konstanter 70-V-Ausgangsspannung

Der Transistor T3 ist als „Booster"-Transistor und die Diode D2 als „Flyback"-Diode geschaltet.

Der Darlington-Transistor-Emitter erzeugt den Basisstrom für den externen Transistor T3. Die Ausgangsspannung ist dabei nur durch die Durchbruchspannung des Transistors und der Diode begrenzt, nicht aber durch den Schaltkreis 78S40. Verwenden wir z. B. den Transistor BD 129, so lassen sich Ausgangsspannungen bis zu 300 V realisieren, da die Sperrspannung zwischen Kollektor und Emitter $U_{CEO} = 350\,V$ ist.

Der Basisstrom des Transistors T3 wird durch den Kollektorwiderstand von T1/T2 (27 Ω) auf 0,5 A begrenzt.

Das Tastverhältnis des Oszillators zwischen t_{ON} und t_{OFF} wurde mit 4 zu 1 gewählt. Für $t_{ON} = 120\,\mu s$ ergibt sich $t_{OFF} = 30\,\mu s$. Wir wählen einen Kondensator für den Oszillator von $C_T = 10\,nF$. Der mittlere Eingangsstrom liegt bei $I_{em} = 5{,}4\,A$, d. h. der halbe Spitzenstrom plus 0,5 A Basisstrom für den Transistor T3.

Der Wirkungsgrad dieser Schaltung liegt bei 84 % und die Brummspannung $U_{Br} < 100\,mV$ bei einem Kondensator von $C_O = 1200\,\mu F$.

Die Ausgangsspannung U_a ist von dem Verhältnis R1 zu R2 abhängig.

Ebenfalls in der Schaltung von **Bild 1.103** haben wir einen externen PNP-Transistor und eine Diode. In Verbindung mit dem Schaltregler 78S40 wird aber aus der Gleichspannung $U_e = +25\,V$ eine invertierende Gleichspannung mit $U_a = -100\,V$. Es kann ein Ausgangsstrom von $I_a = 1\,A$ fließen.

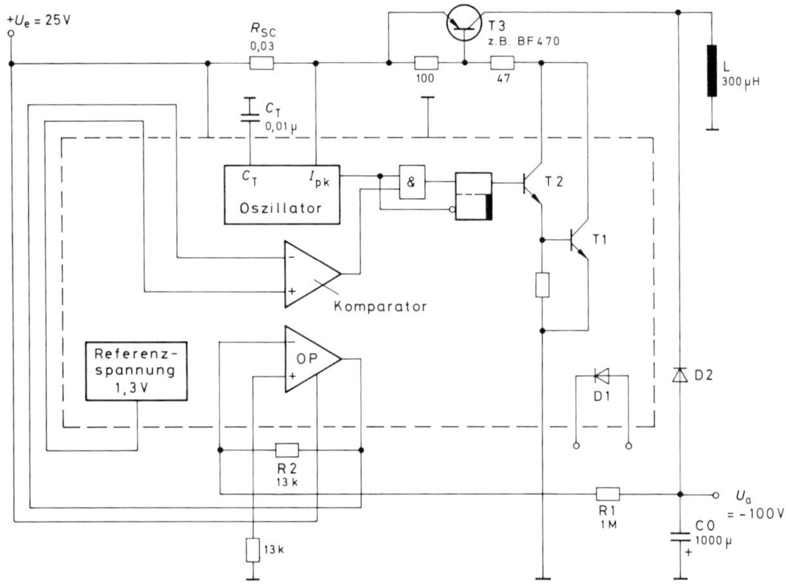

Bild 1.103 Netzgerät mit 25-V-Eingangsspannung und konstanter negativer 100-V-Ausgangsspannung

Die beiden Emitter der internen Transistoren liegen auf Masse und steuern den Transistor T3 an. Die Ausgangsspannung U_a wird über einen Widerstand R1 auf den invertierenden Eingang des Operationsverstärkers gegeben. Mit dem Gegenkopplungswiderstand R2 bestimmen wir die Verstärkung und erhalten einen Verstärkungsfaktor von 0,013. Dadurch wird die negative Spannung auf 1,3V reduziert. Diese Spannung von nun +1,3V wird mit der Referenzspannung von +1,3V durch den Komparator verglichen. Der Komparator steuert seinerseits das UND-Gatter an.

Das Verhältnis von ON-Zeit zur OFF-Zeit ist etwas größer als 4:1, $t_{OFF} = 30\,\mu s$ und $t_{ON} = 126\,\mu s$. Der Ausgangskondensator von $C_O = 1000\,\mu F$ begrenzt die Brummspannung auf $U_{Br} < 120\,mV$.

Die Schaltung kann in ihrer Ausgangsspannung ebenfalls verändert werden. Hierzu vergrößern wir die Sperrspannung zwischen Kollektor und Emitter. Die Sperrspannung der Diode muß angepaßt werden wie der Kondensator C_O.

Einen „Tracking“-Regler zeigt die Schaltung von **Bild 1.104**. Wir haben eine Eingangsspannung von $U_e = 20\,V$ und der Schaltregler 78S40 erzeugt uns zwei stabile Ausgangsspannungen mit $U_a = +15\,V$ und $U_a = -15\,V$.

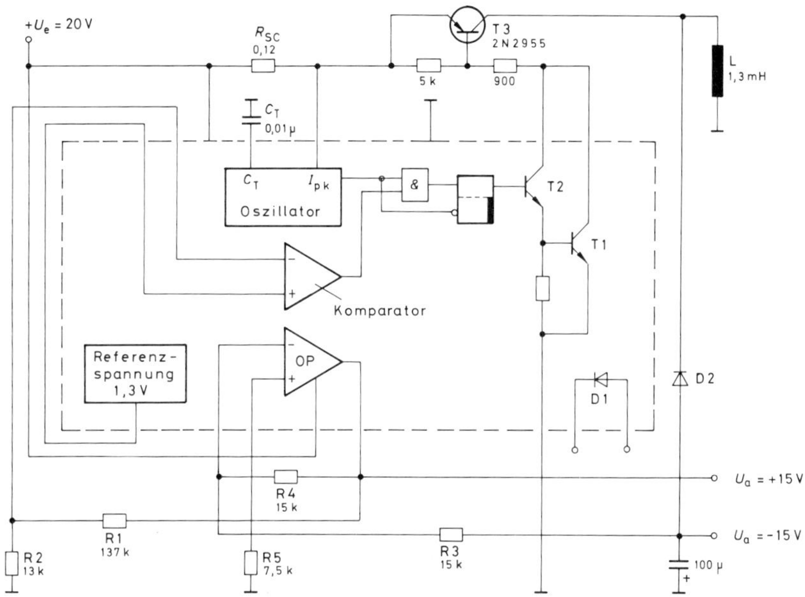

Bild 1.104 Geschaltetes Netzgerät mit Ausgangsspannungen $U_a = \pm 15\,V$

Verändern wir die Schaltung auf eine Eingangsspannung von $U_e = 12\,V$, also auf den Wert der Autobatterie, so können wir hier eine Betriebsspannung für Operationsverstärker realisieren.

Der Schaltregler 78S40 arbeitet als invertierender Regler und erzeugt uns so die stabile Ausgangsspannung von $U_a = -15\,V$. Durch den Ausgangskondensator von $C_O = 100\,\mu F$ erhalten wir eine Brummspannung von $U_{Br} < 30\,mV$. Diese Spannung liegt nun über den Widerstand R3 an dem invertierenden Eingang des Operationsverstärkers. Die Verstärkung des Operationsverstärkers bestimmen wir durch den Widerstand R4, der in der Gegenkopplung liegt. Da die beiden Widerstände gleich groß sind, erhalten wir eine positive Ausgangsspannung mit $U_a = +15\,V$. Diese Spannung steht uns am Ausgang zur Verfügung.

Durch den Spannungsteiler von R1 und R2 ergibt sich für den Komparator eine Vergleichsspannung von $+1{,}3\,V$. Der Komparator vergleicht die beiden Spannungen und steuert dementsprechend das UND-Gatter an.

Der Wirkungsgrad der Schaltung von Bild 1.104 liegt bei 80 % und ist ideal für transportable Versorgungsspannungen.

Eine weitere „Aufwärtsregelung" ist in **Bild 1.105** gezeigt. Aus einer Betriebsspannung von $U_e = 5\,V$ werden zwei Spannungen mit $+12\,V$ und $+15\,V$ erzeugt. Dazu sind zwei externe NPN-Transistoren erforderlich. Der Transistor T3 arbeitet als „Booster" für die Aufwärtsregelung und der Transistor T4 als Längstransistor für den Serienregelteil. Dadurch bekommen wir einen gemischten Betrieb zwischen einem Schalt- und Serienregler.

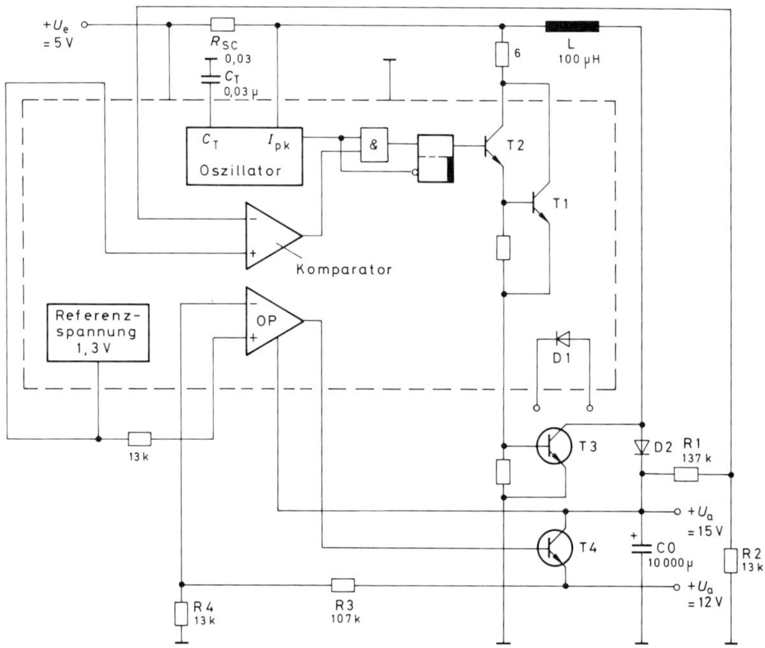

Bild 1.105 Spezial-Netzgerät mit $U_e = 5\,V$ und $U_a = 12\,V$ bzw. $15\,V$

Der Transistor T4 ist erforderlich, damit wir an dem Ausgang für $+12\,V$ einen Strom von $I_a = 1\,A$ abnehmen können. Der Ausgangsstrom von $+15\,V$ liegt dagegen bei $I_a = 0{,}5\,A$. Es ergibt sich ein gesamter Ausgangsstrom von $I_a = 1{,}5\,A$ für diese Schaltung.

Durch den gemischten Betrieb erhalten wir zwei unterschiedliche Wirkungsgrade. Bei $+15\,V$ ergibt sich ein $\eta = 80\,\%$ und bei $+12\,V$ ist $\eta = 64\,\%$.

Für den Vergleich an dem Komparator geben wir über den Spannungsteiler von R1 und R2 die Spannung von $+15\,V$ auf den invertierenden Eingang. Der Spannungsteiler erzeugt dabei eine Eingangsspannung von $+1{,}3\,V$, die dann mit der Referenzspannung verglichen wird. Der Ausgang des Komparators steuert das UND-Gatter an und verändert das Tastverhältnis.

Der Operationsverstärker vergleicht die Ausgangsspannung von +12V mit der Referenzspannung. Durch den Spannungsteiler von R3 und R4 erhalten wir eine Eingangsspannung von 1,3V. Der Ausgang des Operationsverstärkers steuert damit den Serienregeltransistor T4 an.

Verändern wir die beiden Spannungsteiler, erhalten wir unterschiedliche Ausgangsspannungen. Hierbei sind uns wieder keine Grenzen in der Anwendung gesetzt.

Zum Schluß wird in **Bild 1.106** eine ungewöhnliche Schaltung gezeigt. Wir haben eine Eingangsspannung von $U_e = -48$V und erhalten eine stabilisierte Ausgangsspannung von $U_a = -12$V. Die Anordnung der einzelnen Bauelemente ist einfach, aber die Verschaltung etwas kompliziert. Die Referenzspannung erzeugt eine positive Ausgangsspannung, die an dem Komparator und an dem Operationsverstärker anliegt. Dabei verstärkt der Operationsverstärker die Referenzspannung auf $U_{ref} = -2{,}6$V.

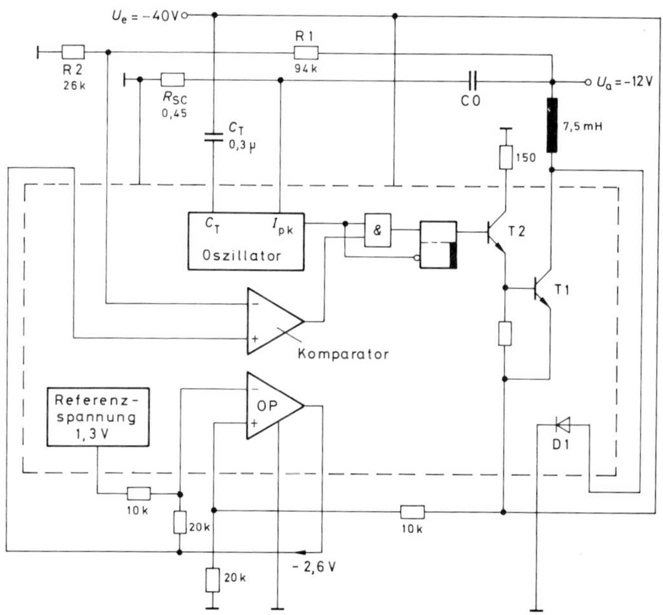

Bild 1.106 Spezial-Netzgerät mit $U_e = -40$ V und $U_a = -12$ V

Auf diese Weise erhalten wir die Vergleichsspannung für den Abwärtsregler und wir können über den Spannungsteiler R1 und R2 die Ausgangsspannung mit der Referenzspannung vergleichen. Es ergibt sich $U_a = -12$V bei einem Strom von $I_a = 300$mA. Der Wirkungsgrad dieser Schaltung liegt bei $\eta = 85\,\%$.

2 Bauanleitung für ein einstellbares Universal-Labor-Netzgerät (0V–50V)

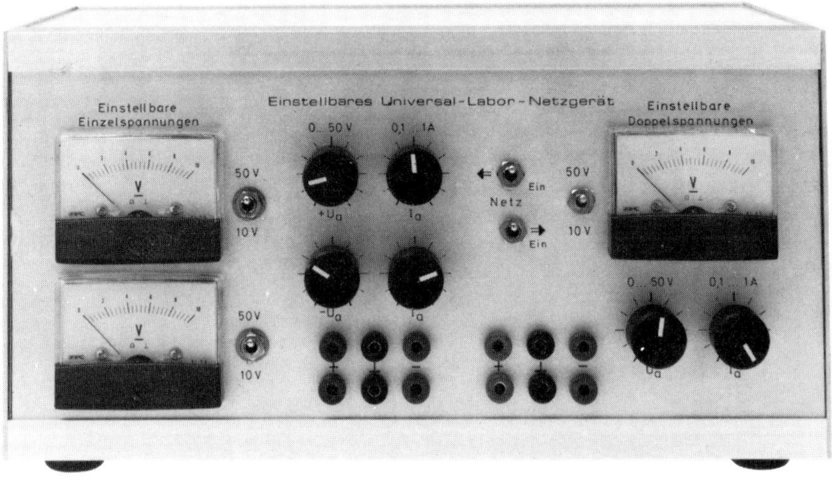

Einstellbares Universal-Labor-Netzgerät (0 V–50 V) (Foto: Peter Groh/München)

Dieses Netzgerät hat vier Spannungsbereiche zwischen 0,01 V und 50 V. Die Spannungen sind stufenlos einstellbar, ebenso auch die Strombegrenzung zwischen 10 mA und 1 A.

Jeweils zwei der vier Spannungsbereiche sind zusammengefaßt, so daß wir zwei unabhängige Funktionseinheiten haben. Die erste Funktionseinheit hat einen Bereich zwischen 0V und ±50V. Die positive und negative Spannung ist durch zwei einzelne Potentiometer einstellbar, wie dies in den folgenden Bildern noch gezeigt wird. Auf diese Weise können wir symmetrische und unsymmetrische Spannungen abnehmen, z.B. +15V und −5V. Die Strombegrenzung für jede Spannungsquelle ist separat einstellbar.

Bei der anderen Funktionseinheit in unserem Netzgerät werden die beiden Ausgangsspannungen mit einem Tandem-Potentiometer symmetrisch eingestellt. Es ergibt sich ein Spannungsbereich zwischen 0V und ±50V. Die Strombegrenzung ist ebenfalls symmetrisch einstellbar.

Als Schaltung wählen wir eine einfache, aber hochwirksame Ausführung. **Bild 2.1** zeigt eine Schaltungsvariante, wie wir sie aus dem Buch „IC-Hobby" Band 1 bereits kennen.

Die Transistoranordnung 3086 erzeugt die Betriebsspannung für den CMOS-Operationsverstärker 3130. Die beiden internen Transistoren T3 und T4 sind als Z-Diode geschaltet und es ergibt sich eine Betriebsspannung von ca. 14 V für den Operationsverstärker 3130.

Aus der Betriebsspannung für den Operationsverstärker erzeugen wir uns den SOLL-Wert für die Spannungseinstellung, wobei der interne Transistor T5 vom IC-Baustein 3086 als Parallelspannungsquelle arbeitet. Die Spannungsstabilisierung übernimmt der interne Transistor T1 in Verbindung mit T2. Durch die Anordnung von T1 und T2 wird der Temperaturkoeffizient der Schaltung weitgehend eliminiert.

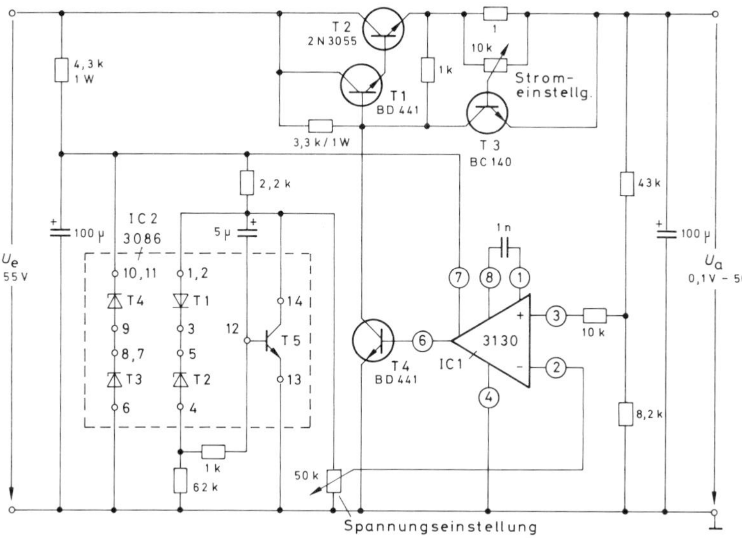

Bild 2.1 Schaltung für ein einstellbares Universal-Netzgerät

Der BiMOS-Operationsverstärker 3130 ist als Komparator geschaltet und vergleicht den IST-Wert (Spannung am nichtinvertierenden Eingang) mit dem SOLL-Wert (Spannung am invertierenden Eingang). Die Regelabweichung steuert den Transistor T4 an, der das Ausgangssignal entsprechend an die Darlingtonstufe weitergibt. Mit dem Transistor T4 steuern wir den Basisstrom von dem Transistor T1. Wird der Transistor T4 vom Operationsverstärker höher angesteuert, so fließt ein größerer Kollektorstrom über ihn ab und der Basisstrom für den Transistorstrom T1 verringert sich.

Damit erhält der Leistungstransistor T2 einen geringeren Basisstrom und die Ausgangsspannung an dem Netzgerät sinkt. Die Ausgangsspannung steigt, wenn der Operationsverstärker den Transistor T4 zusteuert. Damit kann ein größerer Basisstrom für T1 und daher auch für T2 fließen.

Die Ausgangsspannung ändert sich solange, bis der IST-Wert dem SOLL-Wert entspricht. Da der Operationsverstärker 3130 eine Leerlaufverstärkung von $v = 320\,000$ hat, ergibt sich eine sehr hohe Regelwirkung. Mit dem Transistor T3 stellt man den Ausgangsstrom ein. Erreicht der Strom durch den Widerstand 1 Ω einen Wert von $U_{BE} \approx 0{,}65\,V$, spricht der Transistor T3 an und die Ausgangsspannung sinkt soweit ab, bis der IST-Wert den SOLL-Wert am Operationsverstärker erreicht hat. Es ergibt sich ein „switch-Betrieb“, aber es bleibt eine bestimmte Restspannung erhalten. Mit dem 10-kΩ-Potentiometer stellen wir die Ansprechschwelle stufenlos zwischen 10 mA und 1 A ein.

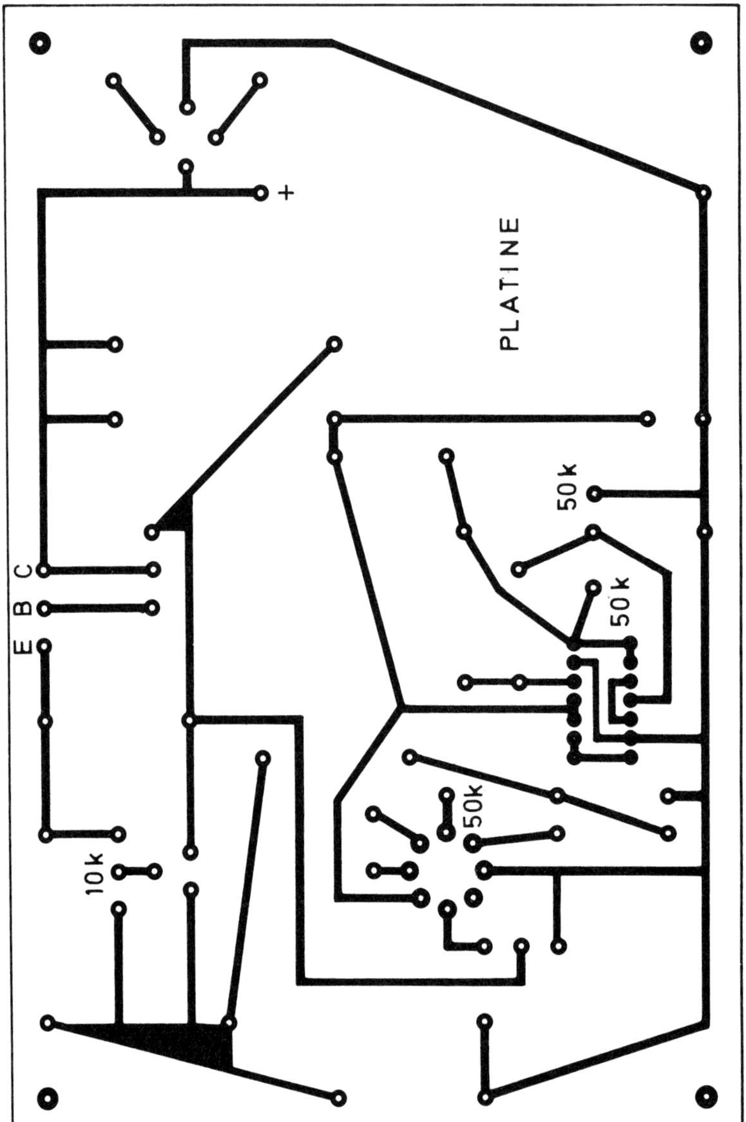

Bild 2.2 Leiterplatine für das Universal-Netzgerät nach Bild 2.1

Bild 2.2 zeigt die Leiterplatine für dieses Netzgerät. **Bild 2.3** stellt den Bestükkungsplan dar. Von diesen Leiterplatinen benötigen wir vier Stück.

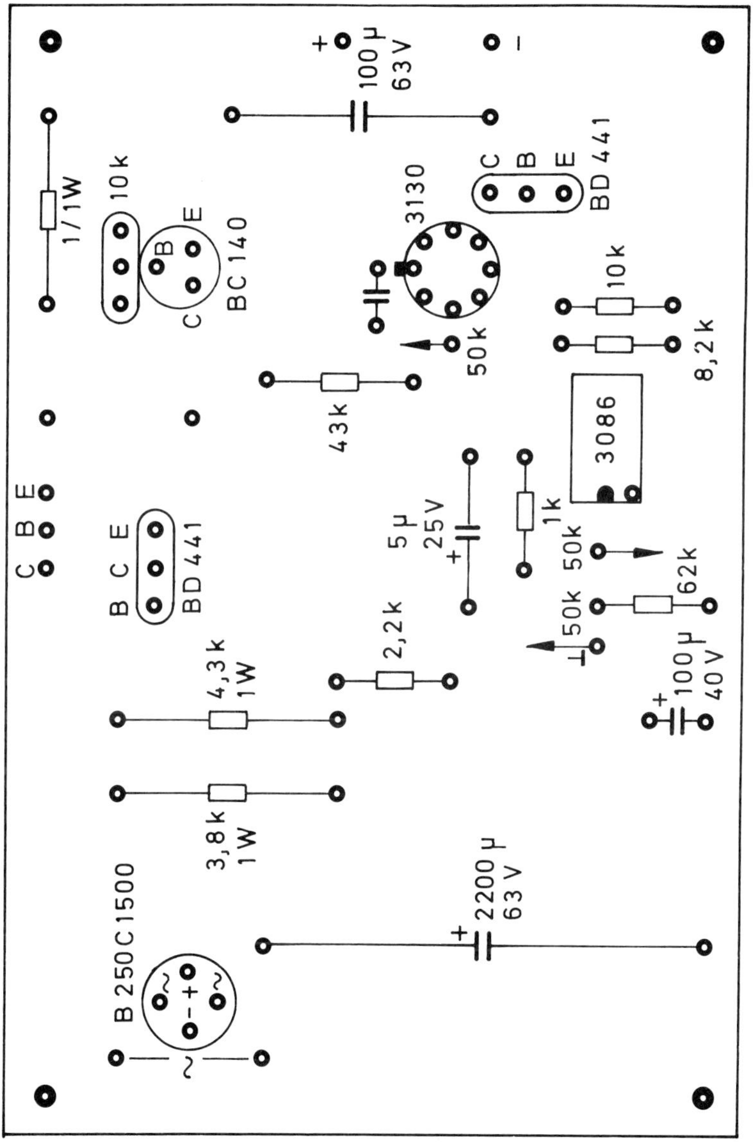

Bild 2.3 Bestückungsplan für die Leiterplatine von Bild 2.2

Die Verschaltung der beiden Funktionseinheiten ist einfach. Vor dem Verschalten sollen aber die vier bestückten Platinen nochmals auf Lötspritzer überprüft werden, die sonst Kurzschlüsse verursachen.

Zuerst schließen wir das Netzgerät mit den beiden separaten Ausgangsspannungen an. **Bild 2.4** zeigt das Schema für die Verschaltung. Der Transformator hat zwei getrennte Wicklungen mit je 45 V/1,5 A. Hieraus ergibt sich dann eine Gleichspannung von ca. 64 V, die bereits auf unserer Leiterplatine erzeugt wird. Die vier Ausgänge verschalten wir entsprechend und erhalten so beide Ausgangsspannungen.

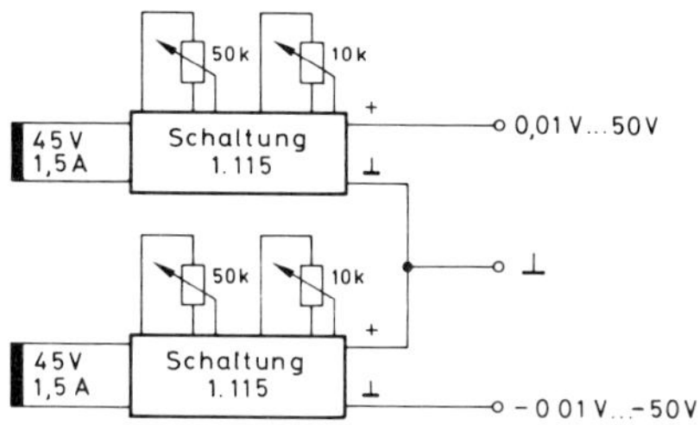

Bild 2.4 Zusammenschaltung von zwei gleichen Schaltungen aus Bild 2.5 um negative und positive Ausgangsspannungen zu erhalten

Die Spannungsanzeige erfolgt in diesem Fall mit konventionellen Meßgeräten, da diese im Preis wesentlich günstiger sind als digitale Instrumente.

Bild 2.5 zeigt die Zusammenschaltung für das Netzgerät mit den beiden Tandem-Potentiometern. Der Transformator hat ebenfalls zwei getrennte Wicklungen mit je 45 V/1,5 A. Die Ausgänge verschalten wir und es ergeben sich die beiden Ausgangsspannungen, die sich weitgehend symmetrisch verhalten.

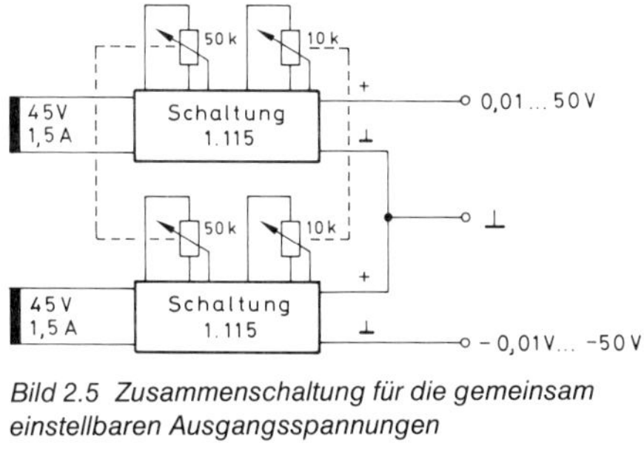

Bild 2.5 Zusammenschaltung für die gemeinsam einstellbaren Ausgangsspannungen

Für dieses Netzgerät benötigen wir zwei Transformatoren. Bei der Beschaffung kann es Probleme geben. Verwenden Sie aber keinen gemeinsamen Transformator für beide Funktionseinheiten, da es sonst elektrische Probleme gibt, d.h. die Netzgeräte beeinflussen sich untereinander, weil keine elektrische Trennung vorhanden ist.

Stückliste:

4 Operationsverstärker 3130 (Anschlußbild siehe IC-Hobby, Bd. 1)
4 Transistor-ICs 3086 (Anschlußbild IC-Hobby, Bd. 1)
4 Leistungstransistoren 2N3055
8 Transistoren BD 441
4 Transistoren BC 140
4 Kondensatoren 1000 μF/63 V
4 Kondensatoren 100 μF/63 V
4 Kondensatoren 100 μF/25 V
4 Kondensatoren 4,7 μF/25 V
4 Kondensatoren 1 nF
4 Widerstände 1 Ω/1 W
8 Widerstände 1 kΩ/0,5 W
4 Widerstände 2,2 kΩ/0,5 W
4 Widerstände 3,3 kΩ/1 W
4 Widerstände 4,3 kΩ/1 W oder 4,7 kΩ/1 W
4 Widerstände 8,2 kΩ/0,5 W
4 Widerstände 10 kΩ/0,5 W
4 Widerstände 43 kΩ/0,5 W oder 47 kΩ/0,5 W
4 Widerstände 62 kΩ/0,5 W oder 56 kΩ/0,5 W
2 Potentiometer 10 kΩ/linear
2 Potentiometer 50 kΩ/linear
1 Tandem-Potentiometer 10 kΩ/linear
1 Tandem-Potentiometer 50 kΩ/linear

Die Montage der einzelnen Bauelemente ist kein Problem! Bitte achten Sie aber unbedingt auf die Polarität der Bauelemente.

Die Leistungstransistoren vom Typ 2N3055 sind auf einem großen Kühlblech zu montieren. Sie müssen isoliert angebracht sein, andernfalls werden die elektronischen Schaltungen zerstört. Verwenden Sie auch keine billigen Plastikschrauben für die Befestigung, sondern einen Isoliermontagesatz für das TO-3-Gehäuse; Glimmerscheibe in Verbindung mit speziellen Isolierstücken und Schrauben. Achten Sie bitte auch auf einen guten Wärmeübergangswiderstand zwischen Transistoren, Glimmerscheibe und Kühlblech (unbedingt Wärmeleitpaste verwenden!).

3 Bauanleitung für ein Universal-Labor-Netzgerät

Das hier beschriebene Labor-Netzgerät besteht aus vier unabhängigen Funktionseinheiten:

a) Festspannungen (3.1)
b) einstellbare Wechselspannung (3.2)
c) geschaltetes Netzteil für TTL-Spannungen (3.3)
d) programmierbare Gleichspannungsquelle (3.4)

Jede dieser Funktionseinheiten bildet ein separates Netzgerät und kann daher auch einzeln aufgebaut und verwendet werden.

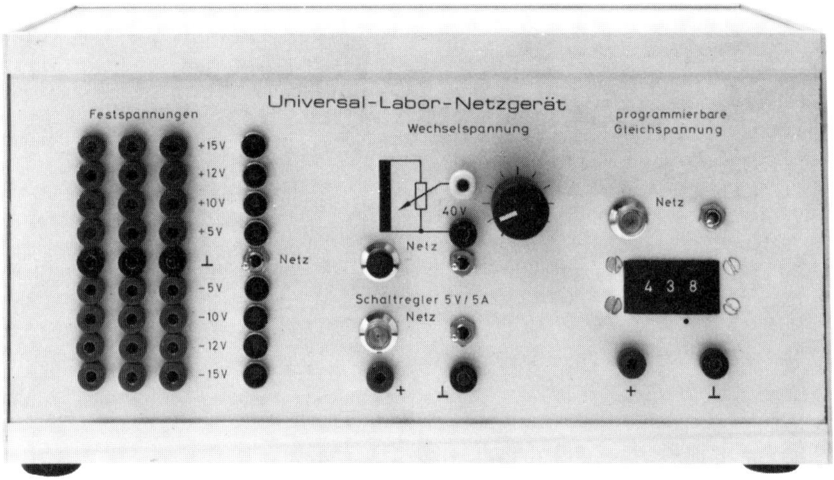

Universal-Labor-Netzgerät (Foto: Peter Groh/München)

Bei dem Festspannungs-Netzgerät haben wir acht Ausgangsspannungen, d. h. vier positive und vier negative Spannungen. Jeder Ausgang kann mit ca. 0,8 A bis 1 A belastet werden, ist kurzschlußfest und gegen negative Spannungen geschützt. Damit ergibt sich eine einfache, aber hochwirksame Schaltung für analoge und digitale Versuchsschaltungen.

Die Wechselspannung läßt sich in einem Bereich zwischen 0 V und 40 V stufenlos einstellen. Hierzu verwenden wir ein Potentiometer. Der Schleifer des Potentiometers ist mit einer Sicherung verbunden, damit im Kurzschluß- oder Überlastungsfall der Einsteller nicht beschädigt wird.

Bei TTL-Versuchen benötigt man neben einer stabilen Ausgangsspannung meistens einen großen Betriebsstrom. Ein geschaltetes Netzgerät arbeitet gegenüber den geregelten Netzgeräten mit einem wesentlich besseren Wirkungsgrad. Daher kann es in dem Labor-Netzgerät zu keinem Wärmestau kommen. Als Schaltregler verwenden wir dazu den 78S40 und erhalten einen Ausgangsstrom von $I_a = 5\,A$.

Eine Besonderheit in dem Netzgerät ist die programmierbare Spannungsquelle. Durch BCD-Codierschalter können wir zwischen 0,1 V und 50 V jeden Spannungswert auf 100 mV einstellen. Hierfür benötigen wir neben der einstellbaren Konstantspannungsquelle auch einen Digital-Analog-Wandler. Die Werte für die Ausgangsspannung geben wir in die Codierschalter nach dem dezimalen Zahlensystem ein. Die Codierschalter wandeln diese dezimalen Zahlen in den BCD-Code um und erzeugen hieraus einen bestimmten analogen Spannungswert. Durch den Operationsverstärker erfolgt dann der Vergleich zwischen der Ausgangsspannung des Netzgerätes und des analogen Spannungswertes.

3.1 Festspannungs-Netzteil

Für diesen Funktionsteil unseres Universal-Labor-Netzgerätes verwenden wir vier Spannungsregler vom Typ 78XX (oder 28XX) und vier 79XX (oder 29XX). Die Anordnung der einzelnen Spannungsregler ist in **Bild 3.1** gezeigt.

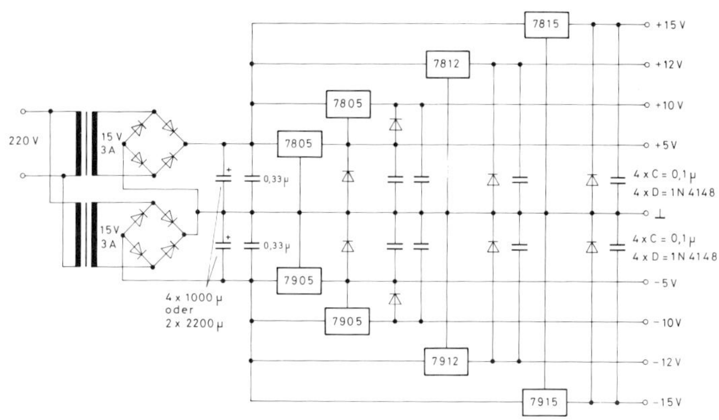

Bild 3.1 Schaltung der Festspannungen für Labor-Netzgerät

Über den Transformator erhalten wir zwei Sekundärspannungen mit je 15 V bei einem Ausgangsstrom von 3 A. Anschließend erfolgt eine Gleichrichtung mit Siebung. Auf diese Weise ergeben sich zwei unstabilisierte Gleichspannungen mit $15\,V \cdot \sqrt{2} = 21\,V$.

Die zwei unstabilisierten Gleichspannungen sind so verschaltet, daß wir eine positive und negative Schaltung erhalten. In der Mitte haben wir die gemeinsame Masse. Die positiven und negativen Spannungen liegen an den Eingängen der entsprechenden Spannungsregler. Die Masseanschlüsse sind mit der gemeinsamen Masseleitung verbunden, außer den Ausgängen $+U_a$ und $-U_a$ von 10 V. Diese Spannungen werden durch einen hochgelegten Massepunkt erreicht.

Die Spannungsregler 7805 und 7905 erzeugen einen Spannungsbetrag von $U_{XX} = 5\,V$. Diese Spannung bildet einmal eine direkte Ausgangsspannung und dient als Bezugspunkt für die Masse des anderen Reglers 7805 oder 7905. Auf diese Weise erhalten wir einen Spannungsbetrag von $U = 10\,V$.

Die Dioden an den Ausgängen schützen die einzelnen Spannungsregler vor negativen Spannungsspitzen, die über die Ausgänge die Spannungsregler beschädigen könnten.

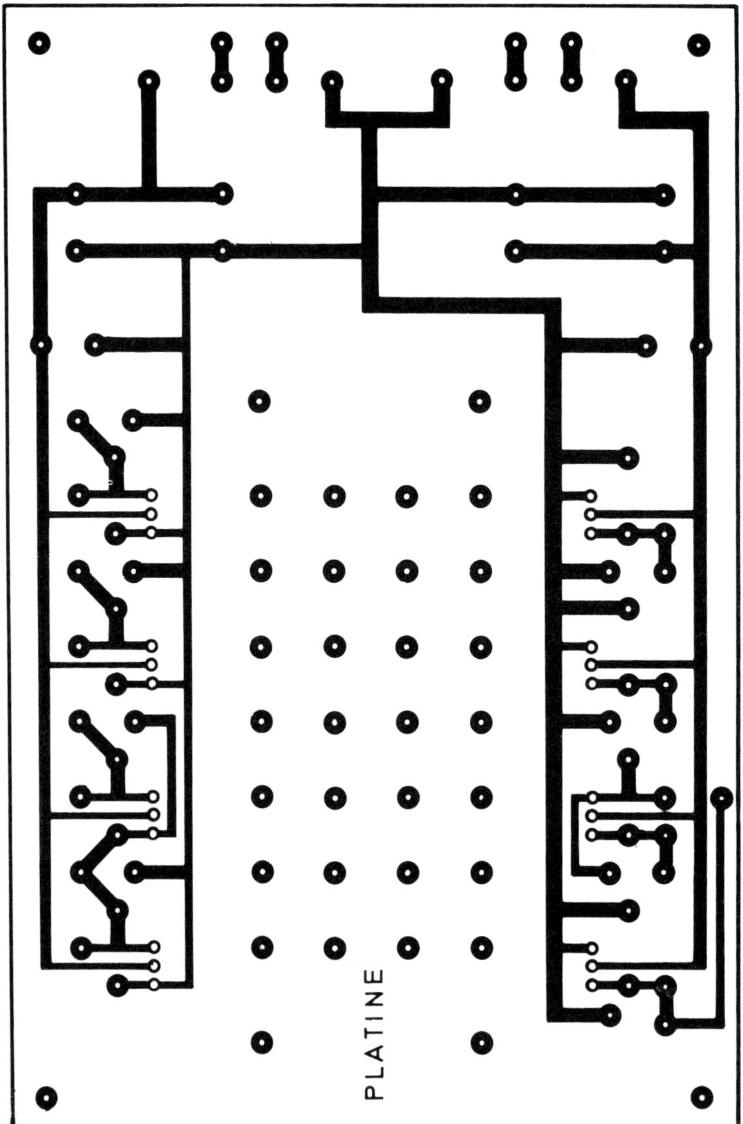

Bild 3.2 Platinenentwurf für die Festspannungen des Labor-Netzgerätes nach Bild 3.1

Bild 3.2 zeigt einen Entwurf für eine Platine und **Bild 3.3** den dazugehörigen Bestückungsplan. Der Transformator befindet sich aus Gewichtsgründen nicht auf der Platine, sondern ist direkt auf dem Chassis des Gehäuses montiert.

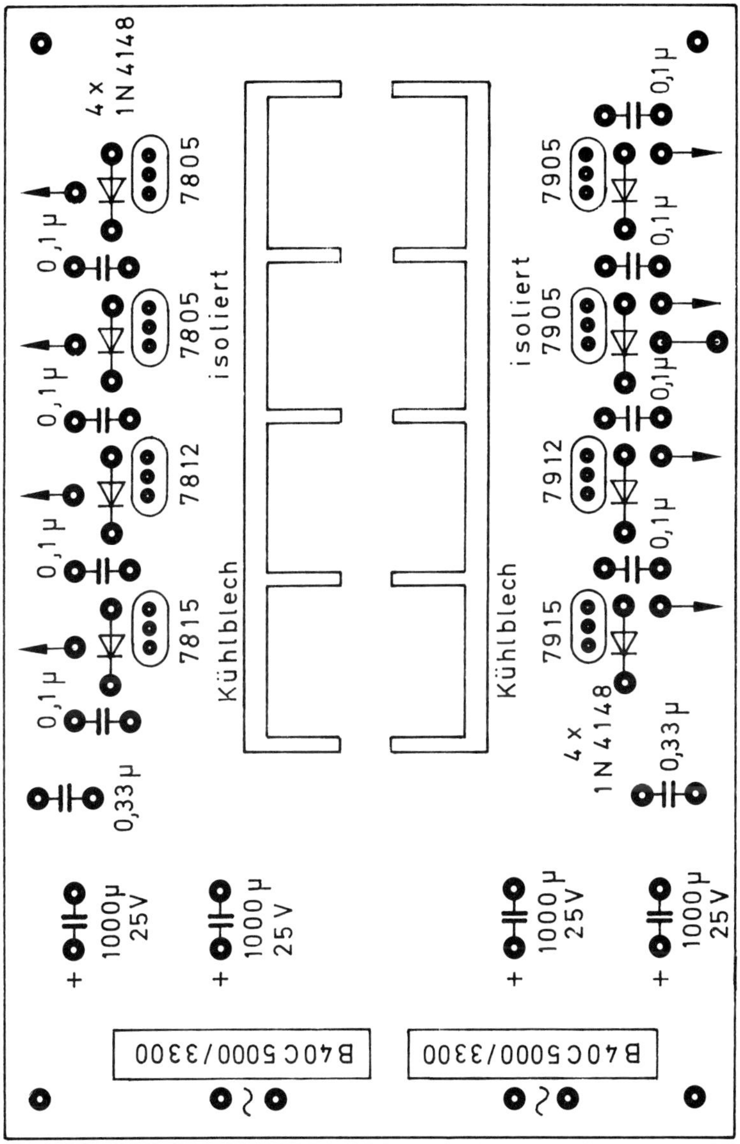

Bild 3.3 Bestückungsplan der Platine von Bild 3.2

In der Mitte der Platine befinden sich zahlreiche Bohrungen. Diese sollen als Belüftungslöcher für die beiden Kühlbleche dienen. Die beiden Kühlbleche sind senkrecht stehend auf der Platine zu befestigen. Dadurch erhalten wir eine Kaminwirkung und eine ausreichende Kühlung.

Auf jedem Kühlblech sind jeweils vier Spannungsregler montiert. Bis auf die beiden Regler für den Ausgangsspannungsbetrag von 10 V können wir diese direkt auf dem Kühlblech montieren. Diese Regler sind isoliert anzubringen. Bitte unterlegen Sie Glimmerscheiben mit entsprechenden Isolierbuchsen und Schrauben.

Bei der Montage der Spannungsregler auf den Kühlblechen ist Wärmeleitpaste zu verwenden. Damit läßt sich der Ausgangsstrom erhöhen, da die thermische Sicherung erst später anspricht.

Stückliste:
2 Spannungsregler 7805 oder 2805
2 Spannungsregler 7905 oder 2905
1 Spannungsregler 7812 oder 2812
1 Spannungsregler 7912 oder 2912
1 Spannungsregler 7815 oder 2815
1 Spannungsregler 7915 oder 2915
8 Dioden 1N4148, besser 1N4002
2 Gleichrichter B40C5000/3300
4 Kondensatoren 1000 µF/25 V oder 2 x 2200 µF/25 V
2 Kondensatoren 0,33 µF
8 Kondensatoren 0,1 µF
1 Transformator 2x15 V, 2x3 A

Der elektrische Aufbau der Schaltung ist einfach und bietet ein Höchstmaß an Betriebssicherheit.

Die einzelnen Ausgangsspannungen können wir mittels LED-Anzeigen (Einbaufassungen mit 5-mm-LED und Innenreflektor) anzeigen. Tritt an der betreffenden Ausgangsspannung ein Kurzschluß- oder Überlastungsfall auf, erlischt die LED und wir können in unserer Schaltung den Fehler suchen. Die LED dient dabei als Indikator für die Fehlersuche.

3.2 Einstellbare Wechselspannung

Für zahlreiche Versuche benötigen wir eine einstellbare Wechselspannung. Wie **Bild 3.4** zeigt, ist die technische Realisierung dieses Problems einfach.

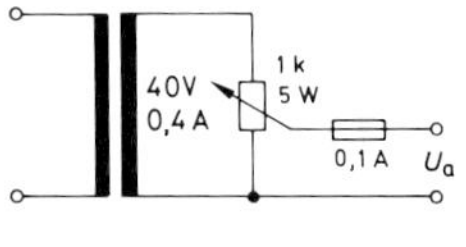

Bild 3.4 Schaltung für die einstellbare Wechselspannung des Labornetzgerätes

Wir haben einen Transformator, der uns sekundärseitig eine Spannung von $U_a = 40\,V$ erzeugt. Durch ein Potentiometer ergibt sich die Ausgangsspannung, die zwischen 0 V und 40 V stufenlos einstellbar ist.

Das Potentiometer hat einen Wert von 1 kΩ und ist belastbar bis zu 5 W. Zwischen dem Schleifer und dem Ausgang müssen wir unbedingt eine Sicherung einschalten. Vergessen wir die Sicherung, so wird im Kurzschluß- oder Überlastungsfall das Potentiometer zerstört.

3.3 Geschaltetes Netzteil für TTL-Spannungen (5 V/5 A)

Für die Digitaltechnik und Mikroprozessoren benötigen wir meistens ein Netzgerät mit einer konstanten Ausgangsspannung von $U_a = 5\,V$ bei einem Laststrom von $I_{amax} = 5\,A$. Die Restwelligkeit der Ausgangsspannung soll aber nicht größer als $U_{Br} = 0{,}2\,V$ sein.

Wir haben bei der technischen Realisierung eines Netzgerätes mit den Daten $U_a = 5\,V$ und $I_a = 5\,V$ zwei Möglichkeiten:

a) Wir verwenden einen Transformator mit 12 V/8 A, schalten dann einen Brückengleichrichter mit großen Kondensatorwerten nach und erhalten eine Gleichspannung von ca. 17 V. Diese geben wir auf den Spannungsregler 78H05. Die maximale Leistung an dem Regler 78H05 berechnet sich zu:

$$\begin{aligned} P_{max} &= (U_{gl} - U_a) \cdot I_{amax} \\ &= (17\,V - 5\,V) \cdot 5\,A \\ &= 12\,V \cdot 5\,A \\ &= 60\,W. \end{aligned}$$

An dem Spannungsregler wird eine Leistung von ca. 60 W „verbraten", wofür wir ein großes Kühlblech benötigen.

Wirkungsgrad

$$\eta = \frac{P_{ab}}{P_{max}} = \frac{5\,V \cdot 5\,A}{60\,W} = \frac{25\,W}{60\,W} = 0{,}42 = 42\,\%$$

Dieser Wirkungsgrad wird aber praktisch bei höchstens 35 % liegen.
Vorteil: Sehr einfacher Aufbau.
Nachteil: Der Spannungsregler 78H05 ist sehr teuer!

b) Wir verwenden einen Schaltregler 78S40.

Bild 3.5 zeigt uns die Schaltung für ein geschaltetes Netzgerät mit den Ausgangsdaten $U_a = 5\,V$ bei $I_a = 5\,A$.

Die Eingangsspannung beträgt $U_e = 30\,V$. Der Transformator muß daher eine Spannung von $U_{Tr} = 21\,V$ haben, d.h. wir können auch $U_{Tr} = 24\,V$ verwenden. Der mittlere Eingangsstrom ist $I_e = 1{,}1\,A$, wobei der Transformator unbedingt für $I_{Tr} = 2\,A$ ausgelegt sein soll.

Die Eingangsspannung liegt als Betriebsspannung an dem Schaltregler 78S40 und dem „Stromfühler"-Widerstand R_{SC}. Damit kann der Baustein 78S40 den

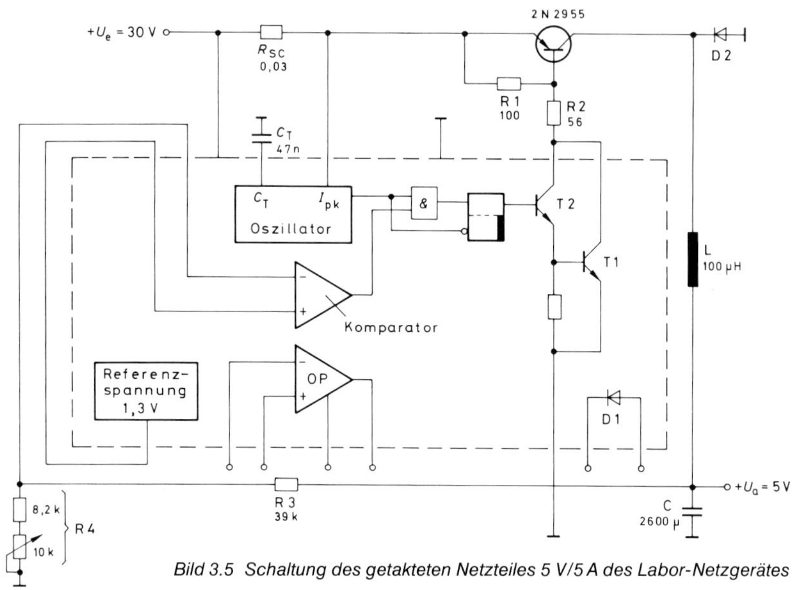

Bild 3.5 Schaltung des getakteten Netzteiles 5 V/5 A des Labor-Netzgerätes

Eingangsstrom für die Schaltung messen und entsprechend den Oszillator ansteuern. Der Spannungsunterschied ist

$$\begin{aligned} \triangle U &= I_{Bt} \cdot R_{SC} \\ &= 10\,A \cdot 0{,}03\,\Omega \\ &= 0{,}3\,V \end{aligned}$$

Der Betriebsstrom I_{Bt} beträgt ca. 10A und ist der maximale Eingangsstrom. Er tritt aber nur sehr kurzzeitig auf und belastet den Gleichrichter am Eingang nur wenig.

Nach dem Stromfühler liegt die Eingangsspannung an dem Schalttransistor 2N2955 (Gegenstück zum 2N3055) und über dem 100-Ω-Widerstand an der Basis.

Die Ansteuerung des Schalttransistors erfolgt durch die beiden internen Transistoren. Erhält T2 von dem Flipflop einen H-Pegel, kann ein Basisstrom für T1 fließen. Damit fließt über die beiden Widerstände R1 und R2 ein Strom gegen Masse ab. Dieser Strom ist

$$I_{R1/R2} = \frac{U_e}{R_1 + R_2} = \frac{30\,V}{100\,\Omega + 56\,\Omega} = \frac{30\,V}{156\,\Omega} = 0{,}2\,A$$

Schalten die beiden internen Transistoren des Schaltreglers durch, wird die Basis von dem Schalttransistor negativ. Da wir einen PNP-Typ verwenden, wird dieser leitend und es kann ein Strom über die Induktivität L fließen, der den Kondensator C auflädt.

Das Verhältnis von ON-Zeit zu der OFF-Zeit, also Ein- und Aus-Zeit, ist 4:1, mit einer OFF-Zeit von 150 µs und einer ON-Zeit von 38 µs.

Die Regelung der Ausgangsspannung erfolgt durch den Spannungsteiler von R3 und R4. Die Spannung des Teilers wird durch den internen Komparator mit der Referenzspannungsquelle von $U_{ref} = 1{,}3\,V$ verglichen. Mit dem Einsteller an dem Widerstand R4 können wir die Ausgangsspannung auf $U_a = 5\,V$ abgleichen und damit die Bauteiletoleranzen eliminieren.

Der Ausgangsspannungsbereich bei der Schaltung beträgt:

$$U_a = U_{ref} \cdot \left(1 + \frac{R_3}{R_4}\right)$$

$$U_{amax} = 1{,}3\,V \left(1 + \frac{39\,k\Omega}{8{,}2\,k\Omega}\right) = 1{,}3\,V\ (1 + 4{,}76) = 1{,}3\,V \cdot 5{,}76 = 7{,}5\,V$$

$$U_{amin} = 1{,}3\,V \left(1 + \frac{39\,k\Omega}{18{,}2\,k\Omega}\right) = 1{,}3\,V\,(1 + 3{,}14) = 1{,}3\,V \cdot 4{,}14 = 4{,}1\,V$$

Mit dem Einsteller können wir die Ausgangsspannung zwischen 4,1 V und 7,5 V auf genau $U_a = 5\,V$ einstellen.

Ein Problem in dieser Schaltung ist die Induktivität. Wenn wir eine Luftspule verwenden, errechnet sich der Windungswert aus folgender Gleichung:

$$N = \sqrt{\frac{L \cdot l}{\mu_r \cdot \mu_o \cdot A}}$$

L = Induktivität in Henry
l = mittlere Feldlinienlänge in cm
μ_r = relative Permeabilität (Luftspulen = 1)
μ_o = absolute Permeabilität $1{,}25 \cdot 10^{-8}$
A = Querschnitt in cm^2

Die Induktivität von der Schaltung ist uns gegeben, nämlich $L = 100\,\mu H$. Als mittlere Feldlinienlänge nehmen wir einen Wert von $l = 2\,cm$ an. Die Faktoren μ_r und μ_o sind bekannt. Die Spule soll einen Durchmesser von 5 cm haben. Aus dem Durchmesser kann der Querschnitt der Spule berechnet werden:

$$A = \frac{d^2 \cdot \pi}{4} = 25\,cm^2 \cdot 0{,}785 = 19{,}625\,cm^2$$

Die Werte setzen wir in die Gleichung zur Berechnung der Windungszahlen ein und erhalten:

$$N = \sqrt{\frac{0{,}1 \cdot 10^{-3} \cdot 2}{1 \cdot 1{,}25 \cdot 10^{-8} \cdot 19{,}625}} = \sqrt{\frac{0{,}2 \cdot 10^{-3}}{24{,}53 \cdot 10^{-8}}} = \sqrt{815} = 28{,}5 \approx 29 \text{ Windungen.}$$

Die Spule hat 29 Windungen.

Das Wickeln der Spule ist kein Problem. Wir suchen uns einen runden Gegenstand mit einem Durchmesser von 5 cm und wickeln um diesen einen isolierten Draht mit einem Querschnitt von 0,8 mm^2.

Wesentlich interessanter wird die Spule, wenn wir einen Ferritkern verwenden. Eisenkerne sind ungeeignet, da der 78S40 mit einer Schaltfrequenz von 20 kHz arbeitet, wodurch sich die Eisenkerne zu stark erhitzen würden.

Wir verwenden einen Schnittbandkern mit einem Durchmesser von 1 cm und einer relativen Permeabilität von $\mu_r = 500$. Der Querschnitt der Fläche ist 0,785 cm^2 und die mittlere Feldlinienlänge ist 3,14 cm.

$$N = \sqrt{\frac{0{,}1 \cdot 10^{-3} \cdot 3{,}14}{500 \cdot 1{,}25 \cdot 10^{-8} \cdot 0{,}785}}$$

$$= \sqrt{\frac{0{,}314 \cdot 10^{-3}}{4{,}9 \cdot 10^{-6}}}$$

$$= \sqrt{64}$$

$$= 8 \text{ Windungen.}$$

Bei Verwendung eines Schnittbandkernes benötigen wir nur noch 8 Windungen mit einem Draht von ca. 1 mm^2.

Die beiden gezeigten Rechnungsbeispiele sind aber trotzdem nur annähernd richtig. Die Praxis zeigt, daß ein geschaltetes Netzgerät selten sofort richtig funktioniert. Dies liegt meistens an der unterschiedlichen Induktivität.

Bild 3.6 zeigt die Platine für das geschaltete Netzgerät und **Bild 3.7** den dazugehörigen Bestückungsplan.

Stückliste:

1 Transformator 20 V/5 A oder 24 V/5 A
1 Gleichrichter 60 V/5 A
1 Kondensator 10 000 µF/6,3 V
2 Kondensatoren 1000 µF/35 V
1 Kondensator 50 nF
3 Widerstände 0,1 Ω/2 W
1 Widerstand 56 Ω/1 W
1 Widerstand 100 Ω/1 W
1 Widerstand 8,2 kΩ/0,5 W
1 Widerstand 39 kΩ/0,5 W
1 Einsteller 10 kΩ
1 Schaltregler 78S40
1 Diode BY203

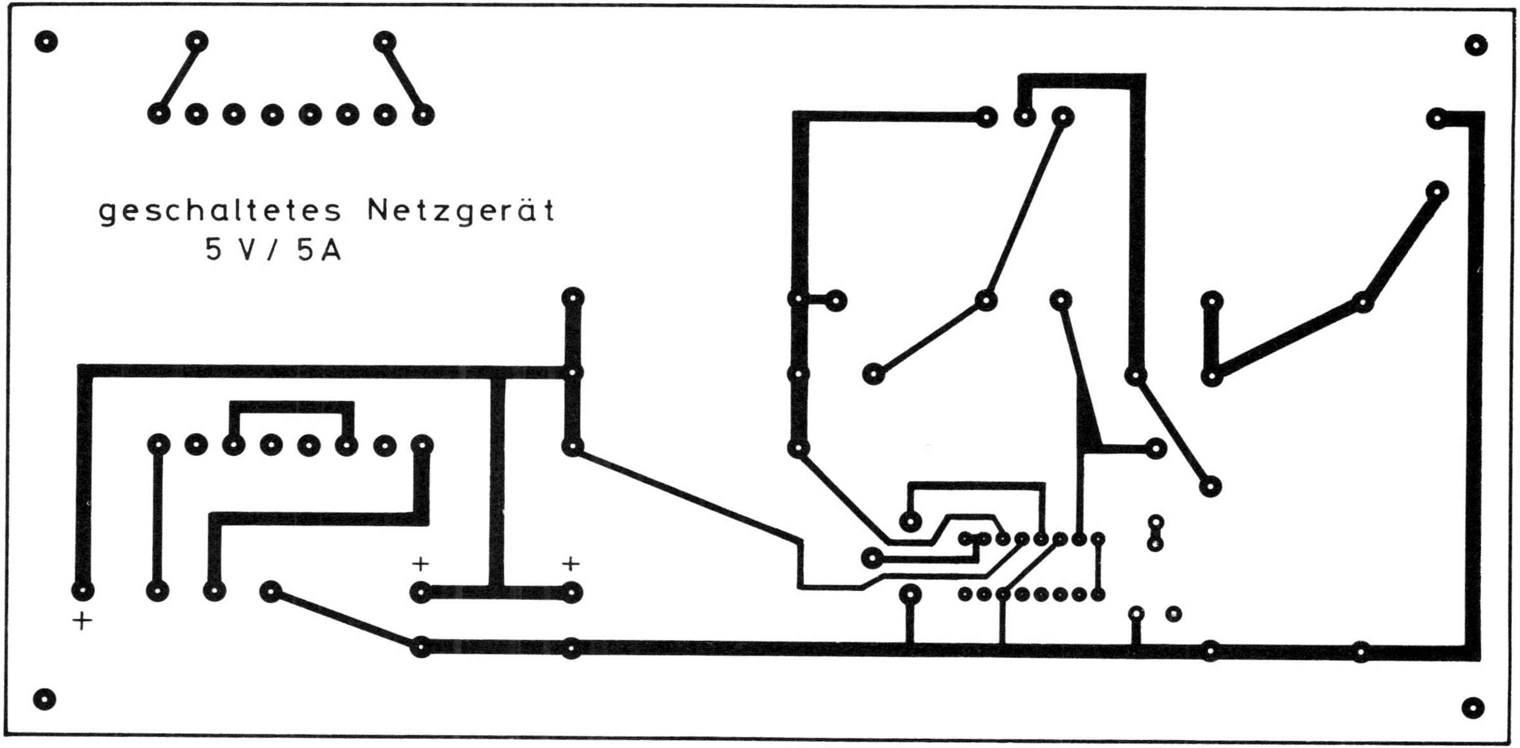

Bild 3.6 Platinenentwurf für das getaktete Netzteil von Bild 3.5

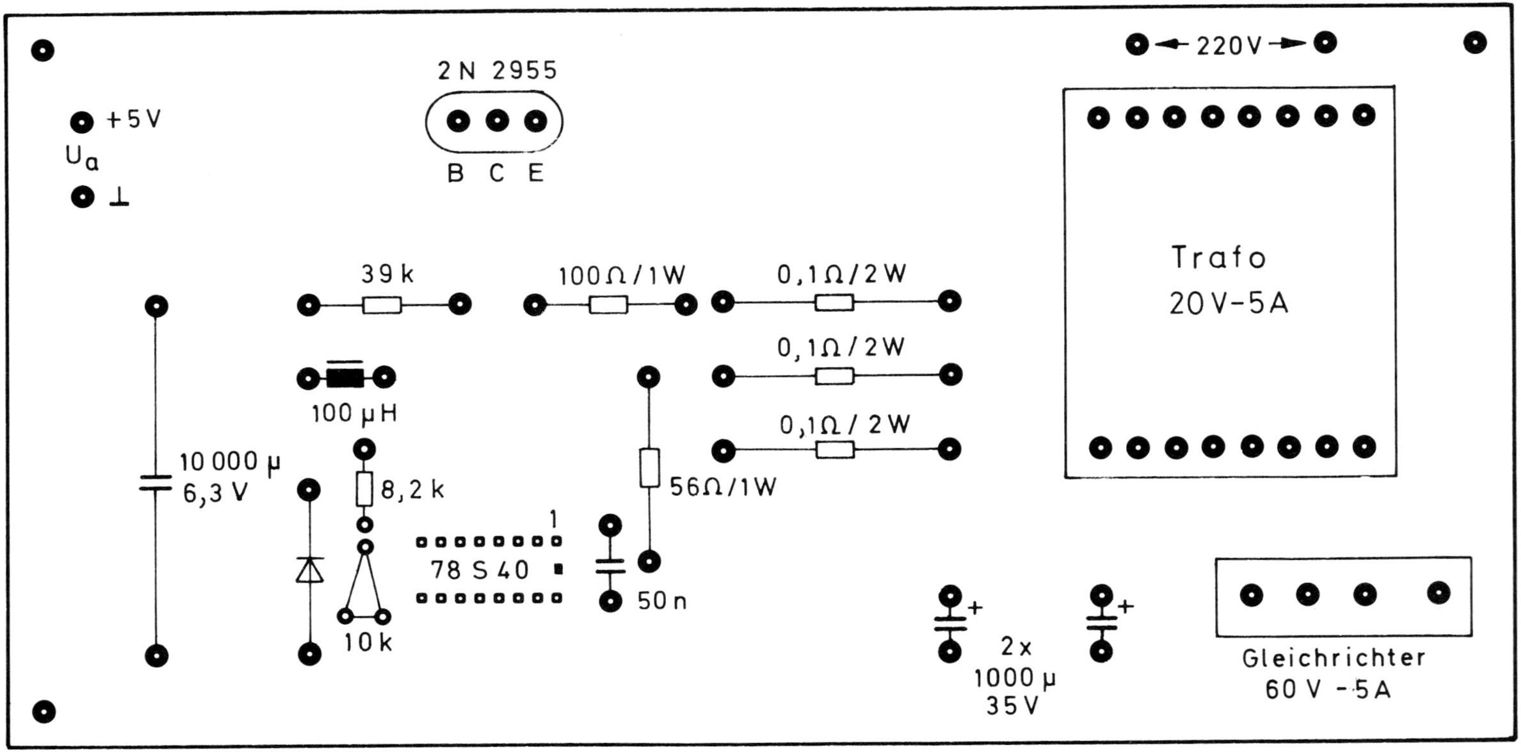

Bild 3.7 Bestückungsplan für die Platine in Bild 3.6

Der Netzspannungs-Transformator wird direkt auf der Platine montiert, wobei möglichst ein Schnittbandtyp zu verwenden ist.

Der Schalttransistor 2N2955 ist auf ein Kühlblech zu montieren, das aber keine elektrische Verbindung zu den Leiterbahnen auf der Platine haben darf.

Bitte achten Sie auf die Polarität der einzelnen Bauelemente.

Als Kondensator am Ausgang des Netzgerätes haben wir statt des vorgeschriebenen Wertes von $C = 2600\,\mu F$ einen Wert mit $C = 10\,000\,\mu F$. Dadurch verbessert sich die Restwelligkeit unseres Ausganges von $U_{Br} = 0{,}1\,V$ auf $U_{Br} \approx 0{,}05\,V$. Eine weitere Verbesserung ist nicht mehr möglich, da diese nur noch von dem integrierten Schaltregler 78S40 abhängig ist.

3.4 Programmierbare Gleichspannungsquelle (0 V–50 V, $I_a = 1\,A$)

Der Einstellbereich der programmierbaren Gleichspannungsquelle reicht von 0,1 V bis 50 V. Dabei können wir über Codierschalter jeden Wert auf 0,1 V genau einstellen. Die Schaltung ist aber so ausgelegt, daß bei einem eingestellten Wert von 00,0 V eine Ausgangsspannung von ca. 0,001 V am Ausgang ansteht.

Der Ausgangsstrom ist dagegen weder einstellbar noch programmierbar. Trotzdem ist eine Stromeinstellung möglich, wenn wir die Schaltung etwas abändern und an der Frontplatte unseres Gerätes ein Potentiometer anbringen.

Die programmierbare Gleichspannungsquelle bringt uns eine wesentliche Arbeitserleichterung im Elektronik-Labor. Entwickeln wir z. B. ein Gerät, so stellen wir einen Wert von 12,0 V durch die Codierschalter ein. Innerhalb Bruchteile einer Sekunde hat sich die Ausgangsspannung auf diesen Wert eingestellt, wobei kein Überspannungs-Überschwingen auftritt. Funktioniert die entwickelte Schaltung, so können wir durch die Codierschaltung die Betriebsspannung einfach verstellen, z. B. auf 13,0 V, 11,5 V oder auf einen anderen beliebigen Wert. Dabei ersparen wir uns die Sichtkontrolle auf ein Meßgerät, das die Betriebsspannung anzeigt, und wir können uns auf die eigentliche Schaltung einschließlich der Meßgeräte konzentrieren.

Setzen wir die programmierbare Gleichspannungsquelle im Service bei der Fehlersuche ein, so können wir jede Betriebsspannung schnell und sicher einstellen. Dies ist besonders interessant, wenn in dem defekten Gerät ein thermischer Fehler, der noch spannungsabhängig ist, auftritt. Das Gerät wird in einer Klimakammer installiert und auf eine bestimmte Umgebungstemperatur gebracht. Durch die Codierschalter verändern wir die Betriebsspannung so, bis der Fehler auftritt. Verwenden wir hierzu ein anderes Netzgerät, kann beim Einstellen der Betriebsspannung der Spannungswert etwas überschwingen und das Gerät reagiert sofort.

Als Netzgerät verwenden wir die Schaltung von Bild 2.1. Hieran nehmen wir aber Veränderungen vor, wir die Schaltung von **Bild 3.8** zeigt. Die stufenlose Stromeinstellung entfällt, ebenso das Potentiometer für die Spannungseinstellung.

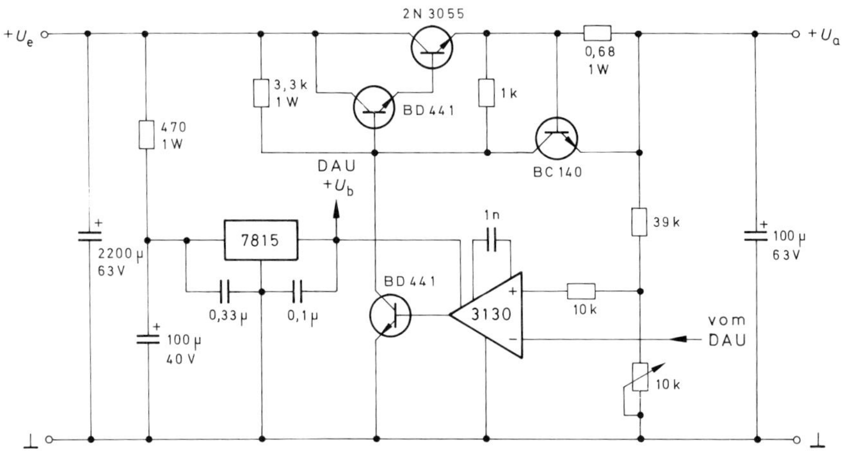

Bild 3.8 Netzgerät für programmierbare Spannungsquelle

Der Strombegrenzungswiderstand muß einen Wert von

$$R = \frac{U_{BE}}{I_{max}} = \frac{0{,}7\,V}{1\,A} = 0{,}7\,\Omega$$

aufweisen. Als Normwert verwenden wir 0,68 Ω/1 W.

Die Ausgangsspannung von unserer programmierbaren Gleichspannungsquelle wird mittels eines Digital-Analog-Wandlers eingestellt. Die Werte für die Ausgangsspannung geben wir im dezimalen Zahlensystem an den Codierschaltern ein, d.h. die Eingabe der Daten für die Ausgangsspannung erfolgt digital. Der Wandler hat nun die Aufgabe, den digitalen Wert der eingegebenen Daten in einen analogen Wert umzuwandeln und diesen als SOLL-Wert auf den nichtinvertierenden Eingang des Operationsverstärkers zu geben.

Der Digital-Analog-Wandler arbeitet im Dual-Code oder BCD-Code. Andere Codes sind für die Umwandlung möglich, jedoch ist der mathematische Aufwand bei der Berechnung der einzelnen Bauelemente sehr groß.

Zahlensysteme für Digital-Analog-Wandler:

Dezimal	BCD				Dual				Hexadezimal
10^0	2^3	2^2	2^1	2^0	2^3	2^2	2^1	2^0	16^0
0	0	0	0	0	0	0	0	0	0
1	0	0	0	1	0	0	0	1	1
2	0	0	1	0	0	0	1	0	2
3	0	0	1	1	0	0	1	1	3
4	0	1	0	0	0	1	0	0	4
5	0	1	0	1	0	1	0	1	5
6	0	1	1	0	0	1	1	0	6
7	0	1	1	1	0	1	1	1	7
8	1	0	0	0	1	0	0	0	8
9	1	0	0	1	1	0	0	1	9
–	–	–	–	–	1	0	1	0	A
–	–	–	–	–	1	0	1	1	B
–	–	–	–	–	1	1	0	0	C
–	–	–	–	–	1	1	0	1	D
–	–	–	–	–	1	1	1	0	E
–	–	–	–	–	1	1	1	1	F

Das dezimale Zahlensystem reicht einstellig von 0 bis 9. Danach erfolgt der Übertrag auf eine zweite Stelle, der Zehnerstelle. Der BCD-Code (Binär-Codierte-Dezimalzahl) ist vierstellig und reicht ebenfalls von 0 bis 9. Es erfolgt ein Übertrag auf eine zweite Tetrade, die vierstellig ist:

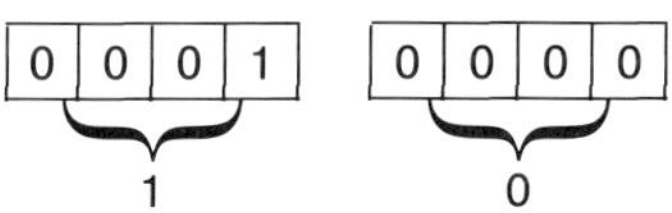

Eine vierstellige Tetrade hat aber 16 Möglichkeiten. Diese werden von dem Dual-Code voll ausgeschöpft. Erst dann erfolgt der Übertrag in eine fünfstellige Zahl. Für die Darstellung des Dual-Codes verwendet man das hexadezimale oder sedezimale Zahlensystem. Weitere Informationen entnehmen Sie bitte aus meinem Fachbuch „Hochintegrierte Digitalschaltungen und Mikroprozessoren", erschienen im Pflaum-Verlag München.

Bild 3.9 zeigt einen Digital-Analog-Wandler für den Dual- und BCD-Code. Während wir bei dem dualen System einen Wertebereich von 16 Möglichkeiten haben, erhalten wir beim BCD-System nur 10 Möglichkeiten.

Wir haben in der Schaltung einen Operationsverstärker, der den IST-Wert mit dem SOLL-Wert vergleicht. Den IST-Wert erhalten wir durch einen Spannungsteiler und dieser Wert steuert den invertierenden Eingang an. Den SOLL-Wert erzeugen wir uns durch eine Referenzspannung, vier Schalter und vier entsprechend abgestufte Widerstände.

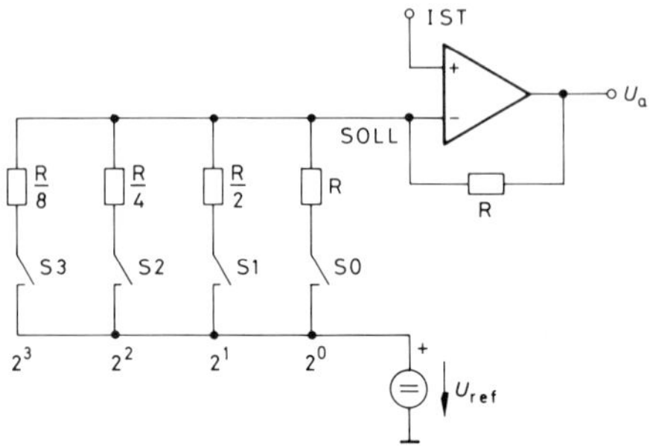

Bild 3.9 Aufbau eines einfachen Digital-Analog-Wandlers

Sind die vier Schalter offen, so hat der SOLL-Wert keinen definierten Wert und es kann einen Offset-Fehler geben. Diesen Fall können wir aber vermeiden, wenn wir statt einfachen Schaltern Umschalter verwenden, wie dies in **Bild 3.10** der Fall ist. Schließen wir den Schalter S0, liegt die Referenzspannung an und wir erhalten eine Verstärkung von $v = 1$, da der Eingangswiderstand und der Gegenkopplungswiderstand gleich groß sind. Haben wir eine Eingangsspannung von $U_{ref} = 1\,V$, ergibt sich am Ausgang eine Spannung von $U_a = 1\,V$, wenn der IST-Wert gleich Null ist. Da aber der Gegenkopplungswiderstand in der Schaltung von Bild 3.8 nicht vorhanden ist und es sich um eine Regelschaltung handelt, hat die Ausgangsspannung eine bestimmte Regelabweichung.

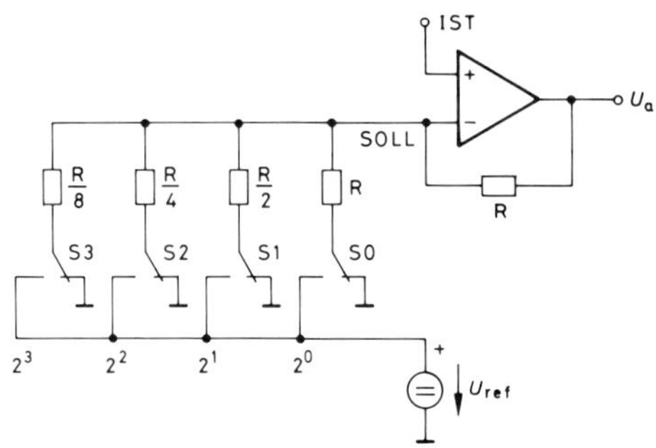

Bild 3.10 Aufbau eines Digital-Analog-Wandlers mit Umschaltern

Schließen wir den Schalter S1, ergibt sich eine Ausgangsspannung bzw. Regelabweichung um $U_a = 2\,V$, da der Eingangswiderstand nun $0{,}5 \cdot R$ ist. Beim Schließen von Schalter S2 erhalten wir eine Ausgangsspannung bzw. Regelabweichung von $U_a = 4\,V$ und beim Schalter S3 von $U_a = 8\,V$, wobei die Spannung von dem IST-Wert gleich Null sein muß.

Auf diese Weise ergibt sich bei einer Referenzspannung von $U_{ref} = 1\,V$ folgende Spannungstabelle:

Schalter				U_a in V	U_a in V
S3	S2	S1	S0	bei BCD	bei Dual
L	L	L	L	0	0
L	L	L	H	1	1
L	L	H	L	2	2
L	L	H	H	3	3
L	H	L	L	4	4
L	H	L	H	5	5
L	H	H	L	6	6
L	H	H	H	7	7
H	L	L	L	8	8
H	L	L	H	9	9
H	L	H	L	–	10
H	L	H	H	–	11
H	H	L	L	–	12
H	H	L	H	–	13
H	H	H	L	–	14
H	H	H	H	–	15

Mit jedem L-Pegel ist der Schalter offen und bei H-Pegel geschlossen. Aus dieser Tabelle können wir folgende Gleichung für die Berechnung der Ausgangsspannung formulieren:

$$-U_a = U_{ref} \cdot \frac{R_2}{R_1} \cdot (8 \cdot S3 + 4 \cdot S2 + 2 \cdot S1 + S0).$$

Je nach Schalterstellung oder Schalterwertigkeit ergibt sich eine andere Ausgangsspannung. Der Widerstand R2 ist der Gegenkopplungswiderstand und R1 der Eingangswiderstand.

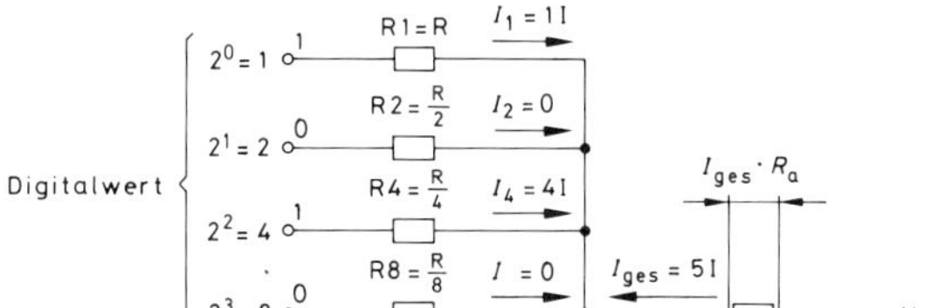

Bild 3.11 Ströme und Wertigkeiten bei einem Digital-Analog-Wandler

Bei der Schaltung von **Bild 3.11** haben wir das Netzwerk des Operationsverstärkers für die Ströme. Jeder Teilstrom steht in folgendem Verhältnis:

$$I_1 : I_2 : I_4 : I_8 = 1 : 2 : 4 : 8.$$

Wir erkennen hier die Wertigkeit des Dual- bzw. BCD-Codes. Da sich die Widerstände genau umgekehrt wie die einzelnen Ströme verhalten, ergeben sich folgende Werte:

$$I_1 : I_2 : I_4 : I_8 = R_8 : R_4 : R_2 : R_1$$
$$1 : 2 : 4 : 8 = R_8 : R_4 : R_2 : R_1$$
$$1 : 1/2 : 1/4 : 1/8 = R_8 : R_4 : R_2 : R_1$$

oder

$$R_1 = R$$
$$R_2 = R/2$$
$$R_4 = R/4$$
$$R_8 = R/8$$

Wir wählen für den Widerstand R einen bestimmten Wert und können so die anderen Widerstände festlegen. Als Beispiel verwenden wir $R = 100\,\text{k}\Omega$ und erhalten:

$$R_1 = 100\,\text{k}\Omega$$
$$R_2 = 50\,\text{k}\Omega$$
$$R_4 = 25\,\text{k}\Omega$$
$$R_8 = 12{,}5\,\text{k}\Omega$$

Bei der Schaltung von Bild 3.10 sind die Schalter S0 und S2 geschlossen. Über die beiden geschlossenen Schalter steht die Referenzspannung mit $U_{ref} = 1\,\text{V}$ an. Dadurch fließen über die beiden Widerstände bestimmte Ströme, die sich an dem gemeinsamen Knotenpunkt zu $5 \cdot I$ addieren. Damit ergibt sich dann eine Ausgangsspannung von $5 \cdot U_{ref}$, wie wir bereits im IC-Hobby, Teil 1, gesehen haben.

Wichtig bei dieser Schaltung von Bild 3.10 ist die Stabilität der Referenz- oder Vergleichsspannung. Daher haben wir bei der programmierbaren Spannungsquelle keinen integrierten Baustein 3086 zur Erzeugung der Betriebs- und Vergleichsspannung, sondern wir verwenden einen integrierten Spannungsregler. Verwenden wir aber trotzdem die Schaltung mit der Transistor-Anordnung 3086, bricht die Vergleichsspannung bei diesem Digital-Analog-Wandler zusammen.

Wichtig für die Betrachtung von unserem Digital-Analog-Wandler sind die Fehler in der Umsetzung, die durch die einzelnen Widerstände entstehen. Haben die einzelnen Werte der Widerstände Toleranzen, ergeben sich für den SOLL-Wert erhebliche Spannungsunterschiede. Da dieser Fehler beim Umschalten durch die Schalter auftritt, spricht der Elektroniker vom „Umschaltfehler". Hierbei müssen wir noch folgendes beachten: Der Umschaltfehler ist nicht konstant, sondern hängt immer von dem Eingangswiderstand ab. Wir haben daher einen „relativen Umschaltfehler".

Der Widerstand R vom Eingang 2^0 soll eine Toleranz von 10 % haben, wodurch der Wert z.B. $R_1 = 90\,\text{k}\Omega$ ist. Wir erhalten eine Ausgangsspannung von 1,1 V und haben einen Umschaltfehler von $\triangle U_{er} = 0{,}1\,\text{V}$ (er ≙ error ≙ Fehler). Kritisch wird der Fehler aber bei dem Widerstand $R8$, so ändert sich hier die Ausgangsspannung um $\triangle U_{er} = 0{,}8\,\text{V}$, d.h. U_a ist dann 8,8 V.

Das Spannungsdiagramm von **Bild 3.12** stellt die Umwandlung von digitalen Informationen in eine analoge Ausgangsgröße dar. Mit jeder digitalen Information bestimmen wir eine andere Ausgangsgröße. Beginnen wir bei 0 und zählen wir bis 9 (BCD) bzw. (HEX), ergibt sich eine Treppenspannung. Sind nun die Widerstände von unserem Digital-Analog-Wandler genau nach den Berechnungen, so erhalten wir eine präzise Treppenspannung, d.h. jede Spannungstreppe ist $U_{\text{Treppe}} = 1\,\text{V}$ hoch. Die Treppenspannung bewegt sich hier um den Idealwert.

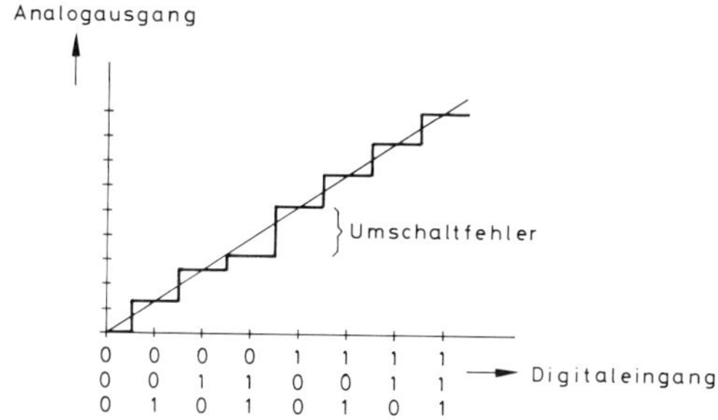

Bild 3.12 Relativer Fehler bei Digital-Analog-Wandlern

Sind jedoch die Widerstände ungenau, d.h. sie haben Toleranzen, ergibt sich ein relativer Fehler und wir erhalten eine Linearitätsabweichung. Kritisch wird die Abweichung bei den Widerständen R/4 und R/8.

Der Linearitätfehler wird auch durch das Spannungsdiagramm von **Bild 3.13** deutlich, wenn z.B. die Widerstände R und R/2 nicht richtig dimensioniert sind.

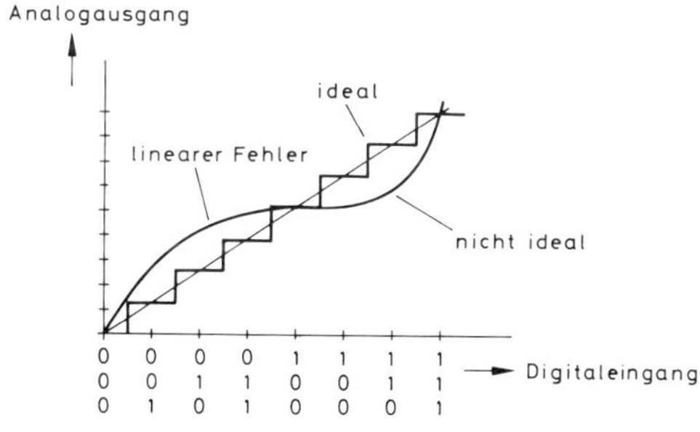

Bild 3.13 Umschaltfehler bei Digital-Analog-Wandlern

Wir erhalten unterschiedliche Treppenspannungen, die sich um den idealen Wert entsprechend ändern. Der Fehler ist hierbei zwar nicht groß, jedoch sind diese Werte für unsere programmierbare Spannungsquelle ungeeignet.

Bei dem BCD-Code erreichen wir eine Ausgangsspannung von $U_a = 9\,\text{V}$. Ist diese Spannung größer oder kleiner, haben wir ebenfalls einen Linearitätsfehler. Er kann von den einzelnen Widerständen verursacht worden sein oder durch Zusammenbruch der Vergleichs- oder Referenzspannung. Daher verwenden wir in unserem Netzgerät nicht den Baustein 3086, sondern einen integrierten Spannungregler.

Bei den bisher gezeigten Schaltungen über Digital-Analog-Wandler haben wir nur vier Schalter verwendet und gaben unsere Informationen entweder im Dual- oder BCD-Code ein. Erweitern wir die Umsetzmöglichkeiten des Wandlers, so müssen wir zwischen den beiden Codes Wertezuordnungen unterscheiden.

Beim Dual-Code erhalten wir folgende Wertigkeiten für die Widerstände und Ausgangsspannungen bei $U_{ref} = 0{,}1\,V$.

2^0	$\triangleq$	1	$\rightarrow$	100 kΩ	$U_a =$	0,1 V
2^1	$\triangleq$	2	$\rightarrow$	50 kΩ	$U_a =$	0,2 V
2^2	$\triangleq$	4	$\rightarrow$	25 kΩ	$U_a =$	0,4 V
2^3	$\triangleq$	8	$\rightarrow$	12,5 kΩ	$U_a =$	0,8 V
2^4	$\triangleq$	16	$\rightarrow$	6,25 kΩ	$U_a =$	1,6 V
2^5	$\triangleq$	32	$\rightarrow$	3,125 kΩ	$U_a =$	3,2 V
2^6	$\triangleq$	64	$\rightarrow$	1,5625 kΩ	$U_a =$	6,4 V
2^7	$\triangleq$	128	$\rightarrow$	781,25 Ω	$U_a =$	12,8 V
2^8	$\triangleq$	256	$\rightarrow$	390,0625 Ω	$U_a =$	25,6 V

Die letzte Stelle können wir nicht verwenden, da der Operationsverstärker 3130 eine maximale Ausgangsspannung von $U_a = 15\,V$ hat.

Wenn wir nun diesen Digital-Analog-Wandler technisch realisieren, so scheitert dies an der Vielzahl von Widerständen. Jeder Schalter benötigt für die Eingabe einen anderen Widerstandswert und es ergeben sich Probleme mit dem relativen Linearitätsfehler.

Ein weiteres Problem im Dual-Code ist die Eingabe der digitalen Informationen. Wir müssen jeden Wert erst umrechnen und dann eingeben oder wir sind gute Kopfrechner, die den Wert schnell umrechnen.

Für den BCD-Code erhalten wir für die Widerstände und Ausgangsspannungen folgende Wertigkeiten bei $U_{ref} = 0{,}1\,V$:

$1 \cdot 2^0$	$\triangleq$	1	$\rightarrow$	100 kΩ	$U_a =$	0,1 V
$1 \cdot 2^1$	$\triangleq$	2	$\rightarrow$	50 kΩ	$U_a =$	0,2 V
$1 \cdot 2^2$	$\triangleq$	4	$\rightarrow$	25 kΩ	$U_a =$	0,4 V
$1 \cdot 2^3$	$\triangleq$	8	$\rightarrow$	12,5 kΩ	$U_a =$	0,8 V
$10 \cdot 2^0$	$\triangleq$	10	$\rightarrow$	10 kΩ	$U_a =$	1,0 V
$10 \cdot 2^1$	$\triangleq$	20	$\rightarrow$	5 kΩ	$U_a =$	2,0 V
$10 \cdot 2^2$	$\triangleq$	40	$\rightarrow$	2,5 kΩ	$U_a =$	4,0 V
$10 \cdot 2^3$	$\triangleq$	80	$\rightarrow$	1,25 kΩ	$U_a =$	8,0 V

Ein Vergleich der beiden Tabellen zeigt den Unterschied zwischen dem Dual- und BCD-Code bei Digital-Analog-Wandlern.

Die Eingabe der Daten im BCD-Code erfolgt über spezielle Ziffernschalter, die auch als BCD-Codierschalter bezeichnet werden. **Bild 3.14** zeigt den Aufbau eines Codierschalters. An den gemeinsamen Eingang U_b legen wir die Betriebsspannung oder Masse an, je nach Anwendungsfall.

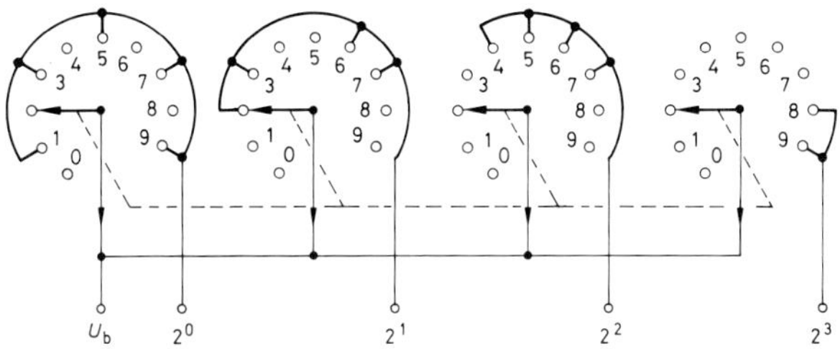

Bild 3.14 Interner Aufbau eines Codierschalters für den BCD-Code

Der Codierschalter ist in vier Ebenen unterteilt, wobei jede Ebene eine andere Wertigkeit für den BCD-Code erzeugt. Wir erhalten folgende Zuordnungen:

Dezimalzahl	2^3	2^2	2^1	2^0
0	L	L	L	L
1	L	L	L	H
2	L	L	H	L
3	L	L	H	H
4	L	H	L	L
5	L	H	L	H
6	L	H	H	L
7	L	H	H	H
8	H	L	L	L
9	H	L	L	H

H $\triangleq + U_b$
L $\triangleq$ 0V

Die Zahlen von A bis F im Dual-Code können durch den Codierschalter nicht erreicht werden.

Der große Nachteil bei den Digital-Analog-Wandlern ist die Vielzahl der Widerstände. Dadurch sind diese Systeme auch sehr teuer.

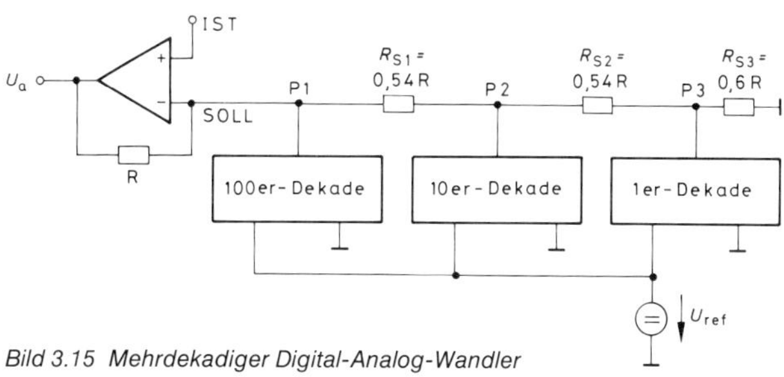

Bild 3.15 Mehrdekadiger Digital-Analog-Wandler

Einen anderen Schaltungsweg beschreitet die Schaltung von **Bild 3.15**. Hier haben wir drei identische Dekaden, die wir über ein separates Netzwerk zusammenfassen. Die 1er-Dekade steuert den Spannungsteiler am Punkt P3 an. Damit setzt sich der Spannungsteiler aus

$$\frac{R_{S3}}{R_{S1} \cdot R_{S2} + R_{S3}}$$

zusammen. Die 10er-Dekade steuert den Punkt P2 an und daraus ergibt sich

$$\frac{R_{S2} \cdot R_{S3}}{R_{S1} + R_{S2} \cdot R_{S3}} \quad .$$

Mit der 100er-Dekade steuern wir den Punkt P1 von dem Netzwerk an. Es ist kein Widerstand in Richtung des Operationsverstärkers mehr vorhanden. Der Ableitwiderstand zwischen invertierendem Operationsverstärker-Eingang und Masse setzt sich zusammen aus

$$R_{S1} + R_{S2} + R_{S3}.$$

Die Berechnung der Kopplungswiderstände zwischen den einzelnen Dekaden ist recht umständlich und aufwendig, weshalb hier darauf nicht weiter eingegangen wird. Es ergeben sich folgende Multiplikationsfaktoren für die einzelnen Kopplungswiderstände:

$$R_{S1} = 0{,}54 \cdot R$$
$$R_{S2} = 0{,}54 \cdot R$$
$$R_{S3} = 0{,}6 \cdot R.$$

Wählen wir als Bezugswiderstand den Wert $R = 100\,\text{k}\Omega$, erhalten wir folgende Werte:

$$R_{S1} = 54\,\text{k}\Omega$$
$$R_{S2} = 54\,\text{k}\Omega$$
$$R_{S3} = 60\,\text{k}\Omega.$$

Da diese Werte nur sehr schwierig zu beschaffen sind, wählen wir eine Reihenschaltung von einem Festwiderstand mit $R = 47\,\text{k}\Omega$ und einem Einsteller mit $R = 25\,\text{k}\Omega$. Durch Abgleichen können wir die Wertigkeiten der einzelnen Dekaden sehr genau einstellen. Die Einstellung ist aber nicht unproblematisch, da jede Justierung eines Kopplungs-Einstellers die Schaltung insgesamt verstellt. Es ist also sehr viel Erfahrung oder große Geduld notwendig.

Bei der Schaltung von Bild 3.15 können wir die Codierschalter nicht direkt verwenden. Wir müssen zwischen die Codierschalter und den Netzwerk-Dekaden noch logische Bausteine schalten. Hierzu eignen sich nichtinvertierende Buffer in CMOS-Technologie. Die Eingänge werden über 100-kΩ-Widerstände mit Masse verbunden. Haben wir keinen H-Pegel an einem Eingang, so erkennt der CMOS-Baustein einen L-Pegel an. Da dieses Eingangssignal nicht invertiert wird, erhält das Netzwerk einen L-Pegel.

Wesentlich vereinfacht wird die Schaltung eines Digital-Analog-Wandlers, wenn wir ein Leiternetzwerk verwenden, wie dies in **Bild 3.16** gezeigt ist. Dieses Leiternetzwerk ist vierstellig und bezieht sich auf eine Dekade. Wir können es entweder im Dual- oder BCD-Code ansteuern. Bei der Verwendung von Codierschaltern erhalten wir den BCD-Code.

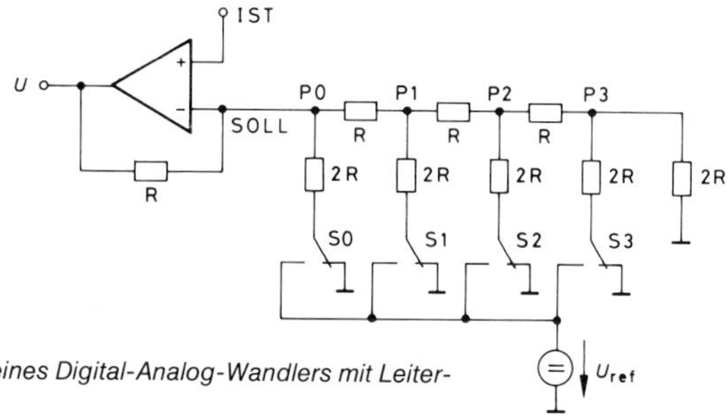

Bild 3.16 Aufbau eines Digital-Analog-Wandlers mit Leiternetzwerk

Sind die vier Schalter gegen Masse geschaltet, hat die Ausgangsspannung oder die Regelabweichung eine Spannung von $U_a = 0\,V$. Die Stromaufteilung innerhalb des Netzwerkes ist so kompliziert, daß auf eine Berechnung verzichtet werden muß. Durch die anderen Schalter ergeben sich die Wertigkeiten für eine Treppenspannung am Ausgang.

Der Vorteil dieses Leiternetzwerkes liegt in den zwei Größen der Widerstandswerte. Wir haben entweder R oder 2 R. Damit ergibt sich für uns ein preiswerter und sehr genauer Digital-Analog-Wandler für unsere programmierbare Spannungsquelle.

Die einzelnen Dekaden koppeln wir wieder über ein externes Leiternetzwerk. **Bild 3.17** zeigt die Schaltung. Wir schalten drei identische Dekaden parallel und verbinden sie über das externe Leiternetzwerk. Die 1er-Dekade steuert den Spannungsteiler am Punkt P3, die 10er-Dekade den Punkt P2 und die 100er-Dekade den Punkt P1 an.

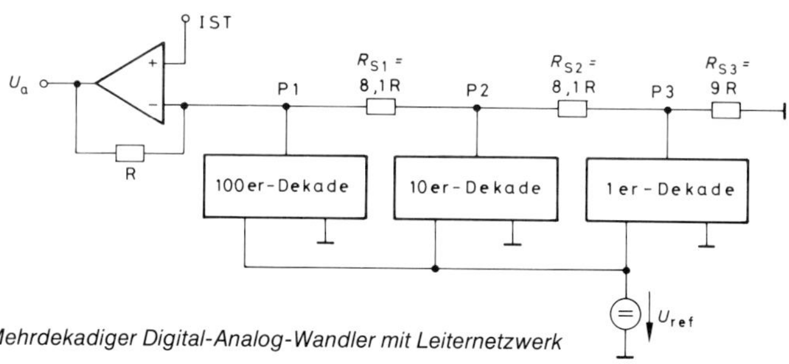

Bild 3.17 Mehrdekadiger Digital-Analog-Wandler mit Leiternetzwerk

Die Berechnung der Kopplungswiderstände zwischen den einzelnen Dekaden ist umständlich und aufwendig. Daher wird auf eine Berechnung verzichtet. Es ergeben sich folgende Multiplikationsfaktoren für die einzelnen Kopplungswiderstände:

$$R_{S1} = 8{,}1 \cdot R$$
$$R_{S2} = 8{,}1 \cdot R$$
$$R_{S3} = 9 \cdot R.$$

Wählen wir als Bezugswiderstand einen Wert von $R = 10\,\mathrm{k\Omega}$, erhalten wir

$$R_{S1} = 81\,\mathrm{k\Omega}$$
$$R_{S2} = 81\,\mathrm{k\Omega}$$
$$R_{S3} = 90\,\mathrm{k\Omega}.$$

Bei der Beschaffung dieser Widerstandswerte kann es Probleme geben. Daher wählen wir eine Reihenschaltung mit einem Festwiderstand von 68 kΩ und einem Einsteller von 50 kΩ. Durch Abgleichen können wir die Wertigkeiten der einzelnen Dekaden sehr genau einstellen. Hier gilt wieder folgendes: Entweder große Erfahrung oder viel Geduld.

Als Schaltung für unseren Digital-Analog-Wandler wählen wir **Bild 3.18**. Die drei Codierschalter steuern nichtinvertierende Buffer an. Die Eingänge der Buffer sind über 100-kΩ-Widerstände mit Masse verbunden. Bei CMOS-Bausteinen wird ein L-Pegel erkannt. Geben wir durch den Codierschalter einen H-Pegel auf den Eingang, erkennt der CMOS-Baustein einen H-Pegel. Der Ableitwiderstand des CMOS-Gatters erzeugt einen definierten L-Pegel, wenn er von dem Codierschalter keinen H-Pegel erhält. Vergessen wir den Widerstand, ergeben sich Fehler, da keine definierten Pegel vorliegen.

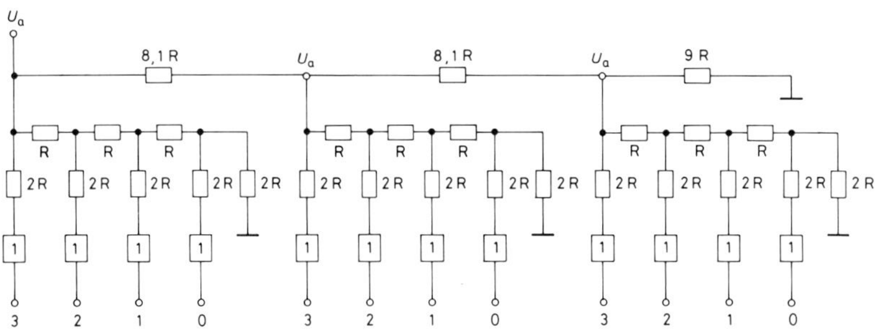

Bild 3.18 Schaltung des Digital-Analog-Wandlers für die programmierbare Spannungsquelle

Bild 3.19 zeigt den Entwurf für unsere Netzplatine und **Bild 3.20** den Bestükkungsplan.

Stückliste für Netzplatine:

1 Transformator 45 V/1,5 A
1 Gleichrichter B 250 C 1500
1 Transistor 2N3055
2 Transistoren BD 441
1 Transistor BC 140
1 Spannungsregler 7815 oder 78M15
1 BiMOS-Operationsverstärker 3130
1 Kondensator 2200 µF/63 V
1 Kondensator 100 µF/63 V
1 Kondensator 100 µF/40 V
1 Kondensator 0,33 µF
1 Kondensator 0,1 µF
1 Kondensator 1 nF
1 Widerstand 0,68 Ω/1 W
1 Widerstand 470 Ω/1 W
1 Widerstand 1 kΩ
1 Widerstand 3,3 kΩ/1 W
1 Widerstand 10 kΩ
1 Widerstand 39 kΩ
1 Einsteller 10 kΩ

Die Schaltung bereitet keine Probleme, wenn wir auf die Polaritäten der einzelnen Bauelemente achten. Der Einsteller ist auf Mitte zu bringen, bevor die Platine angeschlossen wird. Bitte stellen Sie mit dem Einsteller eine Ausgangsspannung

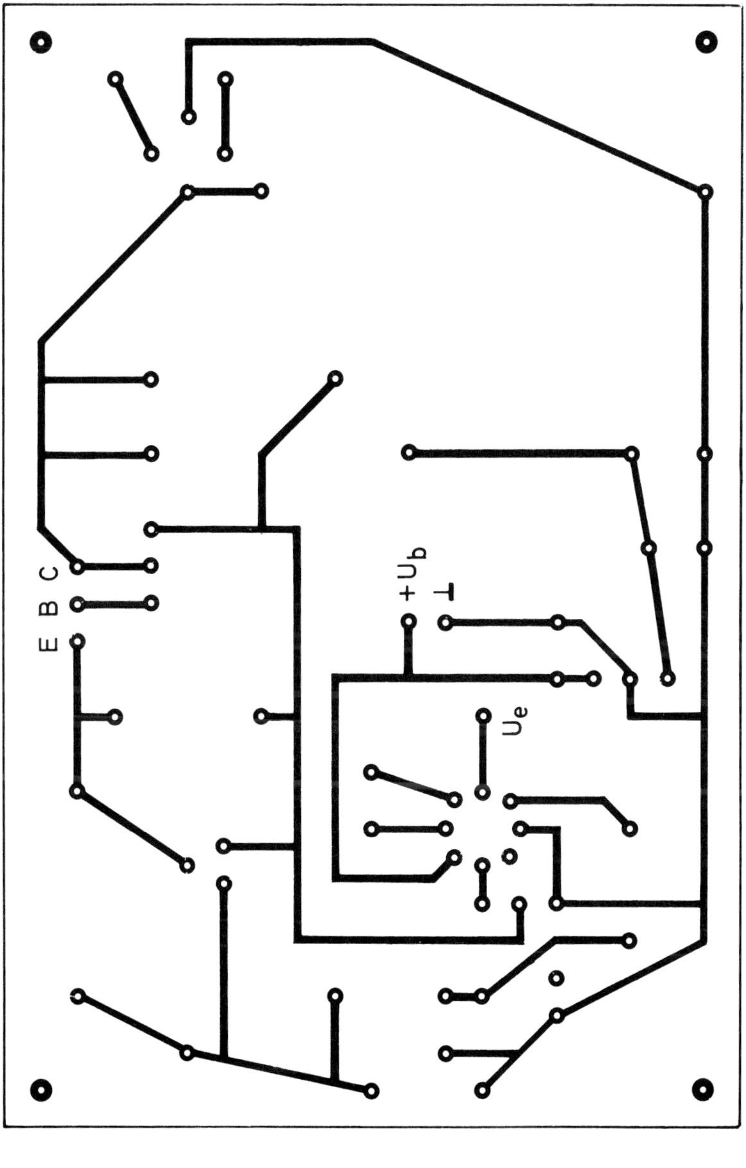

Bild 3.19 Platine für das Netzgerät der programmierbaren Spannungsquelle

von $U_a = 50\,V$ ein. Bei Verwendung eines Transformators mit $U_{sek} = 45\,V$ erhalten wir eine Ausgangsspannung von $U_a = \sqrt{2} \cdot 45\,V = 64\,V$. Diese Ausgangsspannung zerstört jedoch keine Bauelemente auf der Platine!

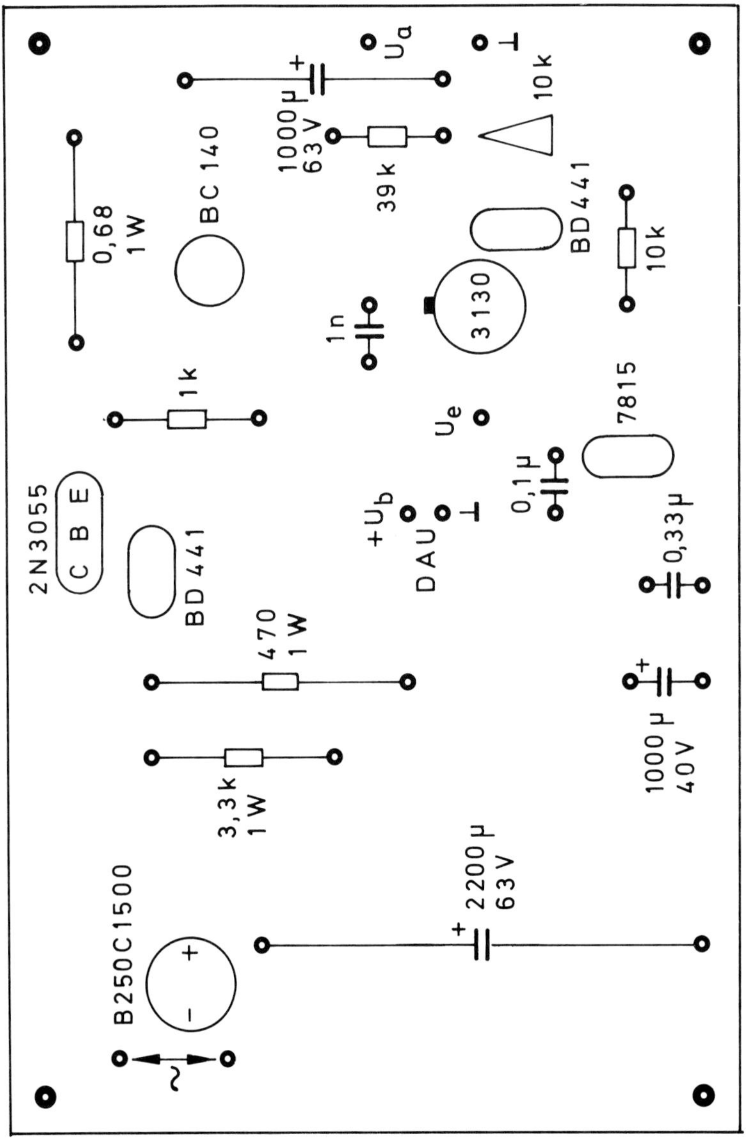

Bild 3.20 Bestückungsplan für die Platine in Bild 3.19

Bild 3.21 zeigt den Entwurf für eine Platine des Digital-Analog-Wandlers und **Bild 3.22** den Bestückungsplan.

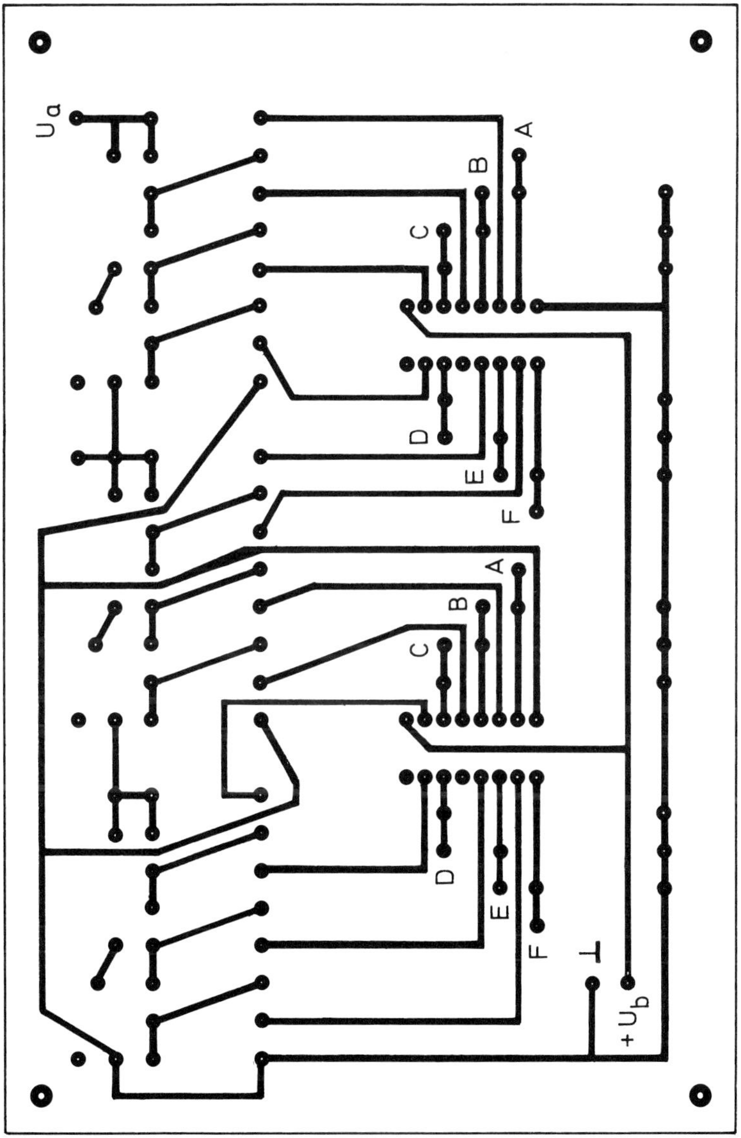

Bild 3.21 Platine für den Digital-Analog-Wandler der programmierbaren Spannungsquelle

Stückliste für den Digital-Analog-Wandler:

2 CMOS-Buffer 4050
9 Widerstände 5,1 kΩ/1 %
15 Widerstände 10,2 kΩ/1 %
3 Widerstände 27 kΩ
12 Widerstände 100 kΩ
3 Einsteller 25 kΩ
3 BCD-Codierschalter

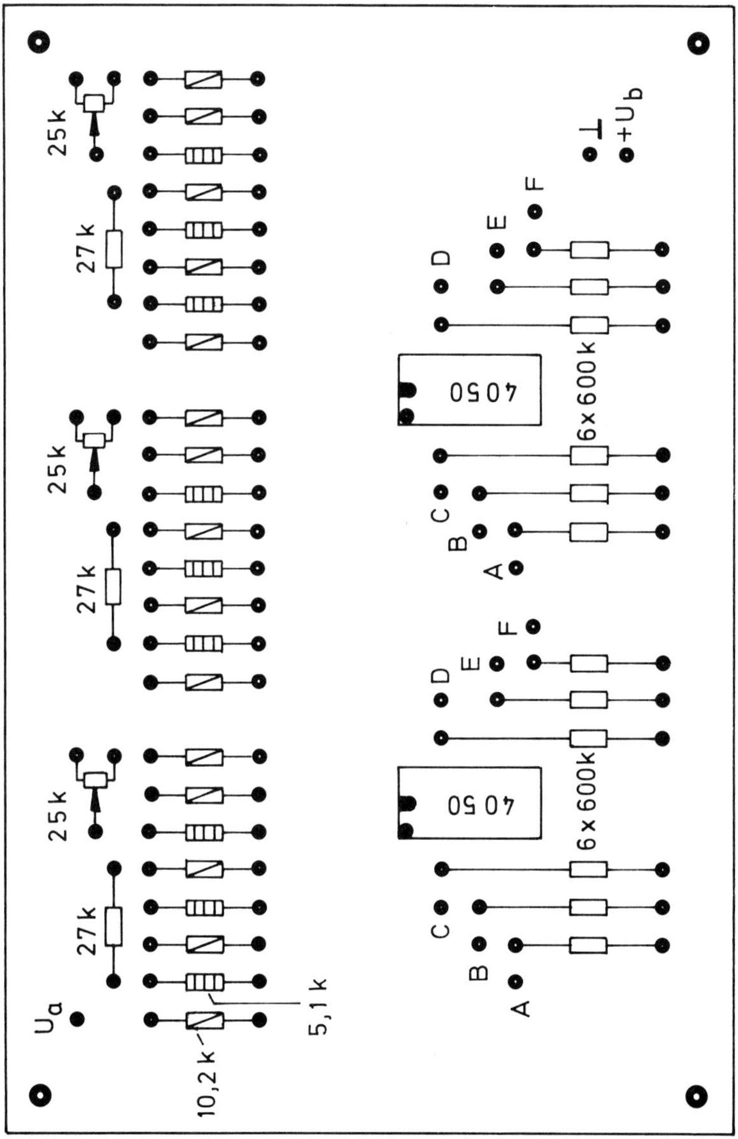

Bild 3.22 Bestückungsplan für die Platine in Bild 3.21

Die Schaltung ist ebenso einfach aufzubauen, wobei wir aber auf die Polaritäten der einzelnen Bauelemente achten müssen. Die drei Einsteller sind auf Mitte zu bringen.

Der Abgleich der programmierbaren Spannungsquelle ist sehr langwierig und nur mit viel Geduld durchzuführen. Schließen Sie am Ausgang des Netzgerätes ein Meßgerät an, an dem Sie die Ausgangsspannung ablesen können. Bringen Sie den Codierschalter auf eine Spannungseinstellung von 49,9 V und gleichen Sie den Wandler ab. Danach auf 0,1 V, 1,0 V und 10 V abgleichen. Nach und nach wird die Ausgangsspannung immer genauer im Abgleich. Testen Sie jede Möglichkeit durch.

Achtung!
Präzisions-Widerstände werden häufig mit fünf Farbringen geliefert. Es gilt dann der Farbcode:

	1. Ring Farbe	2. Ring Farbe	3. Ring Farbe	4. Ring Multiplikator	5. Ring Toleranz
schwarz	–	0	0	10^0	
braun	1	1	1	10^1	1 %
rot	2	2	2	10^2	2 %
orange	3	3	3	10^3	
gelb	4	4	4	10^4	
grün	5	5	5	10^5	
blau	6	6	6	10^6	
violett	7	7	7	10^7	
grau	8	8	8	10^8	
weiß	9	9	9	10^9	
silber	–	–	–	–	10 %
gold	–	–	–	–	5 %

Beispiel:
Wir haben einen Widerstand mit folgenden Farbringen:

$$\underbrace{\text{orange}}_{3} - \underbrace{\text{schwarz}}_{0} - \underbrace{\text{braun}}_{1} - \underbrace{\text{braun}}_{10^1} - \underbrace{\text{braun}}_{1\,\%} \quad \hat{=} \; 3{,}01\,\text{k}\Omega \text{ mit } 1\,\% \text{ Toleranz}$$

oder

$$\underbrace{\text{gelb}}_{4} - \underbrace{\text{weiß}}_{9} - \underbrace{\text{weiß}}_{9} - \underbrace{\text{rot}}_{10^2} - \underbrace{\text{braun}}_{1\,\%} \quad \hat{=} \; 49{,}9\,\text{k}\Omega \text{ mit } 1\,\% \text{ Toleranz}$$

4 Integrierte Zeitgeberschaltungen

Zeitgeber können mit zahlreichen Schaltungsvarianten realisiert werden. Die Verzögerung erreicht man meistens durch einen Kondensator, der über einen Widerstand nach einer e-Funktion aufgeladen wird. Diese Aufladung messen wir und legen durch eine bestimmte Schaltungsmaßnahme einen Punkt fest, bei dem die Verzögerungszeit abgeschlossen ist.

Die einfachste Verzögerungsschaltung ist eine Widerstand-Kondensator-Kombination mit einem Schmitt-Trigger. Dabei kann der Schmitt-Trigger mit Transistoren oder mit einem Operationsverstärker aufgebaut sein.

Seit einiger Zeit sind auf dem Halbleitermarkt verschiedene integrierte Zeitgeber erhältlich. Diese Schaltungen haben einen wesentlichen Vorteil, da sich die externen Bauelemente auf ein Minimum beschränken. Die Handhabung ist ebenso problemlos wie die der TTL-Bausteine und einige sind sogar von der Höhe der angelegten Betriebsspannung in einigen Bereichen weitgehend unabhängig.

4.1 Timer 555

Einer der bekanntesten IC-Zeitgeber ist der „Timer 555", der von zahlreichen Halbleiter-Herstellern produziert wird. Von diesem Schaltkreis wurden weitere Schaltungsvarianten abgeleitet, die in diesem Buch besprochen werden.

Bild 4.1 zeigt die Funktionsschaltung des Timers 555. Wir haben zwei Operationsverstärker, die als Komparatoren geschaltet sind. Die Leerlaufverstärkung liegt in der Größenordnung von $v = 10^5$. Die Ausgänge der beiden Komparatoren steuern ein Flipflop an, das die Eingangsinformationen speichern kann. Dieses Flipflop hat eine Vorzugslage, d. h. beim Einschalten der Betriebsspannung kippt es immer in eine definierte Lage.

Durch einen RESET-Eingang können wir das Flipflop zurücksetzen. Das Flipflop steuert einen internen Transistor an, der einen offenen Kollektor hat. Ist das

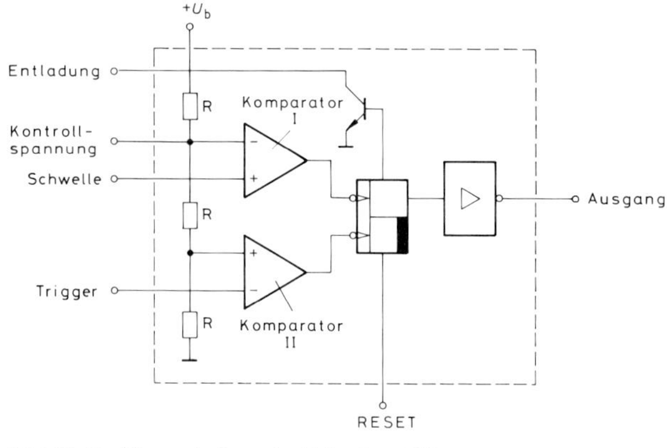

Bild 4.1 Funktionsschaltung des Zeitgebers 555

Flipflop zurückgekippt oder in der Vorzugslage, ist der Transistor gesperrt. Im gesetzten Zustand schaltet der Transistor durch und kann z. B einen Kondensator kurzschließen.

Der Ausgang des Flipflops steuert eine invertierende Ausgangsstufe an. Ist das Flipflop zurückgesetzt, hat der Ausgang des Timers 555 einen H-Pegel, d.h. wir haben in der Vorzugslage immer H-Pegel.

Beide Komparatoren liegen über einen Spannungsteiler zwischen der Betriebsspannung und der Masse. Die drei Widerstände sind gleich groß und haben einen Wert von $R = 5\,\mathrm{k\Omega}$ mit einer Toleranz von 1 %.

Durch den Spannungsteiler erhalten wir folgende Verhältnisse an den Komparatoren:

Komparator I: 2/3 Betriebsspannung
Komparator II: 1/3 Betriebsspannung

Aus diesen Spannungsverhältnissen leitet der Timer 555 seine Funktionen ab.

Die Betriebsspannung darf zwischen 4,5 V und 18 V schwanken, ohne daß sich die Verhältnisse der Vergleichsspannungen ändern.

Der invertierende Eingang des Komparators I ist mit einem Eingang verbunden, der als Kontroll-Spannung bezeichnet ist. Über diesen Eingang können wir den Spannungsteiler in seinen Spannungsverhältnissen etwas beeinflussen. Wird dieser Eingang nicht benötigt, so müssen wir ihn durch einen Kondensator mit einem Wert von $C = 0{,}1\,\mu\mathrm{F}$ mit Masse verbinden. Andernfalls kann es beim Betrieb Störungen geben.

Die Vergleichsspannung von 2/3 der Betriebsspannung liegt an dem invertierenden Eingang des Komparators I an. Legen wir an den Eingang „Schwelle“ eine Spannung, vergleicht der Komparator I diese mit der Vergleichsspannung und der Eingangsspannung. Ist die Spannung kleiner als 2/3 der Betriebsspannung, hat der Ausgang des Komparators einen H-Pegel. Überschreitet die Spannung den Wert von 2/3, kippt der Ausgang dieses Komparators auf L-Pegel. Da eine sehr hohe Leerlaufverstärkung vorhanden ist, erfolgt der negative Ausgangssprung im µs-Bereich. Mit dieser negativen Flanke wird das Flipflop getriggert und es setzt sich.

Unterschreitet die Spannung an dem Eingang „Schwelle“ 2/3 der Betriebsspannung, kippt der Ausgang des Komparators I von L nach H zurück. Diese positive Flanke wird aber von dem Flipflop nicht verarbeitet und so bleibt der Zustand des Flipflops erhalten.

Die Vergleichsspannung von 1/3 der Betriebsspannung liegt an dem nichtinvertierenden Eingang des Komparators II an. Legen wir an den Eingang „Trigger“ eine Spannung an, so werden die beiden Spannungen miteinander verglichen. Ist die Triggerspannung kleiner als die Vergleichsspannung, hat der Ausgang des Komparators einen L-Pegel. Überschreitet die Spannung den Wert 1/3 der Betriebsspannung, kippt der Ausgang des Komparators auf H-Pegel. Es entsteht am Ausgang eine positive Flanke. Da aber das Flipflop nur mit einer negativen Flanke getriggert werden kann, bleibt der Speicherzustand des Flipflops erhalten.

Unterschreitet die Spannung an dem Trigger-Eingang die Vergleichsspannung, entsteht an dem Komparator II eine negative Flanke und das Flipflop wird zurückgesetzt. Durch den invertierenden Ausgangsverstärker erhalten wir am Ausgang des Timers H-Pegel.

Für den Baustein 555 ergeben sich folgende Trigger-Bedingungen:

Eingang ,,Schwelle": positiver Triggerimpuls mit $^2/_3$ Betriebsspannung
Eingang ,,Trigger" : negativer Triggerimpuls mit $^1/_3$ Betriebsspannung

Die beiden Triggerimpulse müssen an ihren Flanken keine Steilheit aufweisen. Selbst langsame Analogspannungen werden durch die Komparatoren digitalisiert und von dem Timer 555 weiterverarbeitet. Daher ist der Baustein universell in der Elektronik verwendbar.

Mit einem positiven Impuls an dem Eingang ,,Schwelle" setzt sich das Flipflop. Der Ausgang des Timers erhält einen L-Pegel. Der Transistor mit dem offenen Kollektor schaltet voll durch und der Eingang ,,Entladen" hat L-Pegel.

Mit einem negativen Impuls kippt das Flipflop an dem Eingang ,,Trigger" zurück. Der Ausgang des Timers schaltet auf H-Pegel. Der Transistor mit dem offenen Kollektor sperrt und wir haben an dem Eingang ,,Entladen" H-Pegel.

Die Innenschaltung des Timers 555 ist in **Bild 4.2** gezeigt.

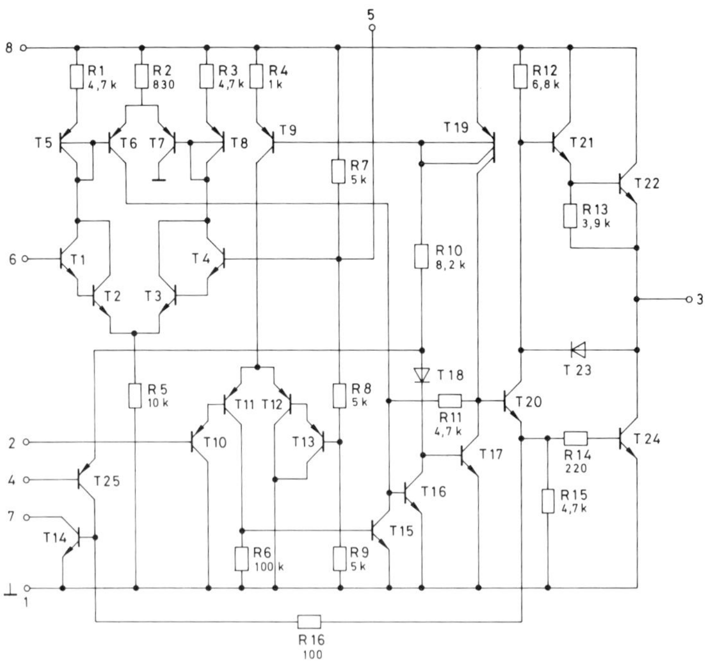

Bild 4.2 Innenschaltung des Zeitgebers 555

Die einzelnen Funktionsgruppen beinhalten folgende Transistoren:

Komparator I:	T1 bis T8
Komparator II:	T9 bis T13
Entladung:	T14
Flipflop:	T15 bis T18
Ausgangsstufe:	T19 bis T24
RESET:	T25

Der Komparator I besteht aus den vier Transistoren T1 bis T4 und dem gemeinsamen Emitterwiderstand R5. Die vier Transistoren sind als Darlingtonstufe geschaltet und es ergibt sich ein hoher Eingangswiderstand in der Größenordnung von 10MΩ. Der Eingang ,,Schwelle" benötigt dadurch einen Strom von ca. $I_e = 0{,}1\,\mu A$. Dies hat den Vorteil, daß externe Verzögerungsglieder kaum belastet werden.

Zu dem Komparator I gehören noch die Transistoren T5 bis T8. Die Transistoren T5 und T8 sind als Dioden geschaltet. Durch die beiden anderen Transistoren T6 und T7 erreichen wir eine Stromspiegelung und der Kollektor des Transistors T6 steuert die invertierende Ausgangsstufe über das Flipflop an.

Der Komparator II besteht ebenfalls aus vier Transistoren T10 bis T13 und einem gemeinsamen Emitter-Widerstand R4, der über den Transistor T9 mit den beiden PNP-Darlingtonstufen verbunden ist. Diese Schaltung wäre problematisch, aber durch die Verwendung einer Konstantstromquelle ergibt sich kein Problem. Den Konstantstrom für diesen Differenzverstärker erzeugt der Transistor T9 in Verbindung mit dem Widerstand R4 und dem Multiemitter-Transistor T19.

Der Transistor T14 für den Eingang ,,Entladen" erhält seinen Pegel von dem Flipflop-Transistor T20. Der Kollektoranschluß des Transistors T14 ist mit dem Pin 7 des Gehäuses verbunden.

Das Flipflop des Timers 555 besteht aus den Transistoren T15 bis T18. Der Transistor T15 wird von der linken Darlingtonstufe des Komparators II angesteuert. Der Kollektor des Transistors T11 ist über den Widerstand R6 mit Masse verbunden. Sperrt der Transistor T11, erhält der Transistor T15 L-Pegel, da eine Verbindung über den Widerstand R6 mit der Masse besteht. Schaltet der Transistor T11 durch, ist der Transistor T15 mit der positiven Betriebsspannung verbunden und an der Basis von T15 liegt H-Pegel.

Der Kollektor des Transistors T15 ist mit der Basis von T16 und dem Spiegel-Transistor T6 verbunden. Ist T15 durchgeschaltet, liegt die Basis von dem Transistor T16 auf Masse und der nachgeschaltete Transistor T17 erhält L-Pegel. Über den Widerstand R11 ist der Kollektor von T17 mit der Basis von dem T16 verbunden. Es ergibt sich ein stabiles Speicherverhalten, wenn die Transistoren T15 und T6 gesperrt sind.

Der Transistor T18 ist als Diode geschaltet und unterstützt den Transistor T25, der eine Rückstellung des Flipflops bewirkt.

Die Ausgangsstufe bilden die Transistoren T20 bis T24. T20 ist als Phasenumkehrstufe für die Gegentaktendstufe am Ausgang des Timers 555 geschaltet.

Der Transistor T21 steuert den Ausgangstransistor T22 an, wenn der Phasenumkehr-Transistor T20 gesperrt ist. Wir haben am Ausgang H-Pegel.

Leitet dagegen T20, sperrt T21 und damit auch der Ausgangs-Transistor T22. Der Transistor T24 schaltet voll durch und wir haben am Ausgang L-Pegel. Der Transistor T14 erhält ebenfalls einen Basisstrom über den Widerstand R16 und kann durchschalten.

Mit dem Transistor T25 wird das Flipflop des Timers 555 zurückgesetzt. Bei einem L-Pegel der Basis schaltet der PNP-Transistor durch und es kann ein Strom fließen, wenn der Transistor T20 gesperrt ist. Andernfalls wird die Rücksetzung nicht durchgeführt, da das Flipflop bereits zurückgekippt ist. Auf diese Weise ergibt sich eine hohe Betriebssicherheit.

Durch diese aufwendige Schaltung des Timers 555 ergeben sich folgende Kenndaten:

Betriebsspannungsbereich:	4,5 V bis 16 V
Frequenzbereich:	10^{-3} bis 10^{6} Hz
Ausgangsstrom:	30 mA
Temperaturdrift:	50 ppm/K*)

Durch den hohen Betriebsspannungsbereich können wir den Timer in TTL- und CMOS-Schaltungen oder Operationsverstärker-Schaltungen einsetzen. Das Frequenzverhalten über diesen Spannungsbereich ändert sich kaum, da wir durch den internen Spannungsteiler eine Vergleichsspannung erhalten, die nur von der jeweiligen Betriebsspannung abhängig ist.

Der Frequenzbereich reicht von 0,001 Hz bis 1 MHz. Die unterste Frequenz kann deshalb erreicht werden, da wir an den Eingängen Darlington-Transistorstufen haben. Der Timer 555 benötigt einen Eingangsstrom von 0,1 µA, wenn die Komparatoren schalten.

Der maximale Ausgangsstrom ist 30 mA. Dabei benötigen wir keinen externen Arbeitswiderstand, da der Timer 555 eine Gegentakt-Endstufe am Ausgang hat.

Die Temperaturdrift ist in 50 ppm/K*) definiert. Innerhalb der Temperaturgrenzen zwischen 0°C und +70°C arbeitet der Timer fast ohne Temperaturdrift. Daher können wir diesen Baustein auch im Kraftfahrzeug als Frequenzgeber oder Steuerelement einsetzen.

Bei dem Timer 555 gibt es drei Gehäusetypen:

N-Gehäuse (**Bild 4.3**)
F-Gehäuse (**Bild 4.4**)
T-Gehäuse (**Bild 4.5**)

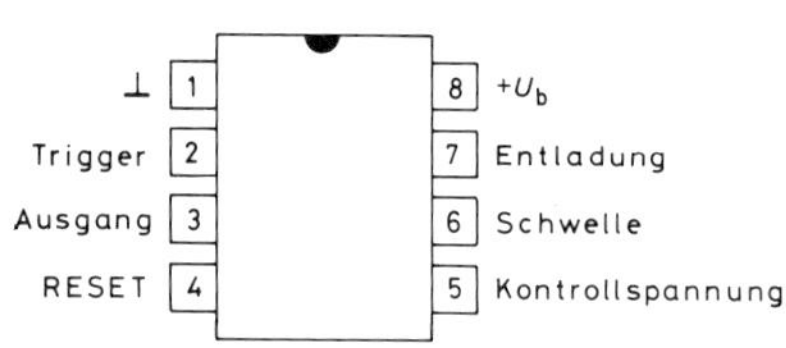

Bild 4.3 N-Gehäuse des Timers 555

*) ppm/K = Prozent pro Million/Kelvin

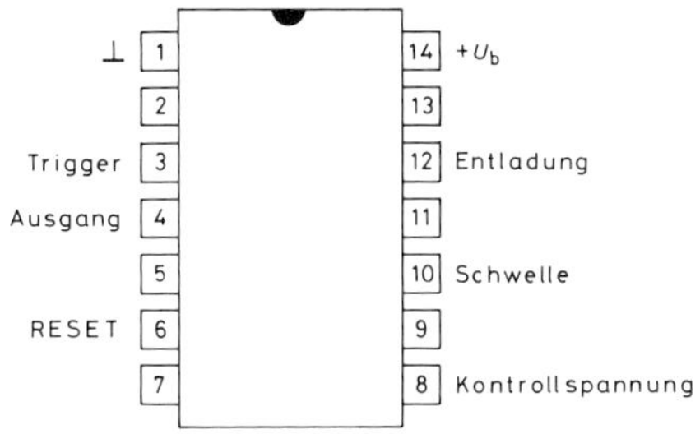

Bild 4.4 F-Gehäuse des Timers 555

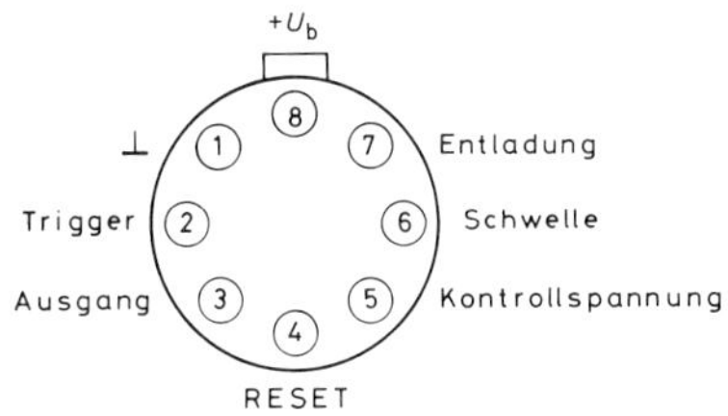

Bild 4.5 T-Gehäuse des Timers 555

In der Praxis verwendet man meistens das N-Gehäuse.

4.1.1 Baustein 555 in astabiler Funktion

Bild 4.6 zeigt die Grundschaltung für die astabile Funktion des Timers 555. Wir erkennen neben den internen Funktionsgruppen auch die externe Beschaltung durch die beiden Widerstände R_A und R_B.

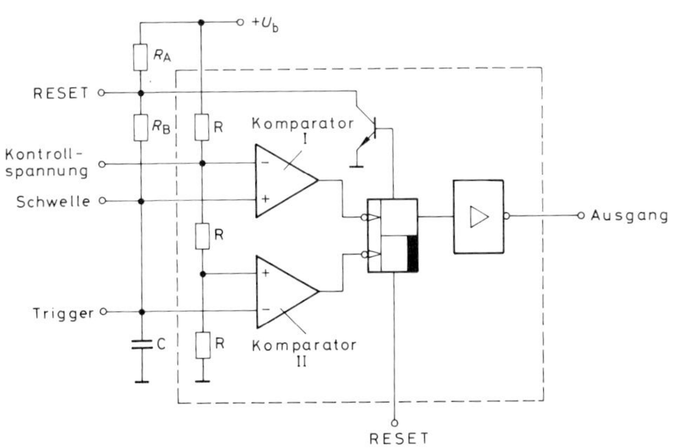

Bild 4.6 Astabile Funktion des Timers 555

Schalten wir die Betriebsspannung ein, kippt das Flipflop immer in seine Ausgangslage oder Vorzugslage. Durch den invertierenden Endverstärker erhalten wir am Ausgang des Timers 555 H-Pegel.

Gleichzeitig wird der Transistor für die Entladung gesperrt. Über die beiden Widerstände R_A und R_B lädt sich nun der Kondensator C nach einer e-Funktion auf.

Die Aufladung des Kondensators ist abgeschlossen, wenn die Spannung an dem Eingang „Schwelle" den Wert 2/3 der Betriebsspannung erreicht hat. Der Komparator I schaltet um und setzt das Flipflop durch eine negative Flanke. Der Ausgang des Timers schaltet auf L-Pegel und der Transistor für die Entladung steuert durch. Wir erhalten nun eine Entladung des Kondensators über den Widerstand R_B und dem Transistor gegen Masse. Die Spannung an dem Kondensator nimmt nach einer e-Funktion ab.

Die Entladung des Kondensators C über den Widerstand R_B ist beendet, wenn die Spannung an dem Kondensator den Wert 1/3 der Betriebsspannung unterschritten hat. Der Komparator II reagiert und setzt das Flipflop. Wir erhalten an dem Ausgang des Timers einen H-Pegel und gleichzeitig wird der Entlade-Transistor gesperrt.

Ist die Entladung beendet, kann über die beiden Widerstände der Kondensatorstrom wieder fließen. Die Spannung an dem Kondensator steigt nach einer e-Funktion an, bis sie den Wert 2/3 der Betriebsspannung erreicht hat.

Durch die laufende Ladung und Entladung des Kondensators des Timers 555 ergibt sich am Ausgang eine rechteckförmige Spannung, also eine Rechteckfrequenz.

Die Ladezeit t_l und die Entladezeit t_e für den Timer 555 ist unterschiedlich, da wir beim Ladevorgang eine Reihenschaltung von R_A und R_B haben. Bei der Entladung ist aber nur der Widerstand R_B wirksam. Für die einzelnen Zeiten ergeben sich folgende Gleichungen:

$$t_l = 0{,}7 \cdot (R_A + R_B) \cdot C$$
$$t_e = 0{,}7 \cdot R_B \cdot C$$

Die Periodendauer der Ausgangsfrequenz ergibt sich aus der Lade- und Entladezeit des Timers. Es gilt die Gleichung:

$$\begin{aligned} T &= t_l + t_e \\ &= 0{,}7 \cdot (R_A + R_B) \cdot C + 0{,}7 \cdot R_B \cdot C \\ &= 0{,}7 \cdot (R_A + 2 \cdot R_B) \cdot C \end{aligned}$$

Die Taktfrequenz ist

$$f = \frac{1}{T} = \frac{1}{0{,}7 \cdot (R_A + 2 \cdot R_B) \cdot C}$$

$$= \frac{1{,}46}{(R_A + 2 \cdot R_B) \cdot C} \quad .$$

Das Tastverhältnis ist

$$T_v = \frac{R_B}{R_A + 2 \cdot R_B}$$

Aus dem Spannungsdiagramm von **Bild 4.7** sehen wir die Ausgangsspannung in Abhängigkeit von der Lade- und Entladephase der externen Beschaltung. Die Kippmomente liegen bei 1/3 und 2/3 der Betriebsspannung.

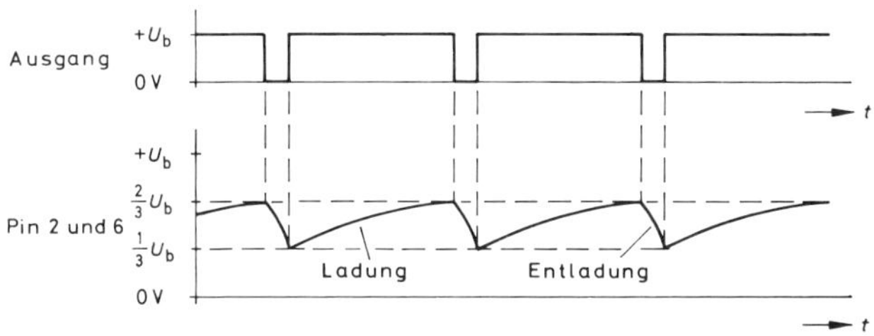

Bild 4.7 Spannungsdiagramm für die astabile Funktion des Timers 555

Wer sich das umständliche Berechnen der Frequenzen sparen will, kann mit dem Zeitdiagramm die Frequenz des Timers 555 weitgehend bestimmen. Hierzu legen wir den Kondensator fest und wählen den Widerstand ($R_A + 2 \cdot R_B$) aus. Das Zeitdiagramm von **Bild 4.8** zeigt die ungefähren Werte für die astabile Funktion.

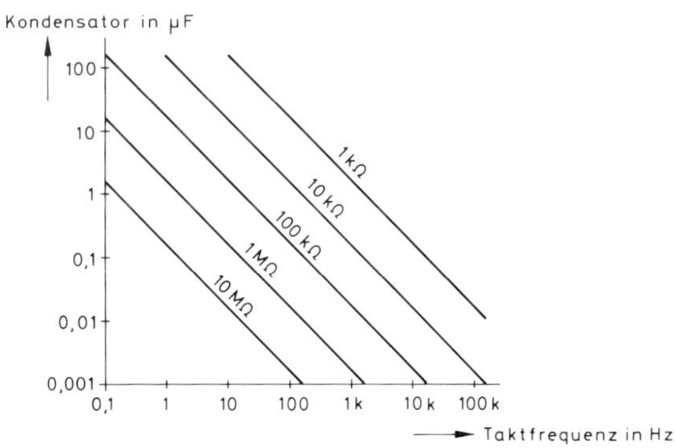

Bild 4.8 Zeitdiagramm zur Bestimmung der astabilen Funktion

Bild 4.9 ist ein Oszillogramm des Timers 555. Es wurde von einem Oszilloskop abfotografiert.

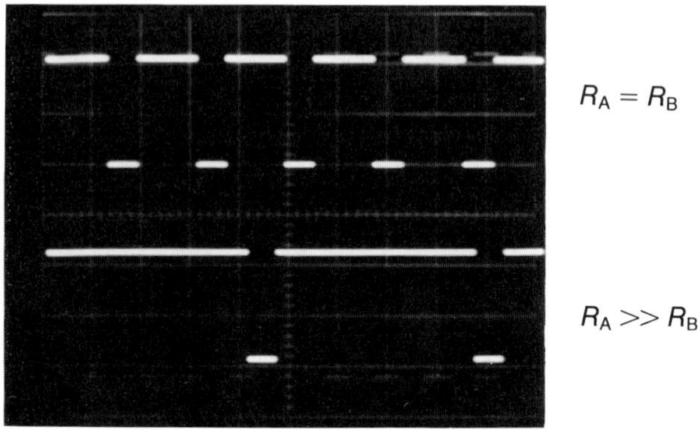

Bild 4.9 Oszillogramm des astabilen Betriebes

4.1.2 Baustein 555 in monostabiler Funktion

Durch Änderung der externen Beschaltung läßt sich mit dem Timer 555 eine monostabile Funktion realisieren. **Bild 4.10** zeigt die externen Bauelemente in Verbindung mit den internen Funktionsgruppen. Wir benötigen einen Kondensator und einen Widerstand für die externe Beschaltung.

Beim Einschalten der Betriebsspannung kippt das Flipflop des Timers sofort in seine Vorzugslage. Durch die invertierende Ausgangsstufe erhalten wir einen H-Pegel. Gleichzeitig wird der Entlade-Transistor von dem Flipflop durchgesteuert und der Kondensator C kann sich entladen, falls noch Restspannungen gespeichert sind.

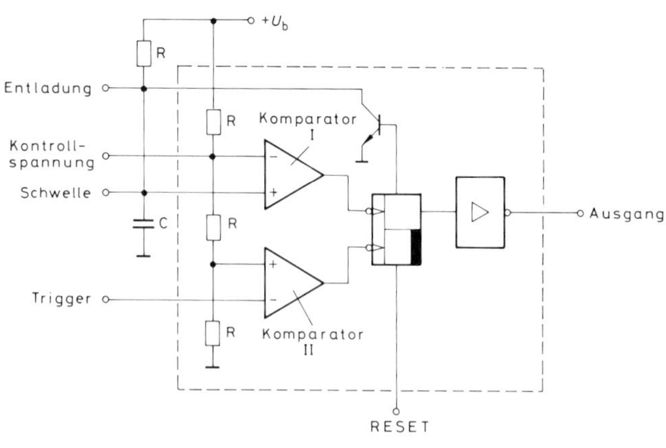

Bild 4.10 Monostabile Funktion des Timers 555

Mit einer negativen Impulsflanke am Eingang „Trigger“ lösen wir die monostabile Funktion des Timers 555 aus. Die Auslösung kann durch ein analoges oder digitales Signal erfolgen. Die Triggerung des Timers 555 ist normalerweise kein Problem.

Bild 4.11 zeigt eine externe Beschaltung für die Lösung des Triggerproblems.

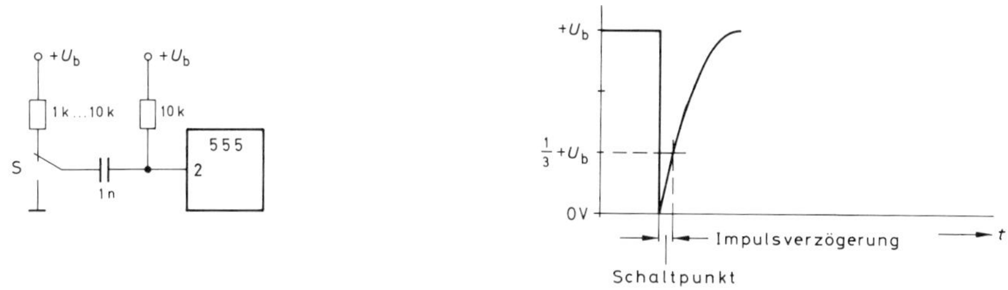

Bild 4.11 Externe Beschaltung für die Triggerung

Der Eingang ist durch einen Widerstand mit 10kΩ mit der positiven Betriebsspannung verbunden. Daher liegt der Eingang auf $+U_b$, wenn sich die Schaltung im stabilen Zustand befindet.

Befindet sich der Schalter in der oberen Stellung, besteht zwischen den Kondensatorplatten oder Belägen keine Spannungsdifferenz. Bei einer Triggerung wird der Schalter in die untere Stellung gebracht und damit differenziert der Kondensator. An dem Eingang „Trigger“ entsteht ein kurzer H-L-Sprung, der die monostabile Funktion des Timers 555 auslöst.

Bei der Triggerung setzt sich sofort das Monoflop und der Ausgang des Timers schaltet auf H-Pegel. Gleichzeitig wird der Entlade-Transistor gesperrt. Der Kondensator C kann sich über den Widerstand R aufladen. Die Aufladung erfolgt nach einer e-Funktion. Erreicht die Spannung den Wert von 2/3 der Betriebsspannung, kippt der Komparator I das Flipflop und der Ausgang des Timers schaltet auf L-Pegel. Gleichzeitig wird der Entlade-Transistor angesteuert und der Kondensator C kann sich entladen.

Die metastabile Zeit des Monoflops ist beendet, wenn die Spannung an dem Kondensator den Wert von 2/3 der Betriebsspannung erreicht hat. Da die Ladung immer bei 0 V beginnt, ergibt sich folgende Gleichung:

$$T = 1{,}1 \cdot R \cdot C.$$

Bild 4.12 zeigt das Spannungsdiagramm für die monostabile Funktion des Timers. Die Triggerung muß immer mit einem kürzeren Impuls erfolgen, wie die metastabile Zeit lang ist. Andernfalls ergeben sich Probleme.

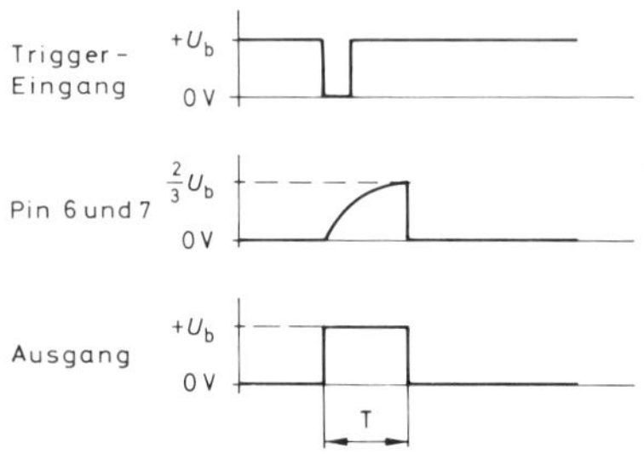

Bild 4.12 Spannungsdiagramm für die monostabile Funktion

Bild 4.13 zeigt das Zeitdiagramm für die metastabile Zeit. Als Beweis für die Funktion des Timers ist in **Bild 4.14** ein Oszillogramm gezeigt.

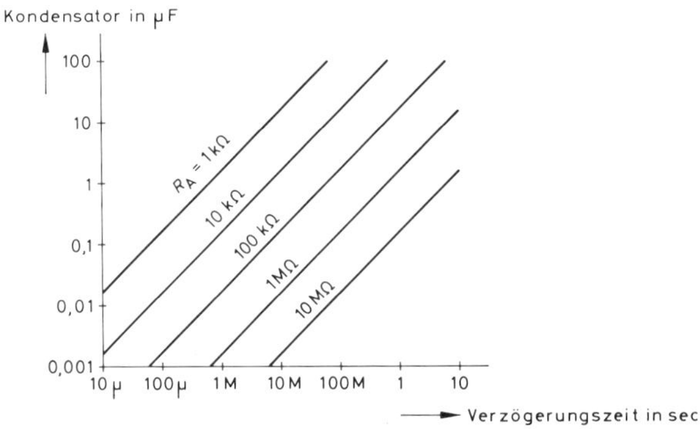

Bild 4.13 Zeitdiagramm zur Bestimmung der monostabilen Funktion

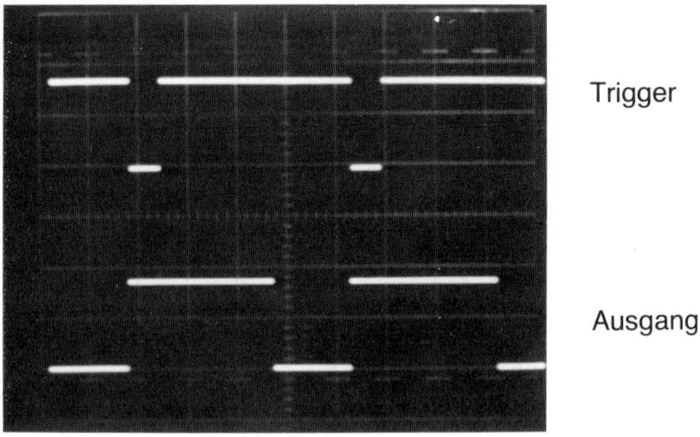

Bild 4.14 Oszillogramm für den monostabilen Betrieb

4.2 Timer 556

Für viele Anwendungsbeispiele werden zwei Timer vom Typ 555 benötigt. Um den Platzbedarf reduzieren zu können, verwenden wir den Timer 556. Dieser Baustein beinhaltet zwei identische Timer 555.

Das Anschlußschema des Timers 556 ist in **Bild 4.15** gezeigt. In dem 14poligen Dual-in-Line-Gehäuse sind die beiden Timer untergebracht.

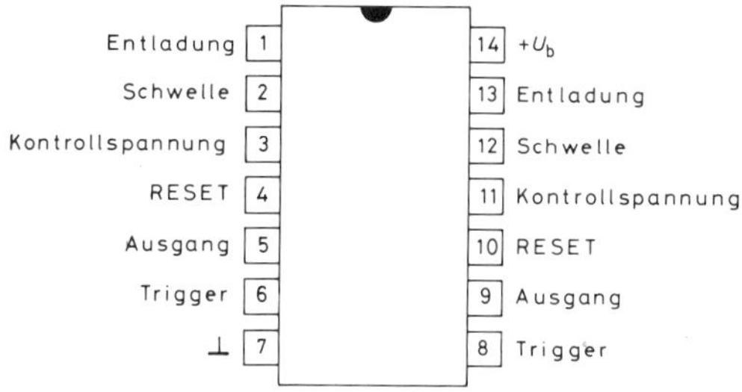

Bild 4.15 Anschlußbelegung des Timers 556

Für den Timer 556 gelten die gleichen Werte wie beim Baustein 555.

4.2.1 Baustein 556 als Rechteckgenerator

Ein typisches Anwendungsbeispiel für den Timer 556 ist die Schaltung von **Bild 4.16**. Die beiden Timer sind als Monoflops geschaltet. Das rechte Monoflop hat die externen Bauelemente R1 und C1 und das linke Monoflop die Bauelemente R2 und C2 für die Bestimmung der metastabilen Zeit.

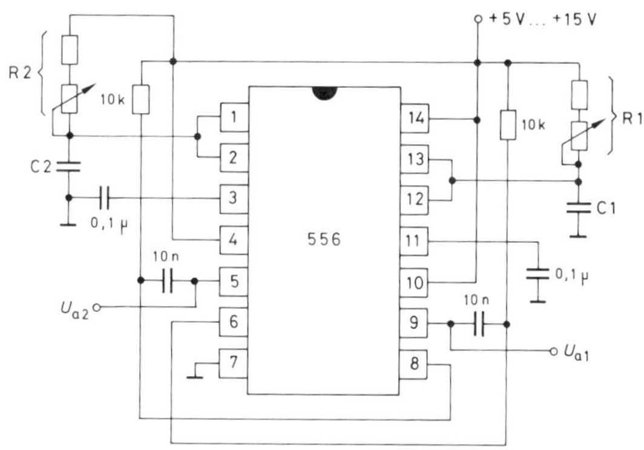

Bild 4.16 Rechteckgenerator mittels zweier Monoflops

Der Ausgang des rechten Monoflops erzeugt die Ausgangsfrequenz der Spannung U_{a1}, die wir direkt über Pin 9 abnehmen können. Zur Erzeugung des Triggerimpulses benötigen wir ein Differenzierglied, das aus einem 10-nF-Kondensator und einem Widerstand gegen die positive Betriebsspannung besteht. Der Ausgang des Differenziergliedes ist mit dem Triggereingang des linken Monoflops verbunden. Die Ausgangsfrequenz des linken Monoflops erhalten wir direkt an Pin 5. Der Ausgang ist ebenfalls über ein Differenzierglied mit dem rechten Monoflop verbunden.

Durch die beiden Differenzierglieder erhalten wir eine einwandfreie Triggerung des Monoflops. Werden die Differenzierglieder ungünstig dimensioniert, bleibt die Schaltung sofort stehen.

Die beiden Widerstandskombinationen bestehen aus einem Festwiderstand und einem Potentiometer. Wählen wir z. B. den Festwiderstand mit 1 kΩ und das Potentiometer mit 1 MΩ, ergibt sich ein Änderungsbereich von 1 zu 1000. Für unser Beispiel bedeutet das, daß wir das Tastverhältnis um 1 zu 1000 ändern können. Mit herkömmlichen Rechteckgeneratoren ist diese Änderung des Tastverhältnisses kaum möglich. Die Schaltung schwingt ab $U_b > 4$ V sicher an.

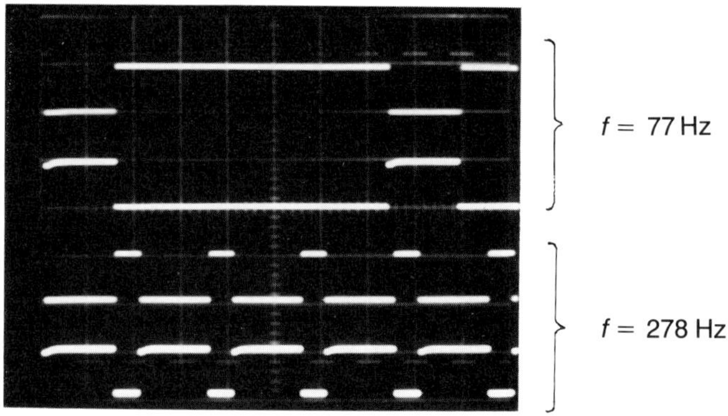

Bild 4.17 Oszillogramm für den Rechteckgenerator

Bild 4.17 zeigt das Oszillogramm. Das Tastverhältnis errechnet sich aus

$$T_v = \frac{t_i + t_p}{t_i} \qquad \text{oder} \qquad T_v = \frac{T}{t_i}\ .$$

Für die beiden oberen Zeilen gilt ein Tastverhältnis von

$$T_v = \frac{65\ \text{mm}}{50\ \text{mm}} = 1{,}3 \qquad \text{oder} \qquad = \frac{65\ \text{mm}}{15\ \text{mm}} = 4{,}33$$

und für die beiden unteren Zeilen:

$$T_v = \frac{18\ \text{mm}}{3\ \text{mm}} = 6 \qquad \text{oder} \qquad = \frac{18\ \text{mm}}{15\ \text{mm}} = 1{,}2$$

Für jeden Ausgang ergibt sich ein anderes Tastverhältnis.

Die Frequenz kann aus dem Oszillogramm bestimmt werden. Das Oszillogramm hat eine Zeitablenkung von 2 ms/cm. Die Periodendauer auf dem Bildschirm beträgt

$$T = X \cdot a_X \qquad f = \frac{1}{T}$$

$$= 6{,}5\ \text{cm} \cdot 2\ \text{ms/cm} \qquad = \frac{1}{13\,\text{ms}}$$

$$= 13\ \text{ms} \qquad = 77\ \text{Hz}$$

oder

$$T = 1{,}8\ \text{cm} \cdot 2\ \text{ms/cm} \qquad f = \frac{1}{3{,}6\,\text{ms}}$$

$$= 3{,}6\ \text{ms} \qquad = 278\ \text{Hz}$$

Die Frequenz können wir entweder mit dem Oszilloskop bestimmen oder wir verwenden einen Frequenzzähler.

4.2.2 Baustein 556 als sequentieller Timer

Ein weiteres Anwendungsbeispiel für den Timer 556 ist in **Bild 4.18** gezeigt. In diesem Fall haben wir einen „sequentiellen Timer" oder eine Ablaufsteuerung.

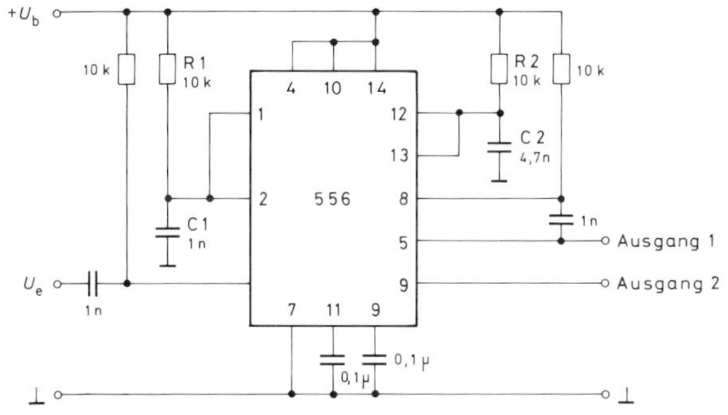

Bild 4.18 Sequentieller Zeitgeber oder Ablaufsteuerung

Über den Eingang triggern wir das erste Monoflop des Timers 556. Mit der negativen Taktflanke kippt das Monoflop für eine bestimmte Zeit in seine metastabile Zeit. Ist diese Zeit beendet, kippt das Monoflop zurück und triggert das nachgeschaltete Monoflop.

Bild 4.19 stellt das Oszillogramm für eine Ablaufsteuerung mit dem Timer 556 dar. In der ersten Zeile haben wir eine Impulsfolge. Mit jeder negativen Flanke triggern wir das Monoflop und erhalten die zweite Zeile. Das nachgeschaltete Monoflop setzt sich, wenn das vorhergehende zurückkippt.

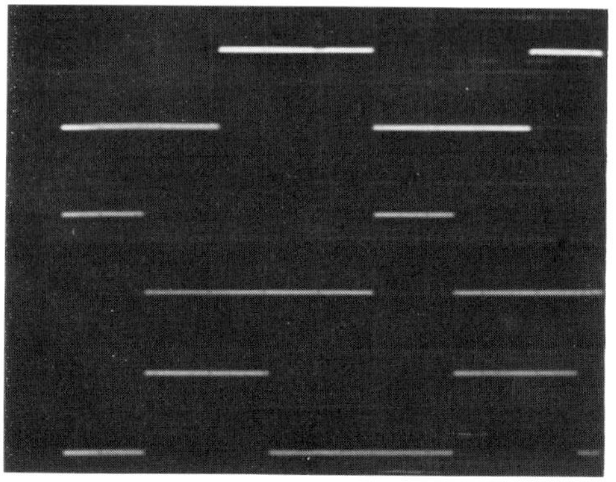

Bild 4.19 Oszillogramm für eine Ablaufsteuerung

Die Schaltung von Bild 4.19 kann beliebig erweitert werden.

Schalten wir die beiden Monoflops nicht in Reihe, sondern parallel, erhalten wir eine Parallelsteuerung. **Bild 4.20** zeigt uns das Oszillogramm für diese Steuerung.

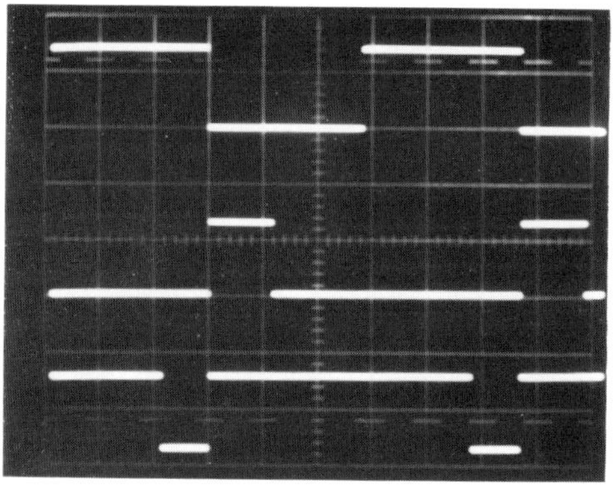

Bild 4.20 Oszillogramm für eine parallele Ablaufsteuerung

In der ersten Zeile haben wir eine Impulsfolge. Mit jeder negativen Flanke erfolgt die Triggerung der beiden Monoflops. Das erste Monoflop hat eine kurze metastabile Zeit, wie die zweite Zeile in unserem Oszillogramm zeigt. Das andere Monoflop hat dagegen eine lange metastabile Zeit. Diese Zeit ist in der dritten Zeile dargestellt.

Die Schaltung für eine Parallelsteuerung läßt sich ebenfalls beliebig erweitern.

4.3 Timer 558 und 559

Bei den beiden Timer-Schaltkreisen handelt es sich um Vierfach-Timer. Beide Bausteine sind identisch in ihrem Aufbau, bis auf die Ausgänge.

Bei dem Timer 558 haben wir an den Ausgängen jeweils eine Stromsenke, d.h. der Strom fließt in den Baustein hinein. Wir benötigen daher zwischen dem Ausgang und der positiven Betriebsspannung einen Arbeitswiderstand. Schaltet der Ausgangstransistor (offener Kollektor) von dem Timer 558 durch, fließt von der positiven Betriebsspannung über den Arbeitswiderstand und dem Ausgangstransistor ein Strom gegen Masse ab. Wir senken den Strom ab, er fließt in den Baustein hinein und wir sprechen von einer Stromsenke.

Bei dem Timer 559 haben die Ausgänge Stromquellen, d.h. der Strom fließt aus dem Baustein heraus. Wir benötigen zwischen dem Ausgang und der Masse einen Arbeitswiderstand. Schaltet der Ausgangstransistor (offener Emitter) von dem Timer 559 durch, fließt von der positiven Betriebsspannung über den internen Transistor und den externen Arbeitswiderstand ein Strom gegen Masse ab. Da der Strom aus dem Baustein herausfließt, sprechen wir von einer Stromquelle.

Bild 4.21 zeigt uns die Innenschaltung und die Anschlußbelegung der beiden Timer-Bausteine 558 und 559.

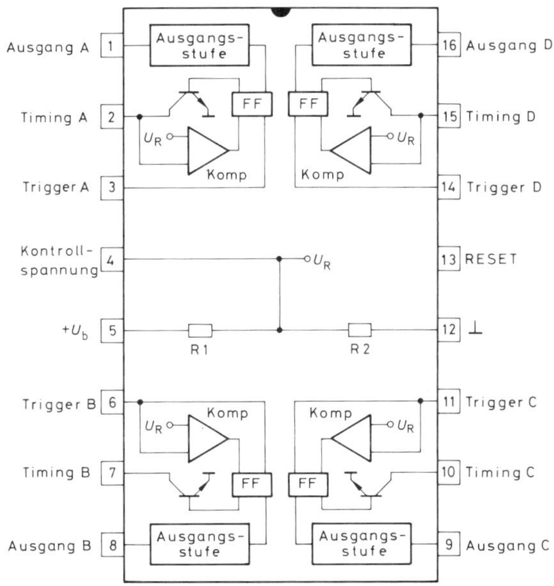

Bild 4.21 Innenschaltung und Anschlußbelegung für den Timer 558 und 559

Für die Triggerung benötigen wir keine externen Bauelemente, wie dies beim 555 und 556 der Fall war. Mit jeder negativen Impulsflanke können wir die Bausteine 558 und 559 triggern.

4.4 Akustische Alarmanlagen und elektronische Sirenen

Mit den Bausteinen 555 und 556 können wir nicht nur Alarmanlagen aufbauen, sondern durch Nachschaltung einer elektronischen Sirene ein ideales Sicherungssystem realisieren.

Der Vorteil der Timerbausteine liegt in dem Bereich der Betriebsschwankung. Selbst bei Schwankungen von +5V bis +15V arbeiten die Bausteine sicher. Beim Einbau in ein Kraftfahrzeug dürfen aber keine Elektrolytkondensatoren, sondern nur Tantalkondensatoren verwendet werden. Bei üblichen Kondensatoren kann das Elektrolyt bei tiefen Temperaturen einfrieren.

Bild 4.22 zeigt eine einfache Alarmanlage. Mit dem Schalter wird an den Timer 555 die Betriebsspannung angelegt. Dadurch arbeitet er in seiner astabilen Funktion und gibt über den Lautsprecher einen Rechteckton ab. Die Frequenz wird durch die beiden Widerstände R1 und R2 entsprechend bestimmt, wobei durch die Diode D1 ein Tastverhältnis von ca. 50 % entsteht.

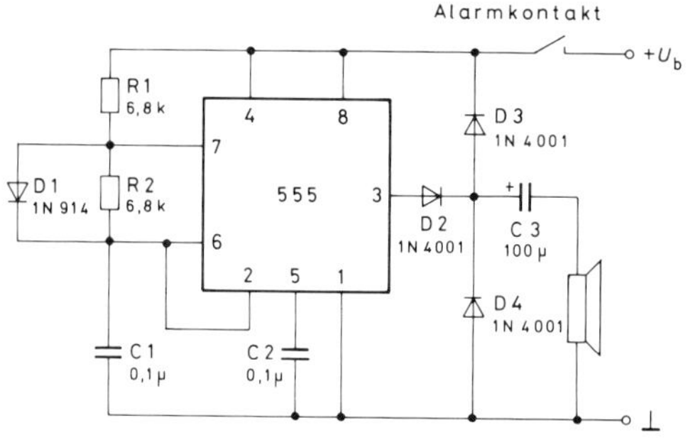

Bild 4.22 Schaltung für eine einfache Alarmanlage

Der Lautsprecher erhält die Rechteckspannung von dem 555 über die Diode D2. Die Diode ist unbedingt erforderlich, damit die Spannungsspitzen des Lautsprechers den Baustein nicht zerstören. Die beiden anderen Dioden, D3 und D4, schützen den Baustein ebenfalls vor Spannungsspitzen. Wird der Punkt zwischen den drei Dioden und dem Kondensator C3 größer als die Betriebsspannung, beginnt die Diode D3 zu leiten, wird sie negativer als die Masseleitung, beginnt die Diode D4 zu leiten. Vergessen wir die beiden Dioden, bleibt die Wirkungsweise von der Diode D2 zwar erhalten, aber sie schützt nicht effektiv.

Mit dem Kondensator C3 entkoppeln wir den Gleichspannungsanteil für den Lautsprecher, d. h. es fließt kein Gleichstrom-Ruhestrom.

Die Schaltung unterbricht den Alarm, wenn der Schalter wieder geöffnet wird. Diese Schaltung ist für Kraftfahrzeuge ungeeignet. Öffnet ein Unbefugter einen Pkw, ertönt der Alarm. Schließt er jedoch die betreffende Tür wieder, verstummt die Anlage sofort.

Bild 4.23 zeigt ebenfalls eine einfache Alarmanlage. Über die drei Schalter wird die Betriebsspannung für den 555 eingeschaltet. Die Betriebsspannung liegt über Entkopplungsdioden an.

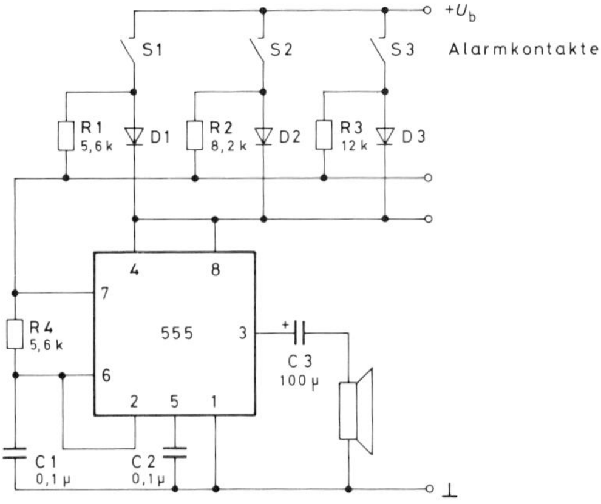

Bild 4.23 Schaltung für eine Alarmanlage

Wird der Schalter S1 geschlossen, bestimmt der Widerstand R1 in Verbindung mit dem Widerstand R4 die Ausgangsfrequenz. Wir erhalten einen Ton von einer Frequenz mit $f = 860$ Hz.

Schließen wir den Schalter S2, erhalten wir eine Frequenz $f = 740$ Hz und bei Schalter S3 $f = 620$ Hz.

Mit den drei Schaltern hören wir drei verschiedene Frequenzen, die uns signalisieren, welcher Schalter betätigt wird. Schließen wir zwei Schalter gleichzeitig, werden die betreffenden Widerstände parallel geschaltet und wir erhalten eine Zwischenfrequenz.

Die Schaltung von Bild 4.23 kann in ihrer Funktion beliebig erweitert werden. Daraus ergeben sich zahlreiche Töne.

Ersetzen wir die Schalter durch die Ansteuerung eines Zählers, erhalten wir einen akustischen Laufalarm. Durch die Nachschaltung eines kräftigen Endverstärkers (Nachbrenner) ergibt sich eine hochwirksame Hupe für Kraftfahrzeuge.

Bei der Schaltung von **Bild 4.24** und **Bild 4.25** haben wir Zweiton-Hupen. In Bild 4.24 erzeugen wir uns durch den linken 555 ein Rechtecksignal mit einer kurzen Impulspause. Die beiden Widerstände R1 und R2 ergeben eine Frequenz von 1,2 Hz. Die Impulspause dauert 0,1 s.

Der Ausgang des linken Rechteckgenerators steuert den RESET-Eingang des rechten 555 an. In der Impulspause, wenn also ein L-Pegel anliegt, kann der Baustein 555 nicht arbeiten. Nach 0,1 s erhält er für 0,8 s einen H-Pegel.

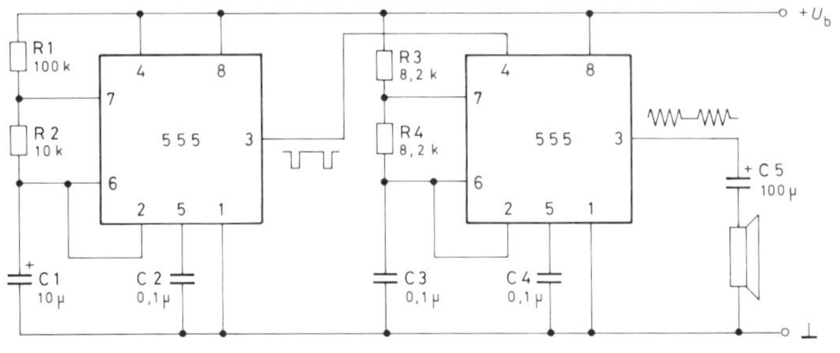

Bild 4.24 Schaltung für eine Zweiton-Hupe

Die Frequenz berechnet sich aus den Widerständen R3 und R4 in Verbindung mit dem Kondensator C3. Wir erhalten eine Frequenz von f = 585 Hz am Lautsprecher.

Die Schaltung von Bild 4.25 hat die gleichen Werte, aber zwischen den beiden Bausteinen befindet sich ein Transistor, der als Umkehrverstärker geschaltet ist. Die kurze Impulspause wird nun in eine lange Pause umgewandelt. Dadurch hören wir für 0,1 s die Frequenz von f = 585 Hz und für 0,8 s ist die Anlage ,,ruhig".

Der Baustein 555 hat ebenso wie der 556 einen bzw. zwei Kontrollspannungs-Eingänge. Mit diesen können wir die Timer modulieren.

Bild 4.26 zeigt uns eine elektronische Sirene. Hierzu benötigen wir zwei 555 oder einen 556. Der linke Baustein ist als astabiler Multivibrator geschaltet und erzeugt eine Frequenz von f = 1 Hz. Das Tastverhältnis ist 50 %. Über den Widerstand R5 steuern wir den Kontrollspannungs-Eingang des rechten astabilen Multivibrators an.

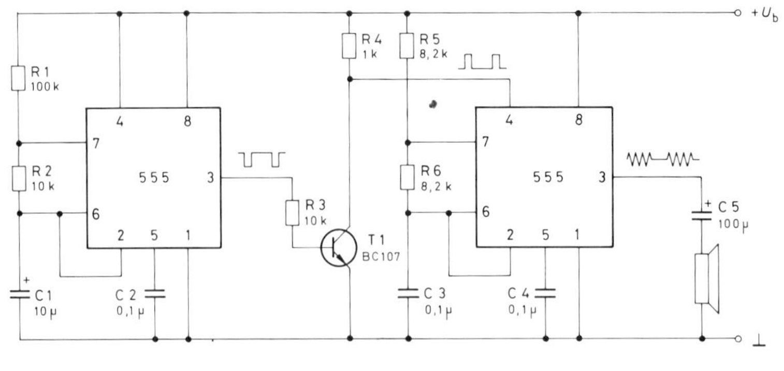

Bild 4.25 Schaltung für eine elektronische Zweiton-Hupe

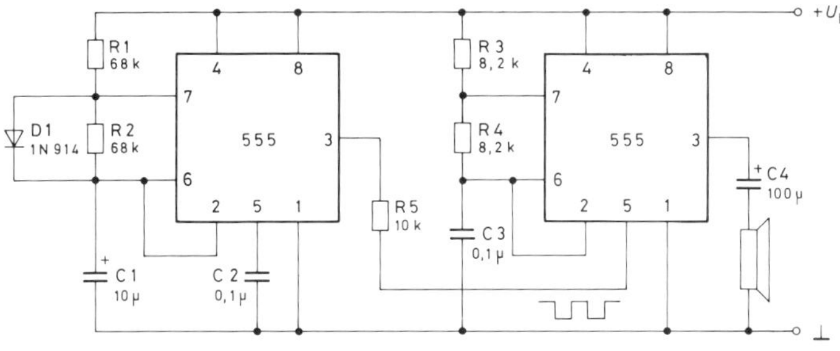

Bild 4.26 Schaltung einer elektronischen Sirene

Wesentlich besser ist dagegen die Schaltung von **Bild 4.27**. Der linke Baustein arbeitet als Rechteckgenerator mit $f = 1\,\text{Hz}$. Der Ausgang des Bausteines ist mit einem Integrierglied verbunden.

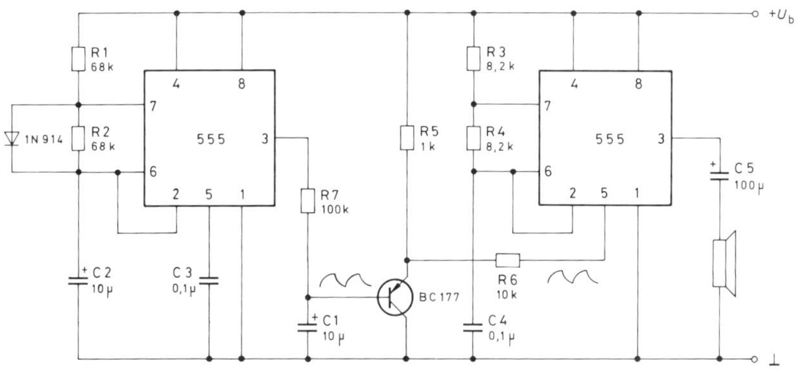

Bild 4.27 Elektronische Sirene

Hat der Rechteckgenerator H-Pegel, lädt sich der Kondensator C1 über den Widerstand R7 auf. Wir erhalten eine e-Funktion. Mit zunehmender Spannung wird der Basisstrom für den Transistor kleiner. Dadurch steigt die Spannung am Kontrolleingang von dem rechten Baustein. Die Ausgangsfrequenz wird größer, der Ton also höher.

Nach 0,5s kippt der Rechteckgenerator (linker Baustein) am Ausgang auf L-Pegel. Der Kondensator C1 entlädt sich über den Widerstand R2 nach einer e-Funktion und es fließt ein größerer Basisstrom für den Transistor. Damit sinkt die Spannung an dem Kontrolleingang. Die Ausgangsfrequenz wird kleiner, der Ton also niedriger.

Wir erhalten durch den linken Baustein alle 0,5s eine Ladung, anschließend für 0,5s eine Entladung des Integriergliedes. Damit wird der Ausgangston größer oder kleiner und ein auf- oder abschwellender Sirenenton entsteht, der einer mechanischen Sirene nicht nachsteht.

Der Schwellton für die Sirene kann geändert werden, wenn wir den Widerstand R7 verkleinern. Dies gilt auch für die Änderung des rechten Bausteines.

Die Schaltung von **Bild 4.28** zeigt eine elektronische Hupenschaltung, die amerikanische Überland-Eisenbahnen oder Lastwagenzüge nachahmt. Der linke Baustein 555 ist als Rechteckgenerator mit einer Frequenz von $f = 1{,}9\,\text{Hz}$ geschaltet.

Der Ausgang des 555 steuert einen PNP-Transistor an, d.h. der Transistor T1 schaltet durch, wenn der Timer L-Pegel abgibt und sperrt bei H-Pegel. Der Timer hat für 0,44 s H-Pegel und für 0,1 s L-Pegel.

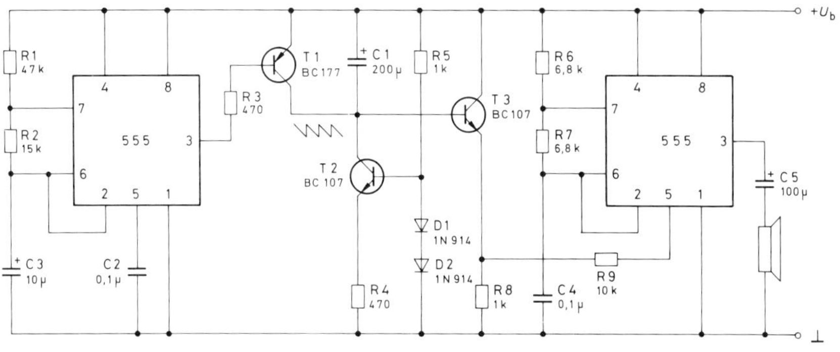

Bild 4.28 Elektronische Hupenschaltung

Der Transistor T2 ist als Konstantstromquelle geschaltet. Dies erzeugen wir durch den Widerstand R5 in Verbindung mit den zwei Dioden D1 und D2 und der Basisstrom für den Transistor T2 ist konstant. Der Kondensator C1 kann sich linear aufladen, wenn der Transistor T1 gesperrt wird.

Entladen wird der Kondensator C1, wenn der Transistor T1 voll durchschaltet. Innerhalb von 0,1 s erfolgt die Entladung, d.h. wir haben zwischen den beiden Kondensatoranschlüssen fast keine Spannung mehr. Sperrt der Transistor T1, lädt sich der Kondensator für 0,44 s mit dem Konstantstrom auf.

Mit dieser Sägezahnspannung steuern wir den Transistor T3 an, der als Emitterfolger (Kollektorschaltung) betrieben wird. Über den Widerstand R9 erhält der rechte Timer die Sägezahnspannung und kann die Ausgangsfrequenz entsprechend modulieren.

Achtung! Alle diese Schaltungen sind in Kraftfahrzeugen verboten!

4.5 Programmierbarer Zeitgeber 2240/8240

Mit den bisher beschriebenen Timern lassen sich zwar lange Zeiten erreichen, Zeitverzögerungen bis zu 24 Stunden sind möglich, aber je länger die Zeit wird, um so ungenauer wird diese. Selbst wenn wir eine Reihe von Timern hintereinanderschalten, addieren sich die Zeitfehler jedes einzelnen Zeitgliedes zu einem gesamten Zeitfehler.

Mit dem Zeitgeber 2240 oder 8240 können wir einen Langzeitgeber aufbauen, wobei Zeitverzögerungen bis zu zwei Wochen möglich sind. **Bild 4.29** zeigt uns das Funktionsschaltbild dieses Bausteines. Am Eingang haben wir wieder zwei Komparatoren und drei Präzisionswiderstände für den Spannungsvergleich. Mit dem Flipflop werden die beiden Arbeitsphasen, die Lade- und Entladezeit, gesteuert. Das Flipflop ist anschließend mit einem achtstufigen Dualzähler verbunden. Dieser Zähler zählt von 0 bis 255 und setzt sich dann automatisch auf 0 zurück.

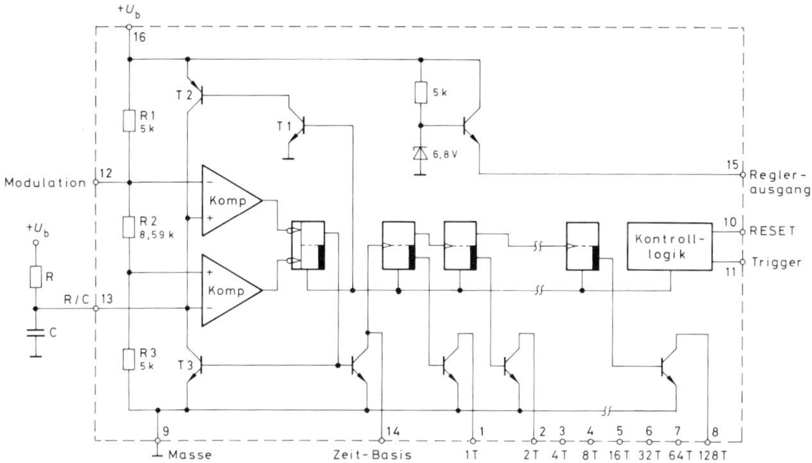

Bild 4.29 Programmierbarer Zeitgeber 2240/8240

Die Zeitverzögerung für den Zeitgeber bestimmen wir durch das externe RC-Glied. Im Gegensatz zum Timer 555 benötigen wir nur einen Widerstand. Dadurch ändert sich aber der Lade- und Entladevorgang.

Der Kondensator C lädt sich über den Widerstand R nach einer e-Funktion auf. Erreicht die Spannung an dem Kondensator C einen Wert von 0,731 der Betriebsspannung, spricht der Komparator I an, das Flipflop kippt und der Transistor T3 schaltet durch. Über diesen kann sich nun der Kondensator schnell entladen. Erreicht die Spannung den Wert von 0,269 der Betriebsspannung, spricht der Komparator II an und beendet die Entladung. Danach lädt sich der Kondensator C erneut über den Widerstand R auf.

Die internen Widerstände für den Spannungsteiler sind bis auf R2 gleich mit dem Timer 555. Durch den Widerstand $R_2 = 8{,}59\,\mathrm{k\Omega}$ erhalten wir andere Ansprechschwellen:

Komparator I: 0,731 der Betriebsspannung
Komparator II: 0,269 der Betriebsspannung.

Dies bedeutet eine wesentliche Erleichterung bei der Berechnung:

$$T = R \cdot C.$$

Die Zeit *T* setzt sich aus der Lade- und Entladezeit des Kondensators zusammen. Da aber die Entladezeit sehr kurz ist, können wir sie vernachlässigen.

Bild 4.30 zeigt das Impulsdiagramm für den programmierbaren Zeitgeber. Hat der Triggereingang am Pin 11 L-Pegel, kann der Baustein nicht arbeiten, er ist blockiert. Dieser Zustand gilt aber nur, wenn wir die Betriebsspannung eingeschaltet haben und noch kein Triggerimpuls vorlag.

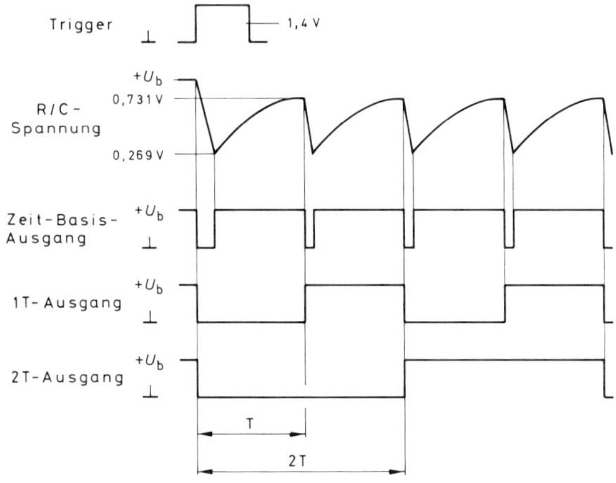

Bild 4.30 Impulsdiagramm für Zeitgeber 2240/8240

Mit der positiven Triggerflanke lösen wir die Funktion des Timers aus. Während des kurzen Entladevorganges hat der Ausgang des Flipflops L-Pegel. Für diesen Ausgang benötigen wir einen externen Arbeitswiderstand. Lädt sich der Kondensator C auf, schaltet der Ausgang auf H-Pegel. Damit können wir die Verzögerungszeit T des Zeitgebers messen.

Der Ausgang des Flipflops steuert eine achtstufige Zählerdekade an. Mit jeder negativen Flanke erhöht sich der Zählerstand. Da wir eine achtstufige Dekade haben, reicht der Zählerbereich von 0 bis 255. Nach diesem Impuls beginnt der Zähler wieder bei 0.

Arbeitet der Zeitgeber, können wir den Triggerimpuls wieder gegen L-Pegel schalten. Der Triggerimpuls kann sehr kurz sein. Während eines Arbeitsablaufes bleiben weitere Triggerimpulse wirkungslos. Wir müssen entweder die Sequenz abwarten oder auf den RESET-Eingang einen H-Pegel geben. Erst danach ist eine erneute Triggerung möglich.

Haben wir gleichzeitig auf dem Trigger- und RESET-Eingang H-Pegel, so hat der Trigger-Eingang eine Priorität.

Mit einem RESET-Pegel setzen sich alle internen Flipflops zurück. Damit haben wir an den achtstufigen Zähler-Ausgängen H-Pegel. Mit dem Triggerimpuls erhalten wir eine Vorstellung aller Flipflops und damit ergibt sich der Zählerstand 0.

Bild 4.31 zeigt uns das Anschlußschema dieses Bausteines. In dem 16poligen Gehäuse ist der Zeitgeber untergebracht.

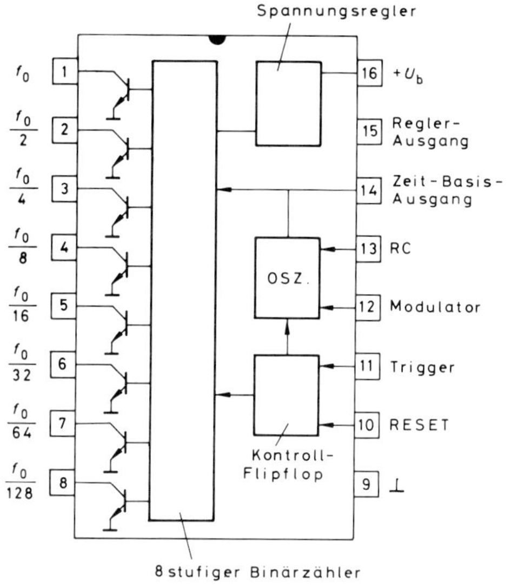

Bild 4.31 Anschlußschema des Zeitgebers 2240/8240

Zwischen Pin 1 und Pin 8 sind die acht Ausgänge der Zählerdekade, Pin 9 ist die Masse. Die Rückstellung (RESET) erfolgt über Pin 10. Die Triggerung können wir über Pin 11 vornehmen. Für Modulationen haben wir Pin 12. Das externe RC-Glied schließen wir an Pin 13. Die Ausgangsfrequenz von dem internen Oszillator ist an Pin 14. Der Ausgang von Pin 15 ist ein Konstantspannungs-Ausgang mit $U_a = 6{,}3\,\text{V}$. Die Betriebsspannung schließen wir an Pin 16 an. Der Betriebsspannungsbereich liegt zwischen 4 V und 15 V beim Baustein 2240 und zwischen 4 V und 18 V beim Baustein 8240.

Bei der Berechnung der Verzögerungszeit oder der Frequenz müssen wir das Teilerverhältnis des Zählers in die Gleichung mit einbeziehen. Wir erhalten

$$T = R \cdot C \cdot n_0$$

$$f = \frac{1}{R \cdot C \cdot n_0} \quad .$$

Die Bezeichnung n_0 ist das Teilerverhältnis. Es kann zwischen 2 und 255 betragen.

Beispiel:

Wir haben einen externen Widerstand mit $R = 1\,\text{M}\Omega$ und einen Kondensator mit $C = 1\,\mu\text{F}$ bei einem Teilerverhältnis von 240. Wie groß ist die Verzögerungszeit und/oder die Frequenz:

$$T = R \cdot C \cdot n_0$$

$$= 1 \cdot 10^6 \,\frac{\text{V}}{\text{A}} \cdot 1 \cdot 10^{-6} \,\frac{\text{As}}{\text{V}} \cdot 240$$

$$= 240\,\text{s} \qquad = 4\,\text{min} \quad .$$

Wir erhalten eine Verzögerungszeit von 4 min oder eine Frequenz von $f = 4{,}17 \cdot 10^{-3}$ Hz. Damit sehen wir, daß sich der Baustein kaum als Oszillator verwenden läßt, außer wir benötigen eine extrem niedrige Frequenz.

Bild 4.32 zeigt uns den Baustein 2240 oder 8240 in monostabiler Anwendung. Mit dem Widerstand R und dem Kondensator C bestimmen wir die Frequenz für den Oszillator. Den Modulationseingang schalten wir durch einen Kondensator auf festes Potential.

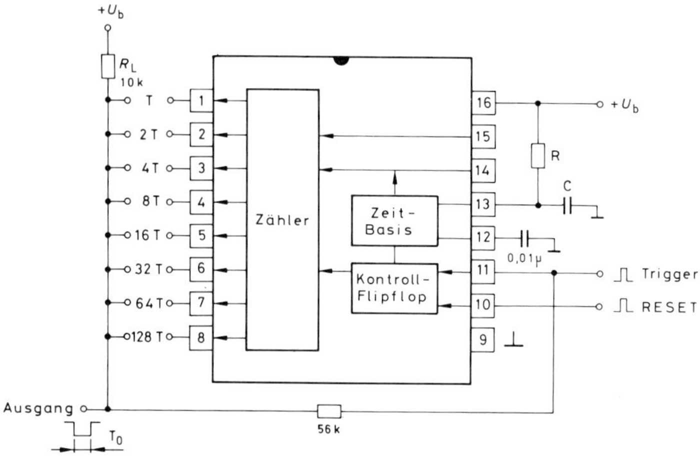

Bild 4.32 Baustein 2240/8240 in monostabiler Funktion

Die Ausgänge der Zähler sind Transistoren mit offenen Kollektoren. Dadurch ergibt sich eine „wired-AND"-Verknüpfung. Hierzu benötigen wir noch einen Arbeits- oder Lastwiderstand R_L.

Schließen wir z. B. den Ausgang 2 T und 8 T, kann der Baustein von 0 bis 9 zählen. Bei dem Zählerstand 10 hat der Ausgang 2 T und 8 T durch den Widerstand R_L einen H-Pegel und über den 56-kΩ-Widerstand erfolgt eine Rückstellung auf den Zählerstand 0.

Benötigen wir einen Zähler von 0 bis 100, müssen wir die Dezimalzahl in eine Dualzahl umwandeln und erhalten die Schalterstellung für die acht Ausgänge:

100 : 2 =	50	Rest	0
50 : 2 =	25	Rest	0
25 : 2 =	12	Rest	1
12 : 2 =	6	Rest	0
6 : 2 =	3	Rest	0
3 : 2 =	1	Rest	1
1 : 2 =	0	Rest	1 ↑ Leserichtung

$100_{(10)} \triangleq 1\,100\,100_{(2)}$

100 D ≙ 1 100 100 B

↑ Dezimal ↑ Binär

Die Dezimalzahl 100 ergibt die Dualzahl 1 100 100, d. h. wir erhalten eine siebenstellige Dualzahl. Durch eine Erweiterung ergibt sich 01 100 100 für unseren

Zähler und folgende Schalterstellungen:

128T	64T	32T	16T	8T	4T	2T	1T	
↓	↓	↓	↓	↓	↓	↓	↓	
0	1	1	0	0	1	0	0	
	↓	↓			↓			
	64	+ 32			+ 4			= 100

0 = offen
1 = geschlossen

Beim Zählerstand 99 ist die RESET-Bedingung noch nicht erfüllt, da die beiden Ausgänge 1 T und 2 T einen H-Pegel haben. Erst wenn der Ausgang 4 T einen H-Pegel hat, ist die UND-Bedingung erfüllt und der Zählerstand wird gelöscht. Damit hat der Zähler von 0 bis 99 gezählt und sich bei 100 auf 0 zurückgesetzt.

Bei der Schaltung von **Bild 4.33** schalten wir zwei Zeitgeber hintereinander.

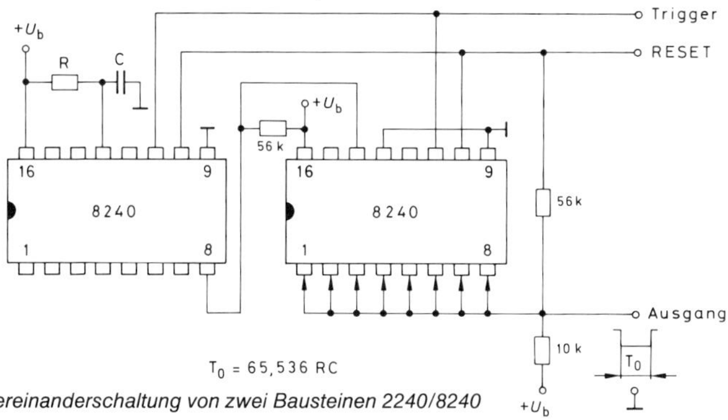

Bild 4.33 Hintereinanderschaltung von zwei Bausteinen 2240/8240

Wir erhalten einen Zähler von 0 bis 65535. Mit dem RC-Glied an dem ersten Zeitgeber bestimmen wir die Grundfrequenz. Nach 255 Taktimpulsen tritt am Ausgang 128T eine negative Impulsflanke auf. Mit dieser steuern wir dann den Zeitbasis-Eingang vom zweiten Zeitgeber an. Dies ist möglich, da wir einen externen Arbeitswiderstand für diese Verbindung haben und der Modulationseingang auf Masse liegt. Der Oszillator im zweiten Zeitgeber kann nicht arbeiten.

Der zweite Zeitgeber zählt ebenfalls von 0 bis 255 und setzt sich dann auf 0 zurück. Wir erhalten einen gesamten Zähler von 0 bis 65535.

Beispiel:
Wir haben einen externen Widerstand mit $R = 10\,\mathrm{M\Omega}$ und einen Kondensator mit $C = 1\,\mu\mathrm{F}$. Welche maximale Zeit können wir mit der Schaltung von Bild 4.33 erhalten?

$$
\begin{aligned}
T &= R \cdot C \cdot n_0 \\
&= 10\,\mathrm{M\Omega} \cdot 1\,\mu\mathrm{F} \cdot 65535 \\
&= 10\,\mathrm{s} \cdot 65535 \\
&= 655350\,\mathrm{s} \\
&= 10922\,\mathrm{min} \\
&= 182\,\mathrm{std} \\
&= 7\ \text{Tage}\ 14\ \mathrm{std.}
\end{aligned}
$$

Bei dieser Rechnung sehen wir den Vorteil dieses programmierbaren Zeitgebers. Dabei können wir durch das RC-Glied eine Zeit von einer Stunde erreichen. Auf diese Weise erhalten wir eine Verzögerung von ca. 7,5 Jahren!!!

4.6 Programmierbarer Zeitgeber 2250/8250

Der programmierbare Zeitgeber 2250/8250 ist fast identisch mit dem Baustein 2240/8240, nur daß wir hier einen Zähler im BCD-Code (Binär-Code-Dezimal) haben.

Der Baustein zählt von 0 bis 9 und danach erfolgt ein Übertrag in den Zehnerzähler. Wir erhalten einen Zählerstand zwischen 0 und 99.

Bild 4.34 zeigt uns die Innenschaltung des Bausteines 2250/8250. Die Komparatoren am Eingang sind baugleich und dies gilt auch für das nachgeschaltete Flipflop. Für einen BCD-Zähler benötigen wir jeweils vier Flipflops, die zu Zählerdekaden zusammengeschaltet sind. Dadurch ändern sich auch die Ausgangswertigkeiten, d.h. wir erhalten die Wertigkeiten in unserem dezimalen Zahlensystem und ersparen uns das Umrechnen.

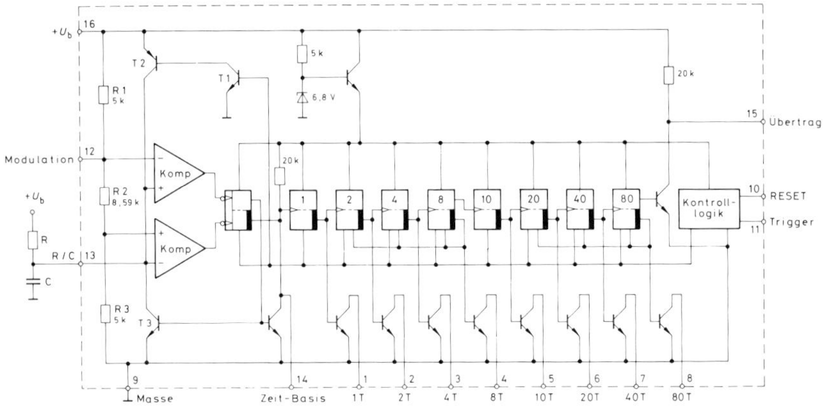

Bild 4.34 Zeitgeber 2250/8250

Mit dem Baustein können wir von 0 bis 99 zählen. Erweitern wir die Schaltung durch einen weiteren Zeitgeber, ergibt sich ein Zählbereich zwischen 0 und 9999. **Bild 4.35** zeigt die Verschaltung zu einem Langzeitgeber. Mit dem externen RC-Glied bestimmen wir die Grundfrequenz. Der linke Zähler kann von 0 bis 99 zählen. Im Gegensatz zu dem 2240/8240-Baustein haben wir an Pin 15 einen „Übertragungsausgang". Diesen Ausgang verbinden wir mit dem Eingang des Oszillators. Bei jeder negativen Impulsflanke des linken Zeitgebers wird der Zählerstand des rechten Zeitgebers um eine Eins erhöht. Wir erreichen einen maximalen Zählerbereich von 9999.

Die Ausgangszeit T_0 errechnet sich aus

$$T_0 = R \cdot C \cdot n_0$$

100 D ≙ 1100100 B

↑ Dezimal ↑ Binär

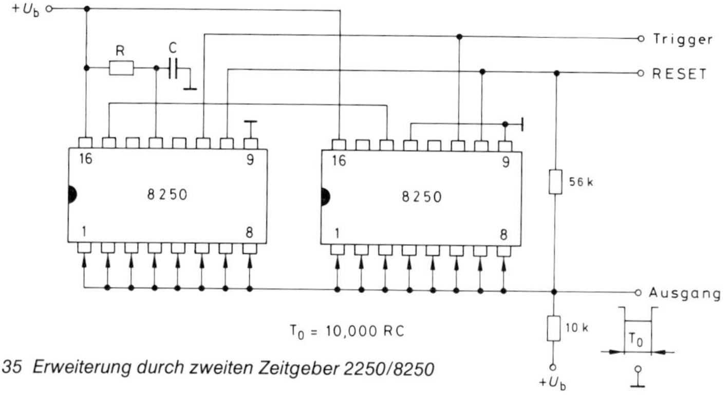

Bild 4.35 Erweiterung durch zweiten Zeitgeber 2250/8250

Mit dem programmierbaren Zeitgeber können wir dieselben Versuche aufbauen wie mit dem 2240/8240. Bei einigen Versuchen müssen wir aber die Widerstände ändern.

4.7 Programmierbarer Zeitgeber 8260

Der programmierbare Zeitgeber ist ebenfalls fast identisch mit den beiden vorher gezeigten Bausteinen, nur daß wir einen Zähler im Sekunden/Minuten/Stunden-Modus haben. Damit können wir programmierbare Uhrenschaltungen aufbauen.

Bild 4.36 zeigt uns die Innenschaltung dieses Zählers. Die erste Zählerdekade zählt von 0 bis 9 und setzt sich anschließend auf 0 zurück. Dabei wird der Zähler-

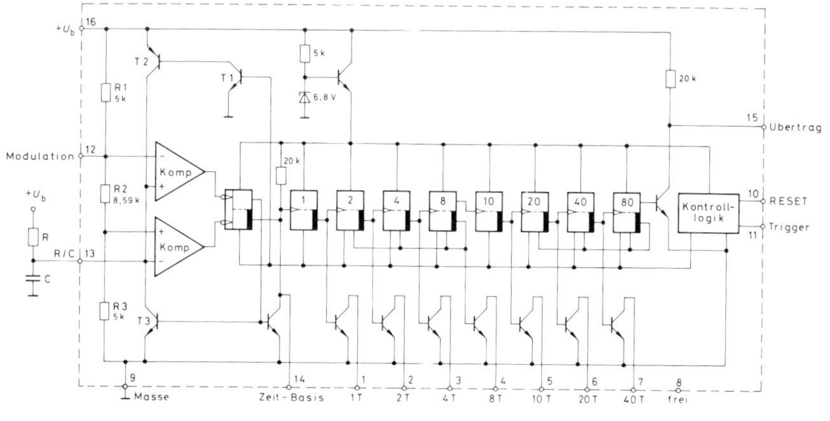

Bild 4.36 Zeitgeber 8260

stand im zweiten Zähler um eine 1 erhöht. Dieser Zählerteil arbeitet nun von 10 bis 50. Ab dem Zählerstand 59 setzen sich beide Zählerdekaden auf 0 zurück und der 8260 beginnt wieder mit einer neuen Zählsequenz.

Ein typisches Anwendungsbeispiel für den programmierbaren Zeitgeber ist in **Bild 4.37** gezeigt. Wir haben drei 8260, die an einer Eingangsfrequenz von 1 Hz liegen.

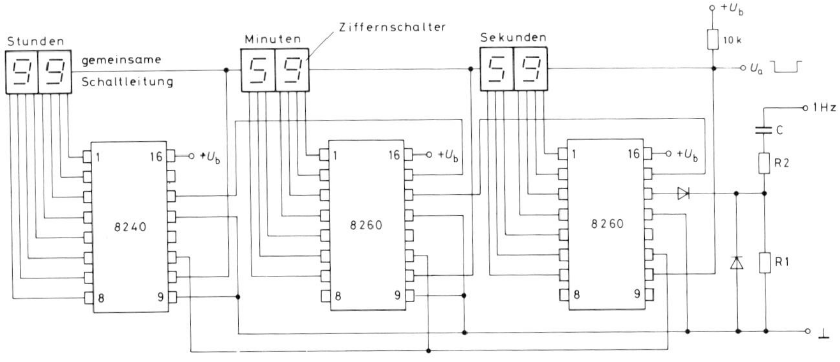

Bild 4.37 Schaltung eines programmierbaren Zeitgebers

Die Eingangsfrequenz von 1 Hz erzeugen wir uns durch einen einfachen 50er-Teiler, den wir entweder mit TTL- oder CMOS-Bausteinen realisieren.

Die Ausgänge der drei programmierbaren Zeitgeber sind mit Codierschaltern verbunden. Mit diesen stellen wir die Zeit ein. Da wir zwei Bausteine 8260 und einen Baustein 8240 haben, ist unser programmierbarer Bereich zwischen 1 Sekunde und 100 Stunden (minus einer Sekunde).

Erreichen die Zähler den eingestellten Wert, ist die UND-Bedingung erfüllt und es erfolgt eine Rückstellung.

5 Komplexe Zählerschaltungen

In komplexen Zählerschaltungen sind in einem Baustein die Zählerdekaden, Decoder, Steuereinheiten, Treiber und häufig auch ein Quarz-Oszillator integriert. Mit wenigen externen Bauelementen können wir also komplizierte Schaltungen relativ einfach realisieren.

5.1 Zähler ICM 7217 (Vier-Dekaden-Zähler)

Den Zählerbaustein ICM 7217 gibt es in vier verschiedenen Varianten:

ICM 7217 IJI Dekadenzähler/9999 CA
ICM 7217A IPI Dekadenzähler/9999 CC
x ICM 7217B IJI Zeitgeber/5959 CA
ICM 7217C IPI Zeitgeber/5959 CC

Bitte achten Sie bei der Bestellung auf die einzelnen Kombinationen. Die Bezeichnung CA (Common Anode) ist für 7-Segment-Anzeigen mit gemeinsamer Anode und CC (Common Cathode) für 7-Segment-Anzeigen mit gemeinsamer Katode geeignet.

Bevor auf die komplizierte Innenschaltung des ICM 7217 eingegangen wird, betrachten wir uns zuerst das Anschlußschema in Verbindung mit den externen Bauelementen. **Bild 5.1** zeigt die Schaltung. Wir haben hier den Dekadenzähler und den Zeitgeber für die Ansteuerung einer Anzeigeneinheit. Diese Einheit besteht aus vier 7-Segment-Anzeigen mit gemeinsamer Anode. Die Segmentausgänge des ICM 7217 steuern direkt die Katoden der Anzeigen an, d. h. wir müssen jeweils die vier gleichen Segmente in unserer Anzeigeneinheit parallel schalten. Die Ansteuerung der vier 7-Segment-Anzeigen erfolgt durch die vier Digit-Ausgänge D0, D1, D2 und D3.

Für die Ansteuerung der Anzeigeneinheit benötigen wir keine externen Treibertransistoren. Die Segment- und die Digit-Treiber sind in der Lage, jede LED-Anzeige bis zu einer Größe von 25 mm zu treiben. Bei größeren Anzeigen benötigt man jedoch Treiberstufen.

Die Digit-Ausgänge steuern gleichzeitig die Codierschalter an. Mit diesen Codierschaltern geben wir eine Vorwahl ein. Bei einem Steuerimpuls übernimmt der ICM 7217 diesen eingestellten Wert und kann ihn entsprechend verarbeiten. Bei dem ICM 7217 stellen wir die Vorwahl zwischen 1 und 9999 ein. Dagegen arbeitet der ICM 7217 B mit einer Vorwahl zwischen 1 und 5959, da wir einen Zeitgeber haben.

Pin 1 bei dem Baustein ist ein Übertragungsausgang für die direkte Kaskadierung der Zähler. Beim Vorwärtszählen haben wir einen Übertragsausgang (Carry) und beim Rückwärtszählen einen Borgerausgang (Borrow). Für ca. 500 μs, nach einer positiven Taktflanke an dem Pin 8 (Zählereingang), erhalten wir hier eine positive Flanke, wenn der Zähler von „9999“ auf „0000“ beim Aufwärtszählen inkrementiert (erhöht) oder von „0000“ auf „9999“ beim Abwärtszählen dekrementiert (verringert) wird.

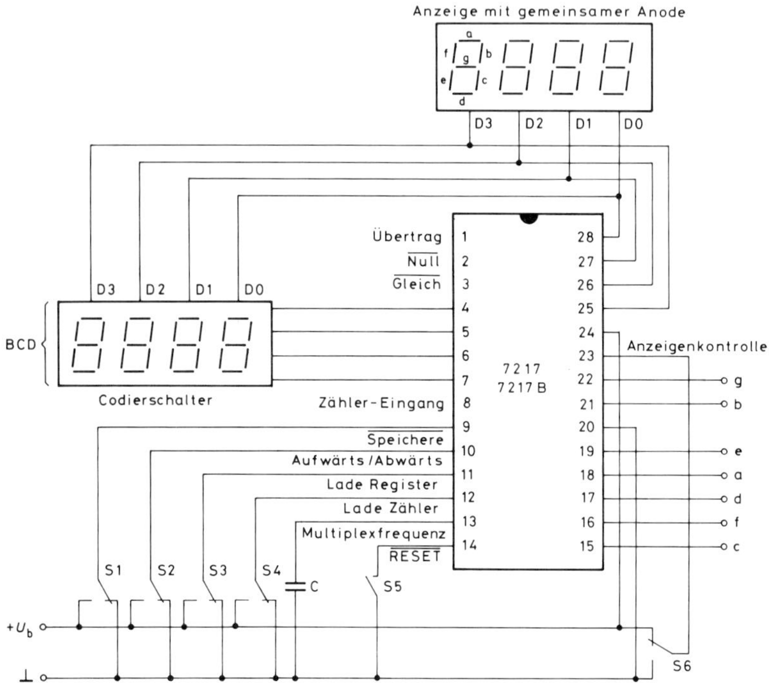

Bild 5.1 Beschaltung des Bausteines ICM 7217

Mit dem Übertragsausgang steuern wir direkt eine weitere Zähleinheit an.

Pin 2 ist der „$\overline{\text{Null}}$"-Ausgang. Dieser Ausgang schaltet auf L-Pegel, wenn der Zählerstand „0000" erreicht worden ist.

Pin 3 ist der „$\overline{\text{Gleich}}$"-Ausgang. Dieser Ausgang schaltet auf L-Pegel, wenn der Zählerstand mit dem Inhalt des internen Registers identisch ist. Damit realisieren wir einen Vorwahlzähler. Wir geben z.B. den Wert 1000 in das interne Register ein und zählen dann ab Null vorwärts. Erreicht der Zähler den Wert 1000, schaltet der Ausgang von H- nach L-Pegel.

Die Ausgänge von Pin 1, Pin 2 und Pin 3 haben ein „fan-out" von Standard-TTL-Bausteinen, d.h. wir können direkt TTL-Bausteine ansteuern.

An Pin 4 bis 7 liegen die Ausgänge der Codierschalter an. Die Abfrage der Codierschalter erfolgt im Multiplexbetrieb.

Die Frequenz wird an dem Zähler-Eingang von Pin 8 angeschlossen. Sie muß den üblichen TTL-Spannungen entsprechen und darf nicht größer als die Betriebsspannung des ICM 7217 sein. Der Zähler-Eingang hat eine Schmitt-Trigger-Charakteristik. Damit werden auch langsame Zählerimpulse sicher ausgewertet. Die Eingangsfrequenz kann bis zu 2 MHz betragen.

Pin 9 ist der „Speichere“-Eingang. Bei einem L-Pegel wird der momentane Zählerstand in den Zwischenspeicher übernommen. Danach kann der Zähler auf „0000“ zurückgesetzt werden und die Anzeigeneinheit gibt den Wert vom Zwischenspeicher aus. Mit einem H-Pegel sperren wir die Übernahme in dem internen Zwischenspeicher.

Mit dem Eingangspegel an Pin 10 bestimmen wir, ob der interne Zähler vor- oder rückwärts zählen soll. Bei einem H-Pegel arbeitet der Zähler vorwärts, bei einem L-Pegel rückwärts. Entsprechend des Zählbetriebes ändern sich auch die Wertigkeiten von Pin 1, Pin 2 oder Pin 3.

Über Pin 11 wird das interne Register geladen. Legen wir diesen Eingang auf H-Pegel, werden die an den vier Eingängen des Codierschalters anliegenden Informationen im Multiplexbetrieb übernommen, ohne daß der momentane Zählerstand beeinflußt wird. Legen wir den Eingang auf L-Pegel, wird der Oszillator ausgeschaltet und die BCD-Anschlüsse gehen auf Z-Pegel, d.h. die Anschlüsse haben eine hohe Impedanz. Gleichzeitig werden die Segment- und die Digit-Treiber abgeschaltet.

Mit Pin 12 laden wir den internen Vier-Dekaden-Zähler. Legen wir einen H-Pegel an, wird der Zählereingang blockiert und die Daten an den BCD-Eingängen werden im Multiplexbetrieb übernommen. Der Inhalt des Zwischenspeichers wird nicht geändert. Legen wir den Eingang auf L-Pegel, gehen die BCD-Anschlüsse auf Z-Pegel, aber der Zähler oder die Register werden nicht beeinflußt.

Pin 13 wird in den meisten Fällen über einen Kondensator mit Masse verbunden. Der Kondensator bestimmt die Frequenz des internen Oszillators für den Multiplexbetrieb. Ohne Kondensator schwingt dieser Oszillator mit einer Frequenz von ca. 10kHz. Die nachfolgende Tabelle zeigt uns einige typische Werte:

Kondensatorwert	Oszillator-Frequenz	Digit-Freqzenz
ohne C	≈ 10kHz	2,5 kHz
20pF	5kHz	1,25kHz
90pF	1kHz	250Hz

Der interne Oszillator wurde bereits auf ein Tastverhältnis von 25 : 1 eingestellt und erzeugt einen sehr kurzen Impuls. Dieser Impuls steuert einen 2-Bit-Zähler an, der uns die vier Phasen für den Multiplexbetrieb erzeugt.

Den kurzen Impuls benötigt der ICM 7217, damit er die Ausgangssignale der Digit-Treiber verzögert und so eine Austastung zwischen der Ansteuerung der einzelnen Segmente in der Anzeigeneinheit gewährleistet ist. Damit wird immer zuerst die werthöchste Stelle angesteuert. Dies gilt auch für die externen BCD-Codierschalter.

Mit dem Eingang „RESET“ an Pin 14 löschen wir durch einen L-Pegel den internen Zähler. Dieser Pegel soll aber nach Möglichkeit sehr kurz sein, damit neu eingehende Impulse berücksichtigt werden. Wir steuern über ein TTL-Monoflop diesen Eingang an.

Die Segmentausgänge von a bis g befinden sich zwischen Pin 15 und Pin 22, wobei Pin 20 der negative Betriebsspannungsanschluß (Masse) ist. Wir benötigen keine externen Strombegrenzungs-Widerstände, da der ICM7217 interne Konstantstromquellen hat.

Pin 23 ist die Anzeigenkontrolle. Wird der Anschluß nicht angeschlossen, d.h. bleibt er unbelegt, so haben wir an dem Pin die halbe Betriebsspannung. Der ICM 7217 kann arbeiten und die voreilenden Nullen werden automatisch unterdrückt. Legen wir einen H-Pegel an, wird die Anzeige dunkelgesteuert, wodurch sich die Stromaufnahme des ICM7217 wesentlich reduziert und zwar um den Faktor 100. Geben wir auf den Eingang L-Pegel, kann der Baustein arbeiten, jedoch werden die voreilenden Nullen in der Anzeige nicht mehr unterdrückt.

Pin 24 ist der positive Betriebsspannungsanschluß. Der Baustein benötigt eine TTL-Betriebsspannung von $U_b = +5\,V$, einen Strom von $I = 100\,mA$ bei gemeinsamer Katode und $I = 200\,mA$ bei gemeinsamer Anode.

Die Digit-Ausgänge D0 bis D3 sind zwischen Pin 25 und Pin 28. Hier benötigen wir ebenfalls keine externen Strombegrenzungs-Widerstände.

Bild 5.2 zeigt uns das Blockschaltbild des ICM 7217. Wir haben folgende Funktionsblöcke:

a) einen synchronen programmierbaren Vorwärts/Rückwärts-4-Bit-Dezimalzähler mit Übertragsausgang und Nullerkennung
b) ein programmierbares 4-Bit-Register mit digitalem Komparator
c) einen separaten Ausgangsspeicher
d) Ausgangsdecoder mit Treibersystem
e) Steuerlogik

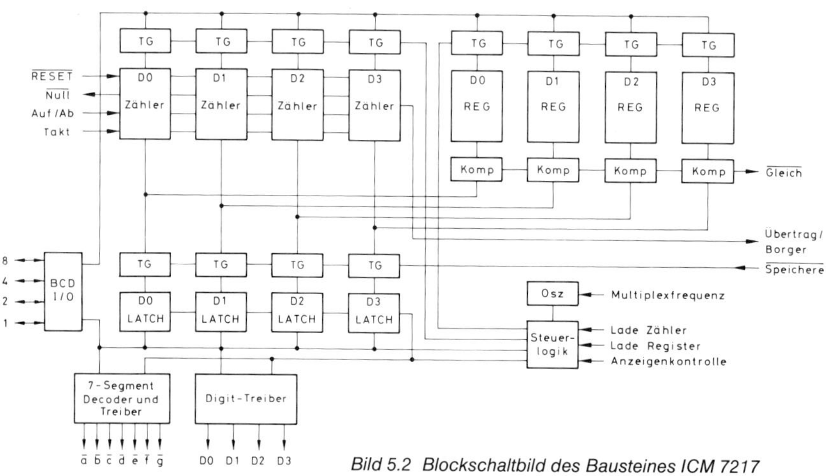

Bild 5.2 Blockschaltbild des Bausteines ICM 7217

Der Dezimalzähler des ICM 7217 ist ein synchroner programmierbarer Zweirichtungszähler. Die Dekade D0 zählt von 0 bis 9 und führt dann einen Übertrag in die Dekade D1. Die Dekade D1 zählt beim ICM 7217 von 0 bis 9 und setzt sich zurück. Beim ICM 7217B oder C dauert der Zählvorgang aber nur von 0 bis 5. Danach erfolgt eine Rücksetzung auf 0. Die Dekade D2 zählt bei allen Bausteinen wieder von 0 bis 9 und danach wird die Dekade D3 beim Zurücksetzen auf 0 um eine Eins erhöht. Die Dekade D3 arbeitet entweder von 0 bis 9 (ICM 7217 und ICM 7217A) oder von 0 bis 5 (ICM 7217B und ICM 7217C).

Die Zählrichtung bestimmen wir durch den Eingang U/D (Up/Down oder Aufwärts/Abwärts).

Der Ausgang Null wird durch ein UND-Gatter erzeugt. Sind die Flipflops in einer Zähldekade auf Null zurückgesetzt, ist die UND-Bedingung erfüllt. Die Ausgänge der einzelnen Zählerdekaden sind mit einem NAND-Gatter verbunden. Sind alle UND-Bedingungen erfüllt, schaltet der Ausgang des NAND-Gatters auf L-Pegel.

Mit dem $\overline{\text{RESET}}$-Eingang setzen wir alle Zählerdekaden auf 0 zurück, so daß der Ausgang Null einen L-Pegel erhält.

Über den BCD-Eingang liegen die Eingangs-Informationen der externen Codierschalter im Multiplexbetrieb an. Damit können wir die Zähler entsprechend programmieren (voreinstellen) oder diese Informationen in den Registern REG speichern. Die Zähler und die Speicher sind mittels Transmissions-Gatter TG von den BCD-Leitungen getrennt. Durch die Steuerlogik in Verbindung mit dem Multiplexoszillator werden die BCD-Informationen richtig in den Zähler oder Speicher eingeschrieben.

Haben wir den Zähler mit einer eingegebenen Information programmiert, so kann der Baustein von diesem voreingestellten Wert entweder nach oben oder unten zählen. In der Praxis zählen wir meistens nach unten und sprechen von einem Vorwahlzähler. Erreicht der Zähler den Stand 0000, schaltet der Ausgang Null auf L-Pegel und damit schaltet die Zählanlage aus, wie wir später noch sehen werden.

Wir können auch die BCD-Informationen in den Speicher REG einschreiben. Arbeitet der Zähler im Vorwärtsbetrieb, so wird mit jedem Taktimpuls der Zählerstand erhöht. Durch den Komparator KOMP wird der Zählerstand mit dem Speicherinhalt verglichen. Sind beide Inhaltswerte gleich groß, spricht der Komparator an und der Ausgang „$\overline{\text{Gleich}}$" schaltet auf L-Pegel. Damit schalten wir eine Zählanlage aus und erhalten einen Vorwahlzähler, der aber in seiner Funktion etwas anders abläuft.

Den Zählerinhalt können wir jederzeit in den LATCH (einfacher Flipflop-Speicher) eingeben, wenn wir an den Eingang „$\overline{\text{Speichere}}$" einen L-Pegel anlegen. Der Inhalt der LATCH-Speicher kann nur durch den Eingang verändert werden.

Die Ausgänge der LATCH-Speicher liegen über eine gemeinsame Datenleitung an dem Segment-Dekoder. Hier wird nun die Multiplexausgabe der Daten vorgenommen. Durch den Oszillator und den Multiplexer in der Steuerlogik wird zuerst der Inhalt von dem LATCH 3 auf die Datenleitung geschaltet. Der Segment-Decoder wandelt die BCD-Daten in einen 7-Segment-Code um, der dann durch die Segment-Treiber verstärkt wird. Gleichzeitig schaltet der Digit-Treiber-Ausgang D3 durch. Die werthöchste Anzeige leuchtet kurz auf.

Nach einer bestimmten Zeit schaltet der Multiplexer den Digit-Treiber-Ausgang D3 ab und gibt danach das LATCH 2 frei. Nun liegen die gespeicherten Informationen dieses Speichers auf den vier gemeinsamen Datenleitungen und werden von dem Segment-Decoder in einen 7-Segment-Code umgewandelt. Durch die Segment-Treiber erhalten wir stabile Ausgangssignale. Erst danach schaltet der Digit-Treiber-Ausgang D 2 durch. Die Anzeige 2 leuchtet kurz auf.

Durch den Multiplex-Oszillator bestimmen wir die Abfragegeschwindigkeit der einzelnen LATCH-Speicher. Dabei wird der Inhalt aber nicht verändert.

Die Steuerlogik erhält ihre Signale von den drei Eingängen. Der Multiplex-Oszillator erzeugt dazu das richtige „Timing" für die internen Funktionsblöcke.

Ein Problem bei dem Baustein ICM 7217 ist der Anschluß der BCD-Codierschalter. Wir müssen die einzelnen Leitungen zu den Codierschaltern durch Dioden entkoppeln (**Bild 5.3**). Wir benötigen 16 externe Dioden vom Typ 1N914 oder ähnliche. Bitte beachten Sie den Anschluß zwischen gemeinsamer Anode und Katode. Dies kommt auf den Anzeigentyp an.

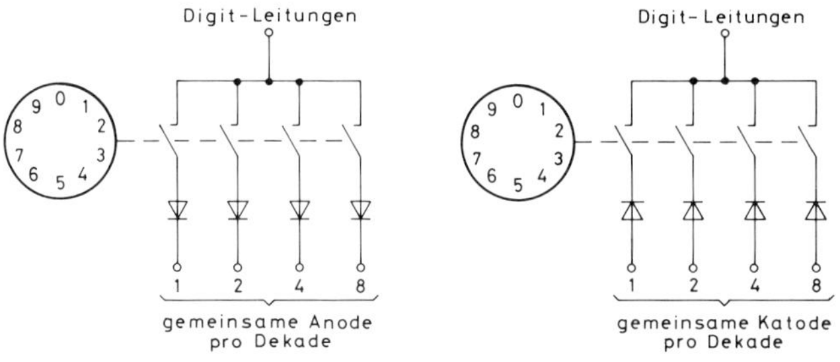

Bild 5.3 BCD-Schalter durch Dioden entkoppelt

Bild 5.4 zeigt uns das Anschlußschema der Bausteine ICM 7217A, ICM 7217C, ICM 7217 und ICM 7217B. Bitte beachten Sie die unterschiedliche Pinbelegung!

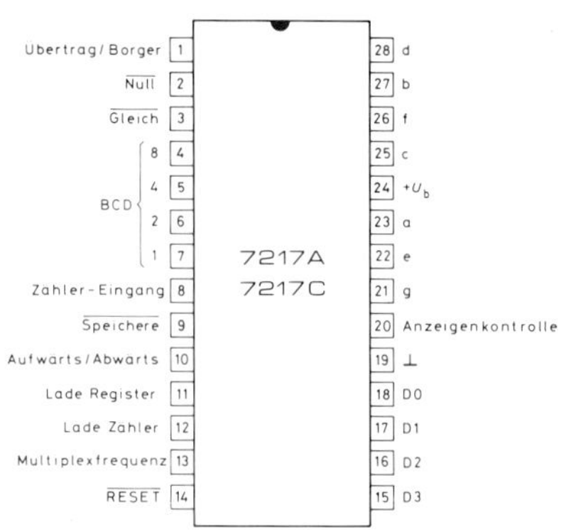

Bild 5.4 a) Anschlußbelegung der Bausteine 7217A und 7217C

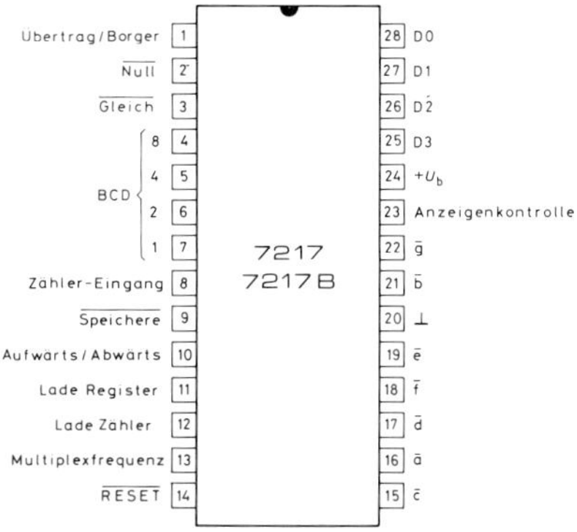

Bild 5.4 b) Anschlußbelegung der Bausteine 7217 und 7217B

Bei einem Platinenentwurf müssen wir uns immer vorher überlegen, welchen Typ wir verwenden.

Schaltet man zwei ICM 7217 hintereinander, so müssen wir auf bestimmte Funktionen achten. **Bild 5.5** zeigt die Schaltung. Die Anordnung der beiden Anzeigeneinheiten ist richtig, links die werthöhere und rechts die wertniedrigere. Damit können wir von 0 bis 99999999 zählen.

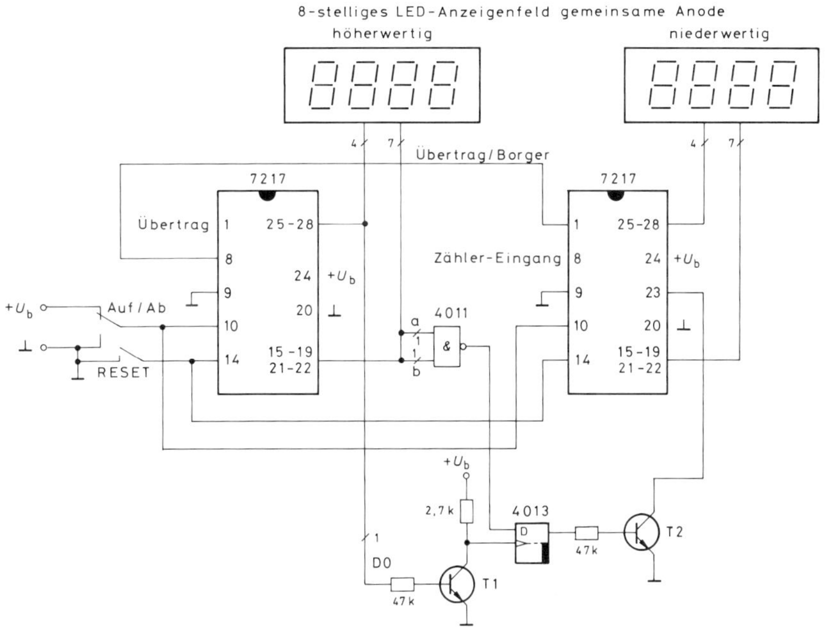

Bild 5.5 8stelliger Auf-/Abwärts-Zähler mit dem Baustein ICM 7217

Der Eingangstakt oder die Eingangsfrequenz liegt an dem rechten ICM 7217. Durch die sieben Segmentausgänge und die Digitalausgänge erhalten wir den Zählerwert zwischen 0 und 9999. Ist der höchste Zählerstand erreicht, kippen die internen Zählerdekaden auf 0 zurück und an dem Ausgang für den Übertrag (Carry) entsteht eine positive Triggerflanke für den linken ICM 7217. Dieser wird dann um eine Stelle erhöht. Auf diese Weise können wir einen großen Zählbereich erreichen.

Mit dem Schalter (kein prellfreier erforderlich) für das Vorwärts-/Rückwärts-Zählen bestimmen wir die Zählrichtung. Dabei können wir auch während eines Zählvorganges die Richtung ändern, ohne daß sich in dem sogenannten Zählerstand Fehler ergeben.

Die Löschung der beiden Zähler erfolgt durch den RESET-Schalter. Mit den einzelnen Ausgängen können wir weitere Steuerfunktionen realisieren, wie dies bereits angezeigt wurde.

Ein Problem bei dieser Schaltung ist die automatische Unterdrückung der voreilenden Nullen. Mit der Zusatzschaltung, bestehend aus einem D-Flipflop, einem NAND-Gatter und zwei NPN-Transistoren, läßt sich dieses Problem einfach lösen.

Mit dem Digit-Ausgang D0 steuern wir über einen 47-kΩ-Widerstand den Transistor T1 an. Kippt der Ausgang D0 von H nach L, entsteht eine negative Flanke an dem Transistor T1. Diese wird von T1 invertiert und an dem Takteingang von dem D-Flipflop erhalten wir einen positiven Impuls. Damit kann sich das D-Flipflop setzen und rücksetzen.

Diesen Vorgang des D-Flipflops bestimmt das NAND-Gatter. Die beiden Eingänge des NAND-Gatters liegen an den Segment-Ausgängen a und b. Sind die beiden Ausgänge auf H-Pegel, ist die NAND-Bedingung erfüllt und an dem D-Eingang des Flipflops liegt L-Pegel an. Mit der nächsten positiven Taktflanke wird das Flipflop zurückgekippt und der Ausgang Q hat L-Pegel. Mit diesem L-Pegel sperrt der Transistor T2 und an dem Eingang für die Anzeigenkontrolle liegt die halbe Betriebsspannung. Wir erhalten bei dem rechten ICM 7217 eine automatische Vornullen-Unterdrückung, da der linke ICM 7217 noch den Zählerstand 0 aufweist.

Die automatische Vornullen-Unterdrückung ist aufgehoben, wenn in dem linken Zähler der Stand 1 erreicht worden ist. Dadurch erhält das NAND-Gatter des Segment-Ausgangs a einen L-Pegel und der Ausgang des NAND-Gatters hat H-Pegel. Dieser liegt an dem D-Eingang. Mit der nächsten positiven Taktflanke setzt sich das D-Flipflop und der Ausgang Q hat H-Pegel. Der Transistor T2 steuert durch und der Eingang für die Anzeigenkontrolle liegt auf Masse. Die automatische Vornullen-Unterdrückung ist aufgehoben.

Wir können diese Schaltung beliebig erweitern, wenn wir diese Verbindungslogik einschalten. Damit steuert immer die werthöhere Anzeige die wertniedrigere oder wir legen den Eingang für die Anzeigenkontrolle fest auf Masse. Dabei leuchten alle Anzeigen entsprechend auf.

In Verbindung mit BCD-Codierschalter können wir beide Bausteine ICM 7217 von der Schaltung in Bild 5.5 voreinstellen. Bitte achten Sie auf die einzelnen Bedingungen, wie wir bereits gesehen haben.

Mit dem Baustein ICM 7217 können wir uns auch einen Frequenzzähler aufbauen. Hierzu benötigen wir eine Zeitbasis, die uns die Torzeiten für den ICM 7217 steuert.

Als Zeitbasis bei der Schaltung von **Bild 5.6** verwenden wir den Baustein ICM 7207A (Zeitbasis für digitale Uhrenschaltungen) und einen Quarz von 5,24288 MHz. Dadurch erhalten wir eine Torzeit von 100 ms und gleichzeitig verwenden wir die anderen Ausgänge zur Steuerung der Speicher- und RESET-Funktionen. Wir erhalten einen einfachen Frequenzzähler.

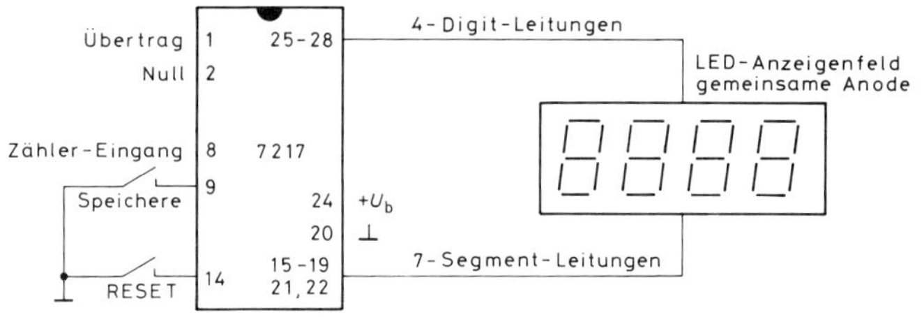

Bild 5.6 Einfacher Frequenzzähler

Die zu zählenden Impulse liegen an dem NOR-Gatter. Als NOR-Gatter verwenden wir den Baustein 4001, einen CMOS-Baustein. Für 100 ms hat der Torausgang (Pin 13) des ICM 7207A einen L-Pegel. Während dieser Zeit werden die eingehenden Impulse von dem ICM 7217 gezählt. Nach dieser Phase schaltet der Torausgang auf H-Pegel und sperrt das NOR-Gatter.

Der Ausgang von Pin 2 und Pin 14 wird von einer internen Steuerlogik erzeugt und beträgt bei diesem Quarz 50 ms bzw. 25 ms. Nach dem Signal an dem Eingang „Speichere" wird der Wert des internen Zählers übernommen und anschließend erfolgt durch den Eingang „RESET" die Löschung. Danach gibt der Torausgang die Torzeit für unsere Frequenzmessung wieder frei.

Die kleinste Frequenz bei der Schaltung von Bild 5.6 wird durch die Torzeit von 100 ms bestimmt. Wir erhalten die kleinste Frequenz von 10 Hz und die größte von 99999 Hz, also ca. 100 kHz.

Durch Änderung der Quarz-Frequenz können wir die Torzeit ändern und erhalten andere Werte für die minimale und maximale Frequenz.

Einen ganz preiswerten Frequenzzähler haben wir in der Schaltung von **Bild 5.7**. Die Torzeit und den Steuerablauf erzeugen wir uns mit dem Dualtimer 556 und mit vier NAND-Gattern, die in dem Baustein 4011 vorhanden sind.

Über den Widerstand R_A und R_B lädt sich der Timer 1 auf und über R_B entlädt er sich. Dadurch arbeitet Timer 1 in astabiler Funktion. Der Ausgang des Timers steuert das NAND-Gatter G 1 an und damit wird die Torzeit für den Frequenzzähler bestimmt. Mit dem Widerstand R_A und R_B stellen wir die Torzeit so ein, daß für eine Sekunde die Eingangsimpulse das NAND-Gatter passieren können. Die 300 µs in dem Zeitdiagramm benötigen wir für Steuerzwecke.

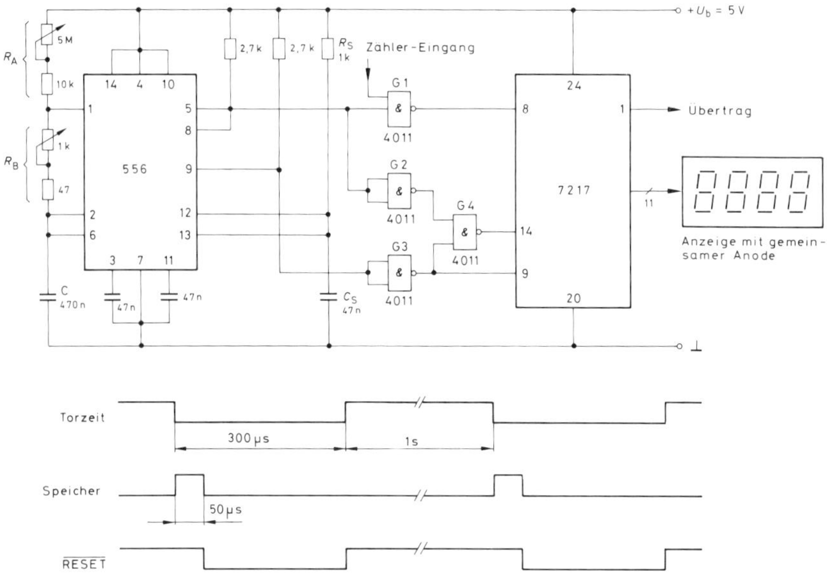

Bild 5.7 Preiswerter Frequenzzähler mit vierstelliger Anzeige, Schaltung und Impulsdiagramm der Steuerung

Kippt der Ausgang des Timers 1 auf L-Pegel, wird mit dieser negativen Flanke der Timer 2 getriggert. Durch den Widerstand R_S und den Kondensator C_S erhalten wir für den Timer 2 eine monostabile Zeit von 50 µs. Durch diese 50 µs wird der momentane Zählerstand des ICM 7217 in die LATCH-Speicher übernommen.

Kippt der Timer 2 in seine stabile Ausgangslage zurück, erhält der RESET-Eingang des ICM 7217 L-Pegel und der gesamte Zählerinhalt wird gelöscht.

Nach 300 µs ist die Entladezeit des Kondensators C über den Widerstand R_B beendet. Danach folgt für eine Sekunde die Torzeit für die nächste Frequenzmessung.

Die Genauigkeit der Messung hängt nur von der Torzeit ab. Diese Zeit müssen wir genau einstellen. Die Schaltung können wir erweitern, wie wir dies bereits bei der Schaltung von Bild 5.5 gesehen haben.

5.2 8stelliges Universal-Zählersystem ICM 7216

Im IC-Hobby, Teil 1, haben wir bereits einen hochintegrierten Frequenzzähler, den MK 50398, kennengelernt. Durch die Weiterentwicklung entstand das von der Firma Intersil angebotene Universal-Zählersystem ICM 7216. Der ICM 7216 wird in vier verschiedenen Versionen angeboten:

ICM 7216 A: Universal-Zählersystem mit gemeinsamer Anoden-LED-Anzeige
ICM 7216 B: Universal-Zählersystem mit gemeinsamer Katoden-LED-Anzeige
ICM 7216 C: Frequenzzähler mit gemeinsamer Anoden-LED-Anzeige
ICM 7216 D: Frequenzzähler mit gemeinsamer Katoden-LED-Anzeige

Bild 5.8 zeigt die Anschlußbelegungen für diese vier Bausteine.

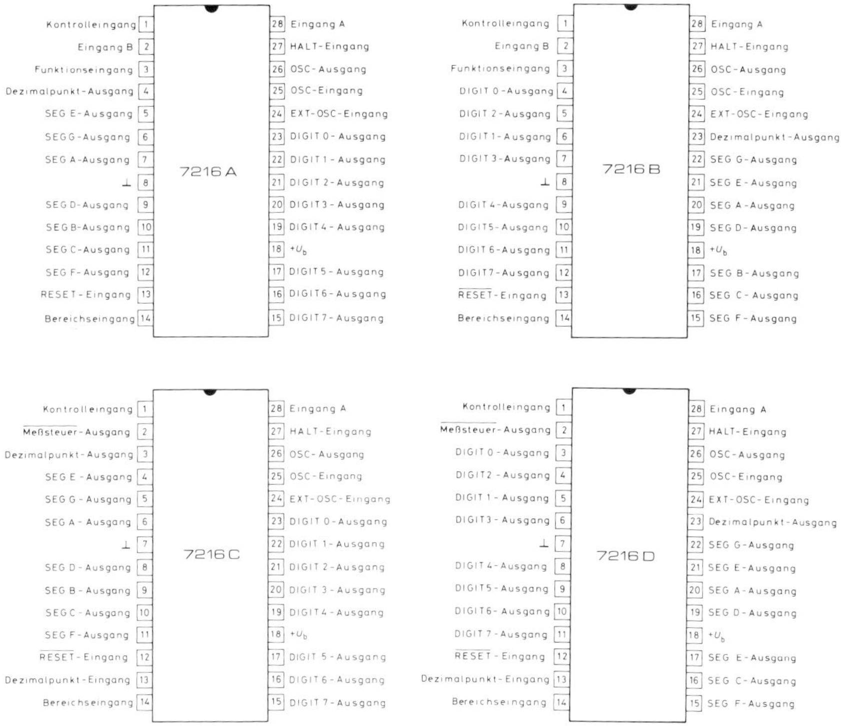

Bild 5.8 Anschlußbelegungen der Bausteine 7216A, 7216B, 7216C, 7216D

5.2.1 Baustein ICM 7216 mit seinen Funktionen

In **Bild 5.9** ist das Blockschaltbild gezeigt. Kernstück ist der 8stufige Zähler, der von 0 bis 99999999 zählen kann, d.h. wir haben einen achtfachen BCD-Zähler mit je vier Flipflops, insgesamt also 32 Flipflops. Die Ausgänge dieser Flipflops liegen an einem 32-Bit-LATCH-Speicher und werden zwischengespeichert. Die Abfrage dieses Speichers erfolgt im Multiplexbetrieb, so daß wir acht Segment-Ausgänge (7-Segment- und Dezimalpunkt-Ausgänge) und acht Digit-Ausgänge haben. Für den Hobby-Elektroniker ergibt sich ein problemloser Schaltungsaufbau, da wir nur ein Minimum an Verbindungsleitungen benötigen.

Der ICM 7216A und B hat zwei Eingänge, die mit „A" und „B " gekennzeichnet sind. Mit diesen Bausteinen ist ein Universal-Zähler realisierbar, d.h. zwischen den beiden Eingängen ist eine Differenzmessung möglich.

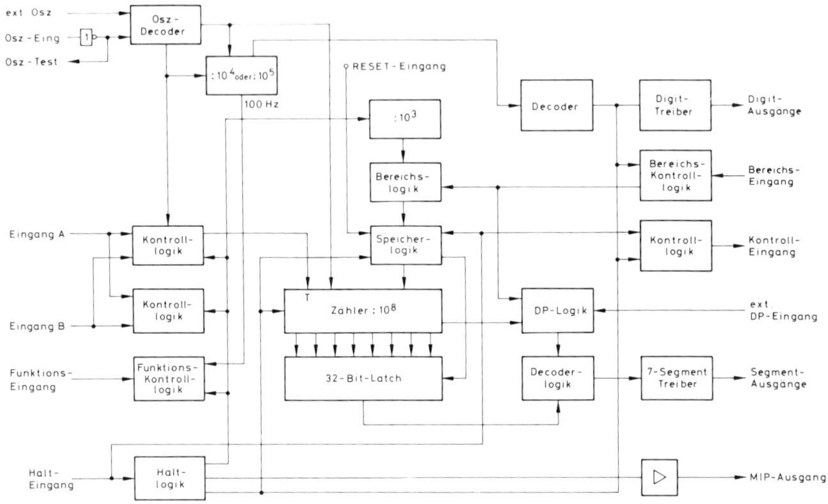

Bild 5.9 Blockschaltbild des hochintegrierten Bausteines ICM 7216

Der ICM 7216C und D hat dagegen nur einen Eingang und wir können im wesentlichen nur Frequenzen messen.

Bitte beachten Sie die unterschiedliche Belegung zwischen den Eingängen und Ausgängen der beiden Zählertypen.

Der ICM 7216 hat einen internen Oszillator, der entweder mit 1-MHz- oder mit einem 10-MHz-Quarz betrieben wird. Andere Frequenzen sind möglich, aber damit ändert sich das gesamte Verhalten des Bausteines. Durch eine spezielle Ansteuerung läßt sich der interne Oszillator abschalten und der ICM 7216 wird durch eine externe Frequenz gesteuert.

An dem RESET-Eingang löschen wir den Inhalt des Bausteines. Mit einem Signal an dem „HOLD"-Eingang (Halten) bleibt der momentane Zählerstand erhalten. Erst wenn wir einen Schalter (Taste) loslassen, arbeitet der ICM 7216 wieder. Während der „HOLD"-Zeit verändert sich der Zählerstand nicht.

Mit dem „Funktions"-Eingang bestimmen wir die Arbeitsweise des Zählers. Wir erhalten für den ICM 7216A und B folgende Funktionsbereiche:

Frequency: Frequenz
Period: Periodendauer
Frequency Ratio: Frequenz-Verhältnis
Time Interval: Zeitintervall
Unit Counter: Ereigniszähler
Oszillator Frequency: Oszillator Frequenz

Mit dem Bereich „Frequenz" können wir Frequenzen von 0,01 Hz bis 10 MHz messen, wenn wir einen Quarz von 1 MHz oder 10 MHz verwenden. Wir wählen zwischen vier Bereichen:

0,01 s oder 100 Hz
0,1 s oder 10 Hz
1 s oder 1 Hz
10 s oder 0,1 Hz

Das zu messende Eingangssignal wird an den Eingang „A" gelegt. Mit dem Bereich wählen wir gleichzeitig die Wiederholungsfolge der Messung. Bei 0,01 s haben wir z. B. 100 Messungen pro Sekunde.

Mit dem Bereich „Periodendauer" messen wir die Länge eines Signals. Hierzu stellen wir mittels des Schalters vier Bereiche ein:

1 Periode
10 Perioden
100 Perioden
1000 Perioden.

Damit ist die Anzahl der gezählten Taktimpulse ein Maß für die Periodendauer.

Mit dem Bereich „Frequenz-Verhältnis" messen wir das Verhältnis zwischen zwei Frequenzen. Wir legen an den Eingang A eine hochkonstante Frequenz und messen nun die Differenz zur Frequenz, die am Eingang B liegt. Dadurch erreichen wir eine höhere Genauigkeit beim Abgleichen von Meßgeräten oder anderen Messungen.

Mit dem Bereich „Zeitintervall" können wir das Verhältnis zwischen zwei Zeiten messen. In der Anzeige wird uns die Differenz zwischen den zwei Zeiten angezeigt.

Mit dem Bereich „Ereigniszähler" werden Eingangsimpulse an dem Eingang A gezählt. Die Zählung der eingehenden Impulse erfolgt ohne Berücksichtigung der Zeit. Wir können von 1 bis 99999999 zählen. Danach zeigt uns eine Überlaufanzeige an, daß wir den maximalen Wert überschritten haben.

Bild 5.10 zeigt uns eine einfache Schaltung mit dem ICM 7216A. Wir haben an den beiden Eingängen A und B jeweils einen Funktionsgenerator für die Messung. Mit diesen beiden Generatoren können wir den Baustein in seiner Funktion kennenlernen.

Durch den Funktionsschalter lassen sich die einzelnen Bereiche wählen. Über die Meßbereiche haben wir bereits gesprochen. Mit dem Bereich „Oszillator-Frequenz" wird der Wert des Quarzoszillators angezeigt. In diesem Fall muß in der Anzeige ein Wert von 10 MHz stehen.

Den Mittelpunkt des Funktionsschalters verbinden wir über einen 10-kΩ-Widerstand mit dem Pin 3. Die Abfrage dieses Schalters erfolgt nach dem Multiplexverfahren.

Über den Bereichsschalter wählen wir zwischen den vier Arbeitsbereichen. Die Abfrage erfolgt ebenfalls im Multiplexbetrieb.

Über die acht Digit-Ausgänge steuern wir nicht nur die Anzeigen mit gemeinsamer Anode oder Katode an, sondern auch die einzelnen Funktions-, Bereichs- und Steuerschalter. Durch die Entkopplung der Dioden wird die Anzeige ein- oder ausgeschaltet, wir können die Anzeige testen, d. h. alle sieben Segmente jeder Anzeige leuchten auf. Mit dem Schalter „1 MHz“ bestimmen wir den Quarz. Ist der Schalter offen, arbeitet der ICM 7216 mit 10 MHz, ist der Schalter geschlossen, mit 1 MHz. Durch einen weiteren Schalter können wir den Pin 24 einschalten, damit eine externe Frequenz den ICM 7216 ansteuert. Mit dem Schalter „Test“ läßt sich der Baustein zusätzlich testen. Hierbei wird die Anzeige hochgezählt.

Daten:

Betriebsspannung: + 5 V/400 mA
Eingangsfrequenz: 10 MHz (max)
Periode/Zeitintervall: 2,5 MHz (max)

Verwenden wir neben den Dioden einen entsprechenden Quarz, die richtigen Anzeigen und die Widerstände, kann es bei der Schaltung von Bild 5.10 keine Probleme geben. Wir müssen nur die einzelnen Anschlußpunkte beachten.

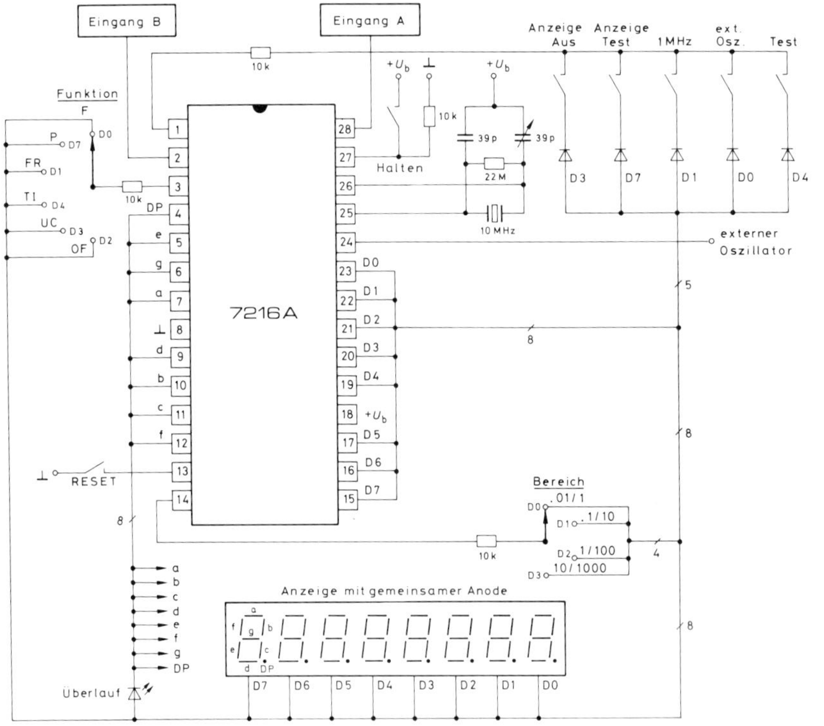

Bild 5.10 Einfache Schaltung für einen Universalzähler (achtstellig) mit dem ICM 7216

5.2.2 Baustein ICM 7216 als Frequenzzähler

Bild 5.11 zeigt den Baustein ICM 7216 C in seiner Arbeitsweise. Wir haben einen Frequenzzähler. Durch den Baustein 74LS90, einem Dezimalzähler in „Low-Power-Schottky", ergibt sich eine maximale Eingangsfrequenz von 100 MHz.

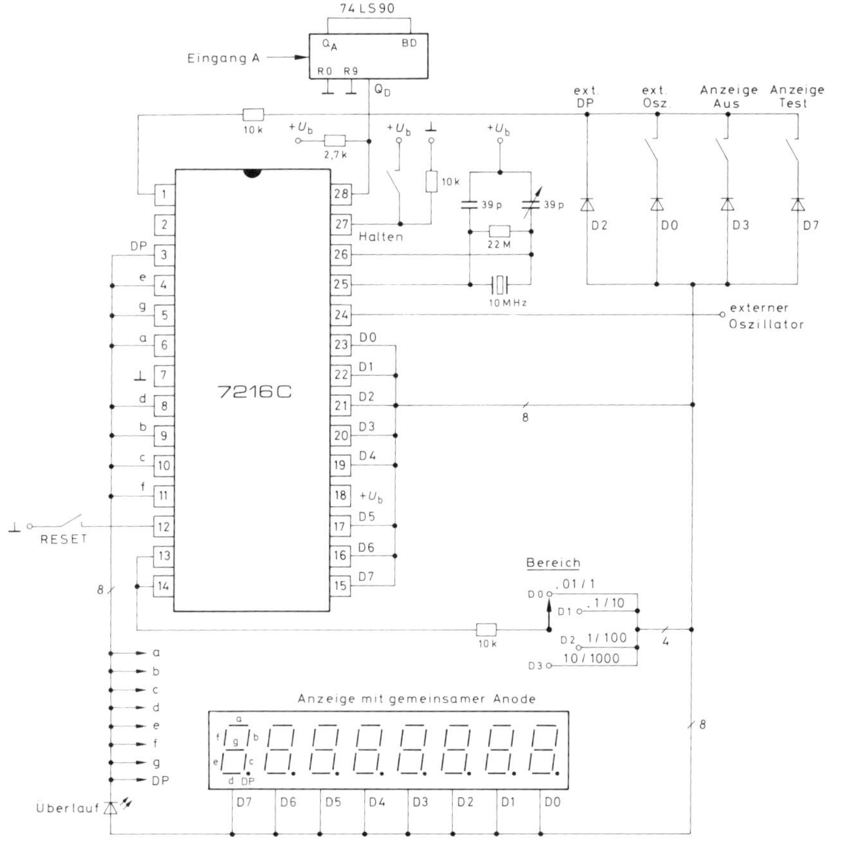

Bild 5.11 Frequenzzähler mit dem ICM 7216

Bei den Bausteinen ICM 7216 C und D haben wir nur einen Eingang A. Dadurch entfallen die Messungen für die Periodendauer, Frequenz-Verhältnis, Zeitintervall und Ereigniszähler. Wir können nur Frequenzen messen.

Wir haben aber bei diesen Frequenzzählern einen „mesurement-in-progress"-Ausgang. Mit diesem triggern wir eine externe Steuerung. Bei einem momentanen Zählerzyklus hat der Ausgang L-Pegel. Ist der Zyklus abgeschlossen, gibt dieser Ausgang eine negative Flanke ab, mit der wir eine Steuerung triggern.

Mit einem speziellen Eingang steuern wir extern den Dezimalpunkt von der Anzeige. Dies ist der Fall, wenn wir einen Vorteiler (Prescaler) verwenden. Der

Dezimalpunkt wird über einen Stufenschalter von den verschiedenen Vorteilern entsprechend verschoben. Hierzu müssen wir eine Diode einschalten, damit die interne Dezimalpunkt-Steuerung ausgeschaltet ist. Der Eingang für die externe Steuerung des Dezimalpunktes wird ebenfalls im Multiplexbetrieb durchgeführt und liegt über Pin 13 an den C- und D-Versionen. Eine Ausnahme ist der Dezimalpunkt bei der ersten Ziffer (werthöchste, links), da diese als Überlauf-Anzeige (Overflow) verwendet wird.

Mit den drei Schaltern können wir in Bild 5.11 die Anzeige testen oder ausschalten. Der andere Schalter dient für einen Anschluß eines externen Oszillators. Mit dem Bereichsstufenschalter stellen wir die Frequenzbereiche ein. Damit ist der Anwendungsbereich des ICM 7216 C und D bereits erschöpft.

5.2.3 Baustein ICM 7216 als 100-MHz-Multifunktionszähler

Die Schaltung von **Bild 5.12** zeigt uns einen 100-MHz-Multifunktionszähler.

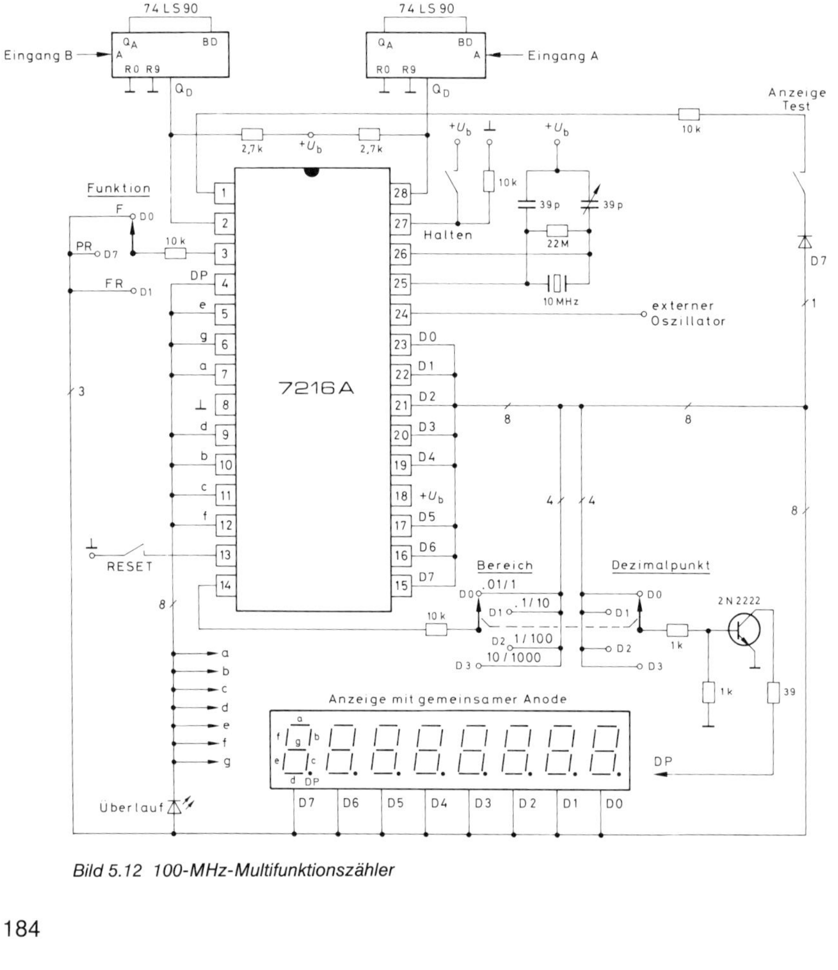

Bild 5.12 100-MHz-Multifunktionszähler

Wir haben einen ICM 7216A mit zwei vorausgeschalteten Dezimalzählern. Damit wird die Eingangsfrequenz im Verhältnis 10:1 heruntergeteilt.

Wesentlich bei dieser Schaltung ist die Steuerung des Dezimalpunktes. Auf dem Bereichsschalter ist eine direkte mechanische Verbindung mit einer zweiten Ebene, d. h. wir benötigen einen Stufenschalter mit zwei Ebenen. Parallel mit der Anzahl des Bereiches wählen wir nun die Stellung des Dezimalpunktes in der 8stelligen Anzeige.

Der Ausgang des Stufenschalters für den Dezimalpunkt ist mit einem Transistor 2N2222 verbunden. Hier können wir auch den BC 547 verwenden. Der Kollektor des Transistors ist über einen 40-kΩ-Widerstand mit den Dezimalpunkten der Anzeige verbunden. Damit stellen wir automatisch nach.

Die Eingänge A und B des CMOS-Bausteines 7216 sind als TTL-Schottky-Schmitt-Trigger-Schaltung ausgelegt. Dabei müssen wir beachten, daß die Eingangsspannungen nicht negativer als 0 V und nicht positiver als +5 V werden. Überschreiten wir diese Werte, erfolgt eine Zerstörung des Bausteines.

Für die Schmitt-Trigger-Charakteristik gelten folgende Werte:

Schwellspannung für positive Flanken: $U_{emin} = 1{,}5\,V$ $U_{emax} = 2{,}0\,V$
Schwellspannung für negative Flanken: $U_{emin} = 0{,}6\,V$ $U_{emax} = 1{,}1\,V$

Bild 5.13 zeigt die Schmitt-Trigger-Charakteristik für die Eingangsschaltung mit der entsprechenden Hysterese. Beachten Sie den Streubereich, denn es gelten die Werte:

Schwellspannung für positive Flanken: $U_{etyp} = 1{,}7\,V$
Schwellspannung für negative Flanken: $U_{etyp} = 0{,}9\,V$.

Einen gewissen Schutz gegen zu hohe Eingangsspannungen und negative Werte bietet eine Z-Diode in Verbindung mit einem Vorwiderstand. Wir verwenden die Z-Diode ZD 3,6 V und schalten einen Widerstand mit 470 Ω vor. Damit wird die Eingangsspannung auf $U_e = +3{,}6\,V$ und $U_e = -0{,}7\,V$ begrenzt.

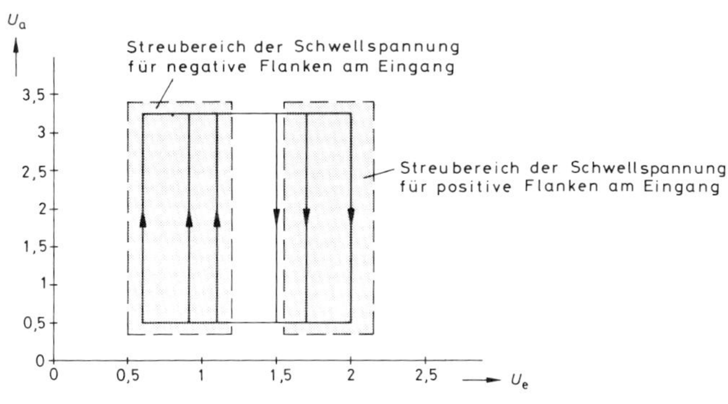

Bild 5.13 Schmitt-Trigger-Charakteristik der Eingänge des ICM 7216

6 Bauanleitung für einen digitalen Kapazitätsmesser

Nachdem wir in diesem Hobbybuch die Arbeitsweise des Zeitgebers 555 und der Zähleinheit ICM 7217 kennengelernt haben, können wir einen digitalen Kapazitätsmesser aufbauen.

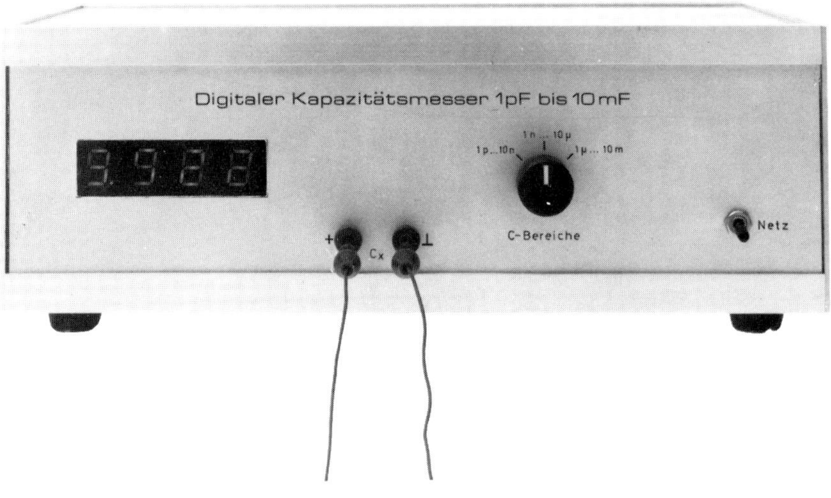

Digitaler Kapazitätsmesser (Foto: Peter Groh/München)

Bild 6.1 zeigt die Schaltung. Wir benötigen zwei Bausteine 555 oder einen 556, einen CMOS-Zähler vom Typ 4017, zwei CMOS-NAND-Gatter 4011 und den Baustein ICM 7217 in Verbindung mit einer entsprechenden Anzeigeneinheit.

Der linke Zeitgeber 555 erzeugt eine bestimmte Frequenz. Diese ist von dem unbekannten Kondensator und der Stellung des Schalters S1/S2 abhängig. Die Ausgangsfrequenz des linken Zeitgebers liegt an dem NAND-Gatter G1.

Der rechte Zeitgeber 555 arbeitet ebenfalls als Rechteckgenerator und erzeugt die eigentliche Zählfrequenz für den Zähler 4017. Je nach Stellung des Schalters S3 erhalten wir eine andere Ausgangsfrequenz, die ebenfalls an dem NAND-Gatter G1 liegt.

Das NAND-Gatter G1 verknüpft die beiden Frequenzen der Rechteckgeneratoren. Während die rechte Frequenz konstant ist, wird die linke Frequenz von dem unbekannten Kondensator bestimmt. Hat der Ausgang des linken 555 einen H-Pegel, können die Ausgangsimpulse des rechten 555 das NAND-Gatter passieren und werden von dem Zähler 4017 verarbeitet. Da der linke 555 von dem unbekannten Wert abhängig ist, können wir die Torzeit des NAND-Gatters steuern.

Der Baustein 4017 ist ein Zähler mit internem Decoder. Über den Eingang 14 erhält der Zähler seine Impulse und kann so hochzählen. Der Ausgang 12 ist der Übertrags-Ausgang, d.h. wir erhalten durch den 4017 einen Teiler von 10:1.

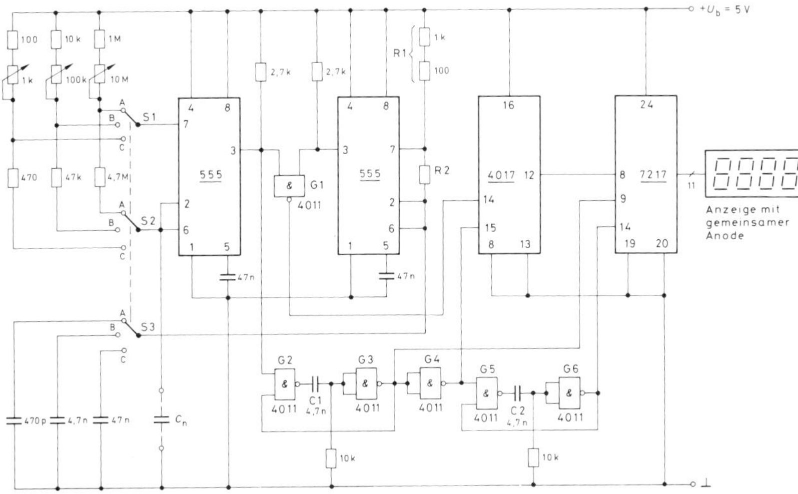

Bild 6.1 Schaltung eines digitalen Kapazitätsmessers von 1pF bis 9999µF

Der Ausgang ist direkt mit dem ICM 7217 verbunden. Mit dem Eingang 15 stellen wir den 4017 zurück. Die Rückstellung erfolgt durch ein Monoflop. Während der Torzeit des NAND-Gatters G1 passieren eine Anzahl von n-Impulsen das Gatter:

$$n = \frac{(R_3 + R_4) \cdot C_n}{(R_1 + 2 \cdot R_2) \cdot C.}$$

Durch die Werte in dem Bild 6.1 erhalten wir einen Wert von n, der zehnmal größer ist als die Zahl, die beim Abgleich angezeigt wird. Durch den Zähler 4017 wird diese Frequenz um 10:1 heruntergeteilt und dadurch wird ein flackern der niederwertigen Anzeigenstelle vermieden.

Die Steuerung der Rückstellung und der Speicherung erfolgt durch zwei Monoflops. Mit einer negativen Flanke wird das erste Monoflop getriggert, das aus den beiden NAND-Gattern G2 und G3 besteht. Der Ausgang des Gatters G2 schaltet auf H-Pegel, da der Ausgang von G3 während der stabilen Lage H-Pegel hat. Der Kondensator C1 wird auf H-Pegel angehoben und kann sich über den Widerstand mit 10kΩ entladen. Beim Anheben auf den H-Pegel schaltet der Ausgang von G3 auf L-Pegel und damit wird der Eingang „Speichern" von dem ICM 7217 angesteuert. Entlädt sich der Kondensator C1 und unterschreitet er den Wert von 1/2 der Betriebsspannung, erkennt das Gatter G3 L-Pegel an und die metastabile Phase der Monoflops ist beendet.

Während der stabilen Zeit hat der Ausgang von Gatter G3 einen H-Pegel. Dieser wird durch das NICHT-Gatter G4 invertiert und liegt mit einem L-Pegel an dem RESET-Eingang von dem Baustein 4017. Der Baustein 4017 kann zählen. Kippt das Monoflop in seine metastabile Lage, wird der Baustein auf 0 zurückgesetzt, d. h. gelöscht.

Der Ausgang des Gatters G4 steuert ein weiteres Monoflop an. Kippt das erste Monoflop (Gatter G1 und G2) in seine stabile Lage zurück, erzeugt es am Ausgang von G3 einen positiven Impuls. Dieser wird durch das NICHT-Gatter invertiert und damit das zweite Monoflop getriggert. Wir erhalten eine Ablaufsteuerung. Das zweite Monoflop funktioniert genauso. Der Ausgang von Gatter G6 steuert den RESET-Eingang von dem Zählerbaustein ICM 7217 an und löscht mit einem L-Pegel den momentanen Speicherstand.

CMOS-Gatter verhalten sich anders als TTL-Gatter. Wir müssen die nicht benötigten Gattereingänge immer zusammenschließen. Andernfalls wird keine Funktion ausgeführt.

Mit dem 3-Ebenen-Stufenschalter wählen wir die Bereiche für den digitalen Kapazitätsmesser aus. Wir erhalten folgende Bereiche:

Bereich A: 1 . . . 9999 pF
Bereich B: 1 . . . 9999 nF
Bereich C: 1 . . . 9999 μF.

Der Abgleich der Schaltung ist ein kleines Problem, da die Schaltung sehr empfindlich ist, wenn wir die Potentiometer (Einsteller) betätigen. Ideal sind hier die sehr teuren Wendelpotentiometer.

Bild 6.2 zeigt die Leiterplatine und **Bild 6.3** den Bestückungsplan für unseren digitalen Kapazitätsmesser. Bei den Abgleichwiderständen haben wir eine Reihenschaltung von einem Festwiderstand und einem Einsteller. Für den Abgleich selbst verwenden wir folgende Werte für C_n:

Bereich A: 1000 pF (1 nF)
Bereich B: 1000 nF (1 μF)
Bereich C: 1000 μF (1 mF).

Da Kondensatoren einen Toleranzbereich von ±20 % haben können, ergeben sich beim Abgleich häufig Schwierigkeiten. Der Bereich A und B ist hiervon weniger betroffen als der Bereich C.

Wir müssen jeden Meßbereich separat abgleichen.

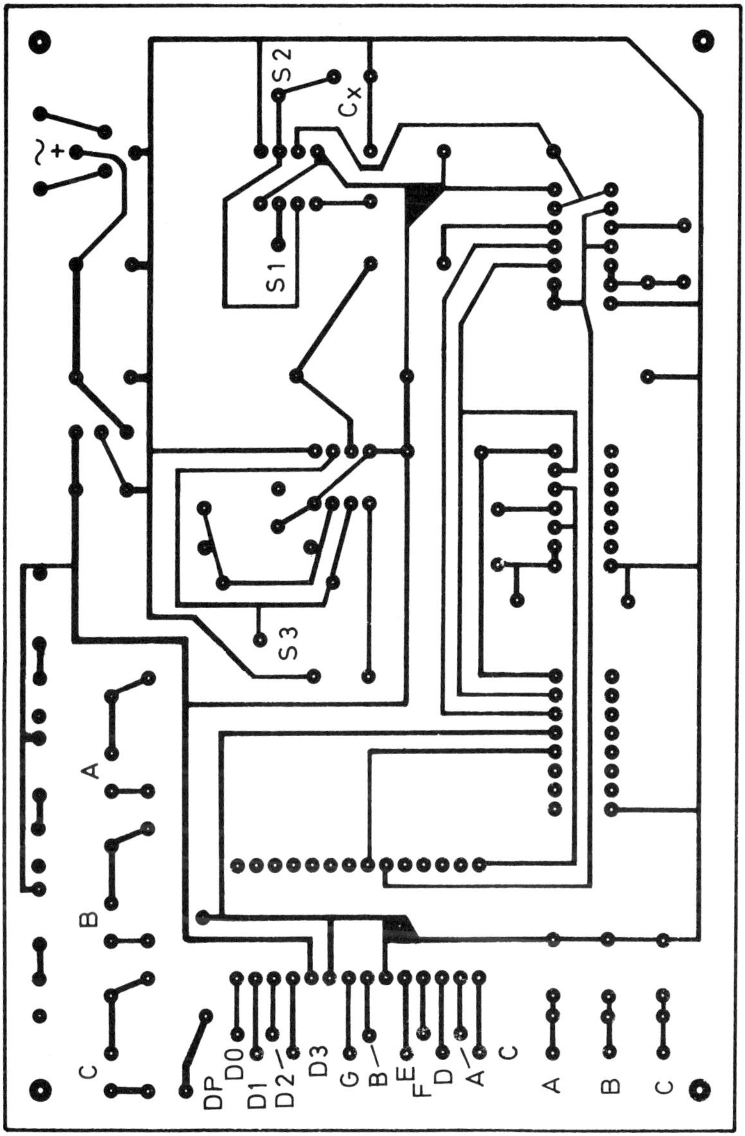

Bild 6.2 Entwurf einer Leiterplatine für den Kapazitätsmesser

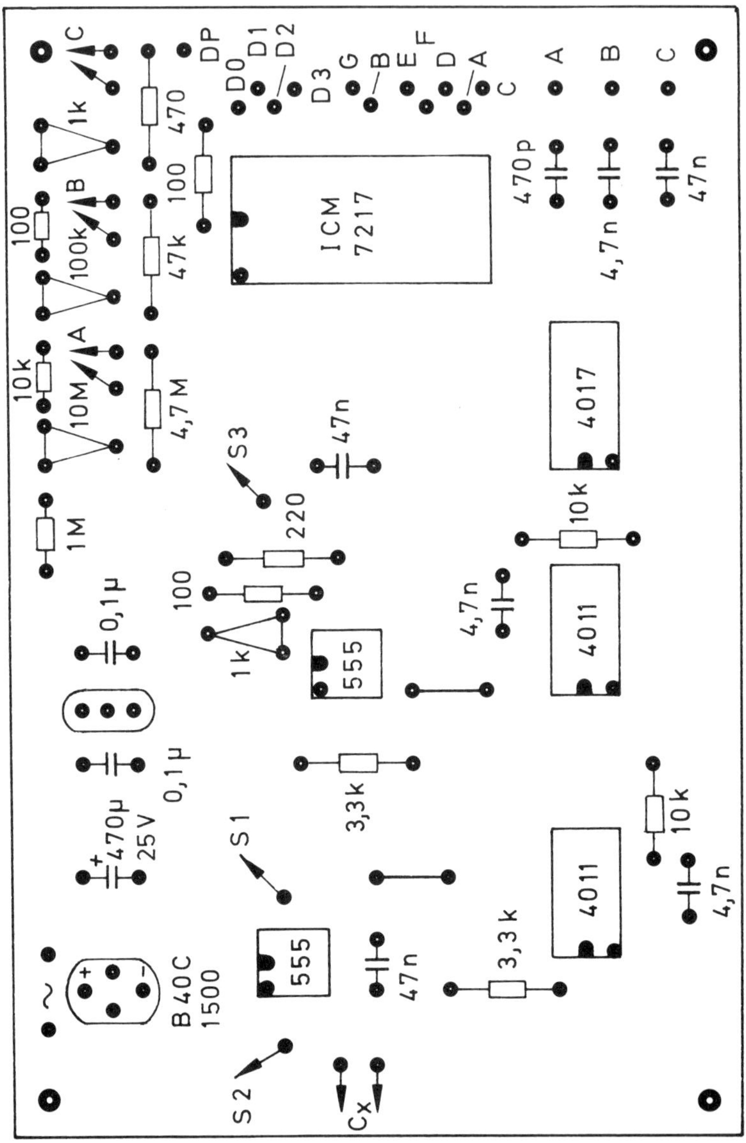

Bild 6.3 Bestückungsplan für die Leiterplatine von Bild 6.2

Bild 6.4 zeigt die Leiterplatine und **Bild 6.5** den Bestückungsplan für die Anzeigeneinheit des Kapazitätsmessers.

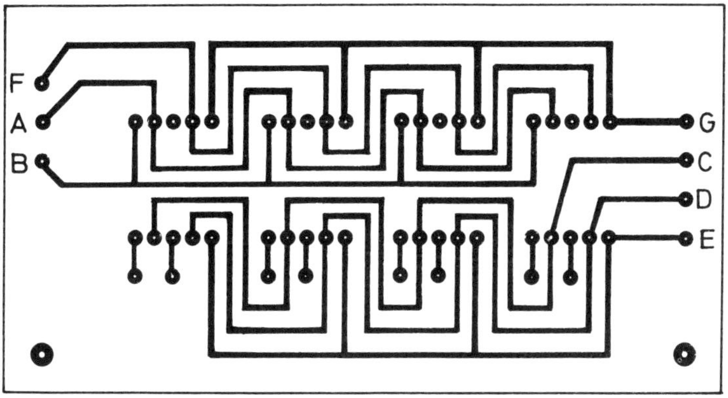

Bild 6.4 Leiterplatine für die Anzeigeneinheit des Kapazitätsmessers

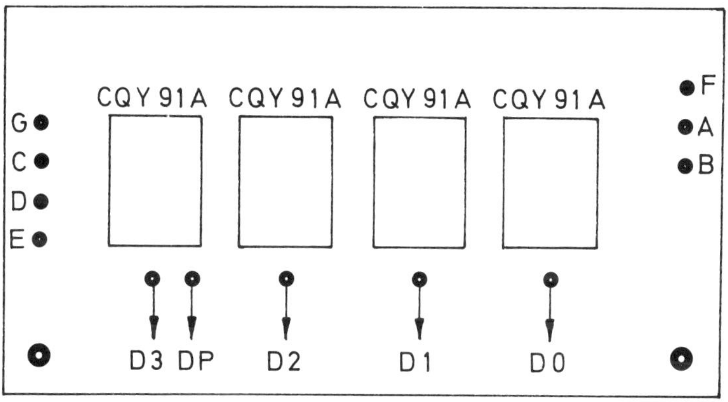

Bild 6.5 Bestückungsplan für die Anzeigenplatine von Bild 6.4

Stückliste:

1 ICM 7217 (gemeinsamer Anode)
1 555 (integrierter Zeitgeber)
2 4011 (CMOS-NAND-Gatter)
1 4017 (CMOS-Zähler)
1 7805 (Spannungsregler + 5 V/1 A)
4 CQY91A (7-Segment-Anzeigen), DIS 1026, FND 500, TIL 702
1 B 40 C 1500 (Gleichrichter)

1 Kondensator 470 µF/25 V
2 Kondensatoren 0,1 µF
3 Kondensatoren 47 nF
3 Kondensatoren 4,7 nF
1 Kondensator 470 pF
1 Widerstand 1 MΩ
1 Widerstand 4,7 MΩ
1 Widerstand 47 kΩ
3 Widerstände 10 kΩ
2 Widerstände 3,3 kΩ
1 Widerstand 470 Ω
1 Widerstand 220 Ω
3 Widerstände 100 Ω
1 Einsteller 10 MΩ
1 Einsteller 100 kΩ
2 Einsteller 1 kΩ
1 Transformator 220 V/9 V/1 A
1 Stufenschalter 1 x 2 x 3

- 3 — Schalterstellungen
- 2 — Anzahl der Mutterkontakte
- 1 — Ebenen

Der Spannungsregler 8705 ist mit einem Kühlblech zu montieren. Bitte achten Sie auf einen guten Wärmeübergangswiderstand und verwenden Sie Wärmeleitpaste.

Der Abgleich des digitalen Kapazitätsmessers ist einfach. Zuerst müssen wir die Oszillatorfrequenz mit R 1 festlegen. Bitte stellen Sie den Einsteller auf Mitte. Anschließend verwenden Sie einen Kondensator mit 4700 µF als „unbekannten" Wert. Zeigt die Anzeige den Wert nicht richtig an, verändern Sie den Widerstand R 3 entsprechend.

Kann der Wert von 4700 nicht eingestellt werden, verändern Sie den Wert von R 1. Ist der Wert festgelegt, verändern Sie R 1 nicht mehr, sondern gleichen die beiden anderen Bereiche mit 4,7 µF und 4,7 nF ab.

Achten Sie unbedingt auf richtige Polung des Kondensators C_n!!!

7 Bauanleitung für einen Universal-Zähler bis 650 MHz

Universal-Zähler bis 650 MHz (Foto: Peter Groh/München)

Mit dem Baustein ICM 7216 können wir einen Universal-Zähler bis 650 MHz aufbauen. **Bild 7.1** zeigt die einzelnen Funktionsblöcke für diese Bauanleitung.

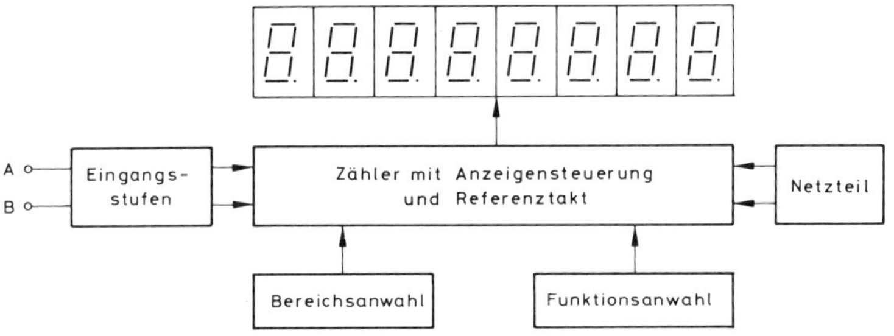

Bild 7.1 Blockschaltbild für einen Universal-Zähler bis 650 MHz

Mittelpunkt der Schaltung ist der Baustein ICM 7216 A mit seinen internen Zählern, der Anzeigensteuerung und dem Referenztakt. Durch die internen Decoder- und Digit-Treiber läßt sich direkt die Anzeigenplatine ansteuern. Mittels zweier Schalter nehmen wir die Funktions- und Bereichsanwahl vor. Beide Eingänge sind nicht direkt mit dem ICM 7216 A verbunden, sondern über Eingangsstufen. Das Netzteil versorgt den ICM 7216 A und die Eingangsstufen.

Während der hochintegrierte Baustein ICM 7216 A keine Probleme verursacht, sind die Eingangsstufen recht aufwendig. Sie wurden aber so entwickelt, daß keine Abgleichmaßnahmen erforderlich sind. Bei der Bauanleitung haben wir folgende Eingangsstufen:

a) Eine einfache Eingangsstufe mit $R_{ein} \approx 1\,k \ldots 5\,k\Omega$ und einer maximalen Eingangsfrequenz von $f_{ein} \approx 10\,MHz$. Für einfache Anwendungen reicht diese Stufe aus. Sie schützt gleichzeitig den ICM 7216 gegen Überspannung und negative Spannungsspitzen.

b) Eingangsstufe mit $R_{ein} \approx 50\,M\Omega$ und einer maximalen Eingangsfrequenz von $f_{ein} \approx 10\,MHz$. Am Eingang befindet sich ein Feldeffekttransistor. Durch ein Potentiometer läßt sich der Triggerpegel einstellen.

c) Eingangsstufe mit $R_{ein} \approx 1\,M\Omega$ und einem Teiler 1:10. Die maximale Eingangsfrequenz ist $f_{ein} \approx 50\,MHz$, wobei sich die Schaltung relativ einfach auf eine Eingangsfrequenz bis zu $f_{ein} \approx 100\,MHz$ problemlos erweitern läßt.
d) Eingangsstufe mit $R_{ein} \approx 60\,\Omega$ und einem Teiler 1:100. Die maximale Eingangsfrequenz beträgt $f_{ein} \approx 650\,MHz$, wobei sich die Schaltung bis zu $f_{ein} \approx 1{,}2\,GHz$ erweitern läßt. Diese Erweiterung ist für den Hobby-Elektroniker aber problematisch.

Alle diese Eingangsstufen begrenzen die Eingangsspannung für den Baustein ICM 7216A auf negative und positive Werte. Damit können wir den sehr teuren CMOS-Baustein weitgehend vor elektrischen Zerstörungen schützen.
Für die Eingangsstufen b, c und d können wir den Triggerpegel stufenlos einstellen. Damit lassen sich die Pegel der einzelnen Elektronikschaltungen erfassen und wir erhalten einen Eingangsspannungsbereich zwischen 0V und 12V. Die Einstellung erfolgt über ein Tandempotentiometer, d. h. gleichzeitig und gleichmäßig für beide Eingangskanäle. Verwenden wir zwei separate Potentiometer, so können wir jeden Triggerwert beliebig einstellen.
Entsprechend den einzelnen Funktionen wurden die Platinen für den Universal-Zähler entworfen. Auf der „Mutterplatine" befindet sich der ICM 7216A und das Netzgerät. Eine weitere Platine beinhaltet die Eingangsstufen a, b und c. Die Eingangsstufe d mit dem Teiler 1:100 ist auf einer separaten Platine untergebracht. Damit besteht das Gerät aus drei einzelnen Platinen.

7.1 Mutterplatine für den Universal-Zähler

Die Schaltung für die Mutterplatine ohne Netzgerät ist in **Bild 7.2** gezeigt.
Mit dem Schalter S1 bestimmen wir die Funktionen:

S 1	Funktion	Eingänge	Digit
0	Frequenzmessung	A	D 0
1	Periodendauermessung	A	D 7
2	Frequenzverhältnis	A/B	D 1
3	Ereigniszähler	A	D 4
4	Zeitintervall	A-B	D 3
5	Oszillator-Test		D 2

Das Anschließen des Funktionsschalters an die Mutterplatine ist kein Problem, wenn wir die Digit-Leitungen in richtiger Reihenfolge anlöten. Bitte beachten Sie die Digit-Nummer!

Mit dem Schalter S2 bestimmen wir den Meßbereich:

S 2	Bereich	Digit
0	0,01/1	D 0
1	0,1/10	D 1
2	1/100	D 2
3	10/1000	D 3

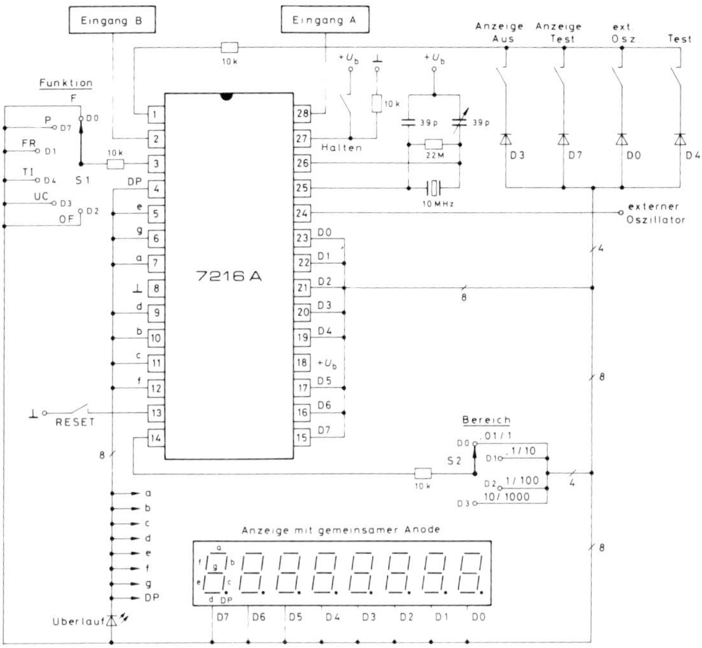

Bild 7.2 Schaltung für die Mutterplatine ohne Netzgerät

Das Anschließen des Meßbereich-Umschalters an die Mutterplatine ist kein Problem.

Wir benötigen für die Anschlüsse keine abgeschirmten Leitungen. Trotzdem soll die Leitungsführung zwischen Mutterplatine und den beiden Schaltern kurz sein, damit Störimpulse den Baustein ICM 7216 A nicht beeinflussen.

Die Steuerung des Bausteines ICM 7216 A erfolgt über fünf einfache Drücker. Der Baustein hat eine interne Störimpulsunterdrückung. Es ergeben sich folgende Steuerfunktionen:

Steuerung	Digit
Anzeige-Aus	D 3
Anzeige-Test	D 2
Externer Oszillator	D 0
Test	D 4
Halten	Pin 27

Die ersten vier Steuerfunktionen werden direkt an den Digits des ICM 7216 A bestimmt. Die Dioden für die Entkopplung befinden sich auf der Mutterplatine. Bitte schließen Sie die Schalter an den entsprechenden Digit-Nummern an. Wir benötigen keine abgeschirmten Leitungen.

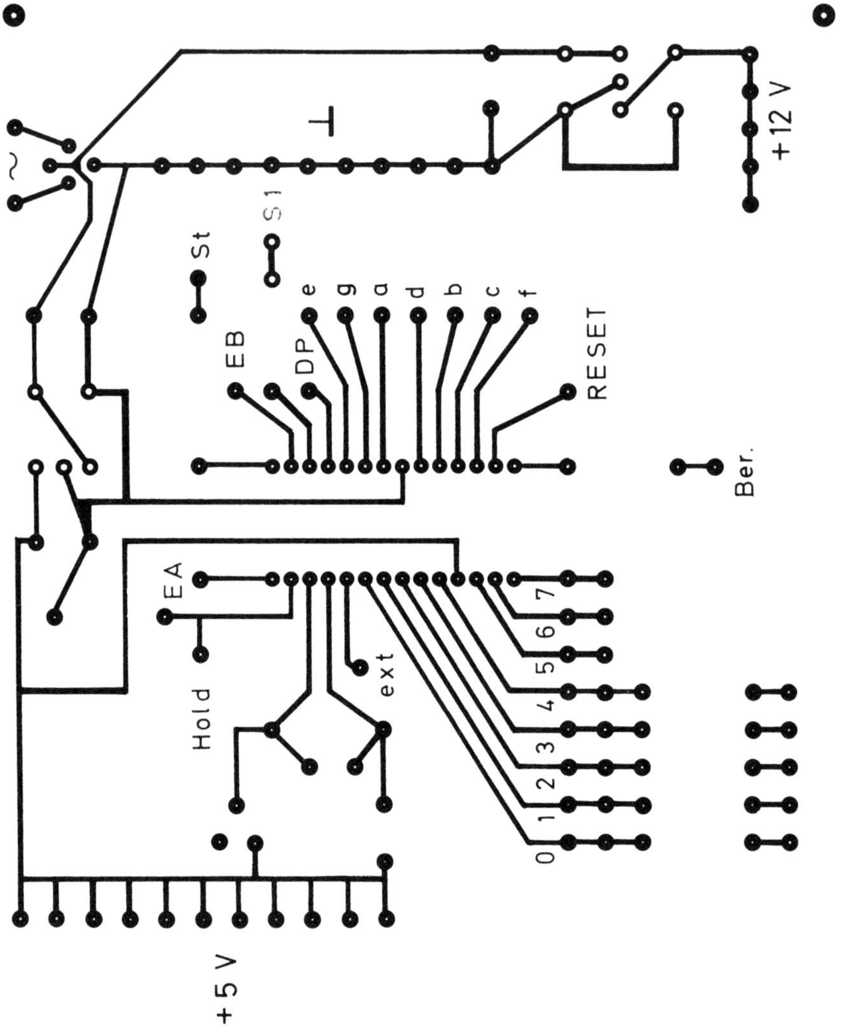

Bild 7.3 zeigt die Leiterplatine und **Bild 7.4** den Bestückungsplan für die Mutterplatine. Als Stromversorgung haben wir den Spannungsregler 7805 und den 7812 für die Eingangsstufen. Der Spannungsregler 7805 muß auf ein großes Kühlblech montiert sein.

Bild 7.3 Platinenentwurf für die Mutterplatine

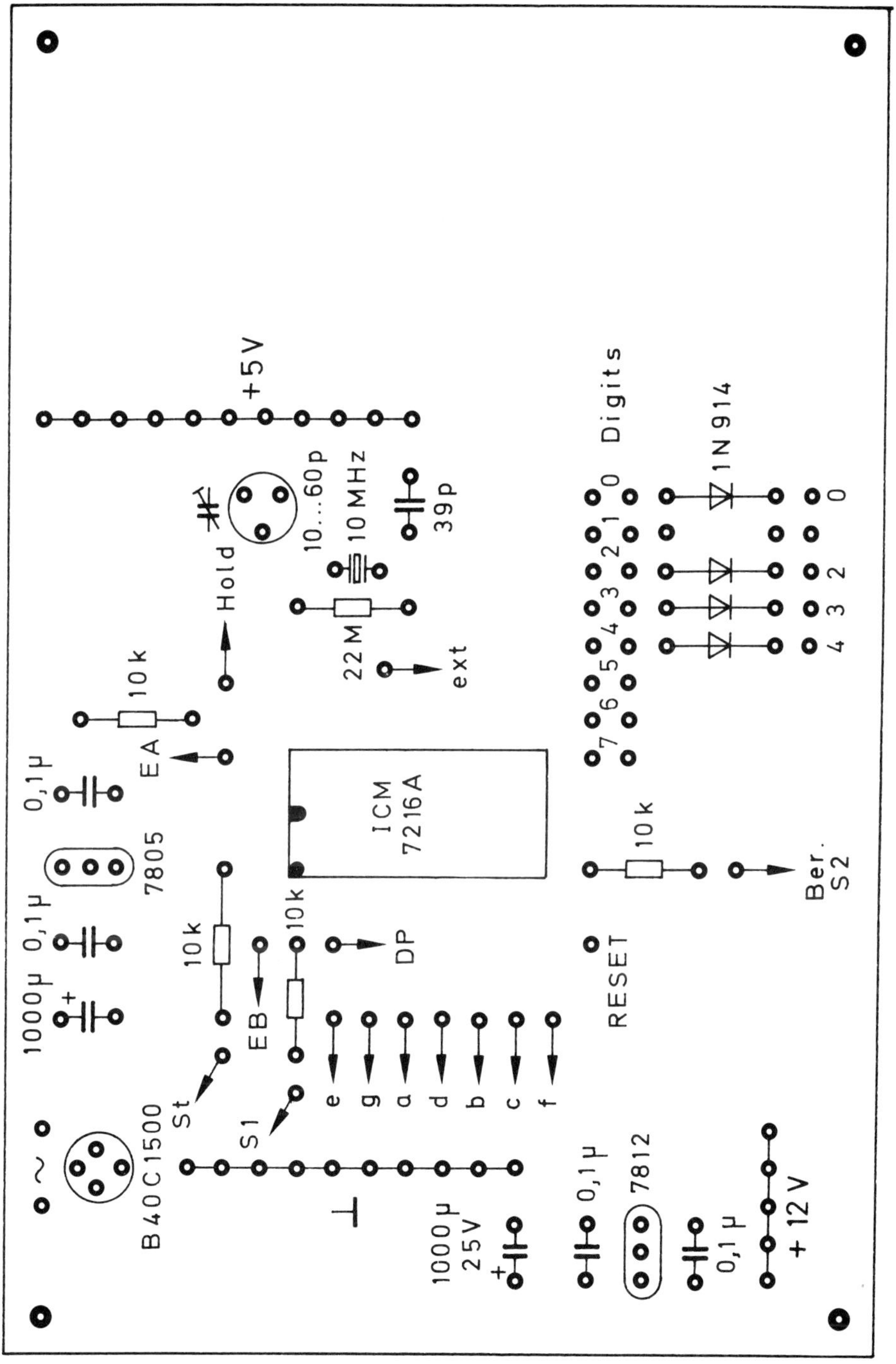

Bild 7.4 Bestückungsplan für die Platine von Bild 7.3

Bild 7.5 zeigt die Leiterplatine und **Bild 7.6** den Bestückungsplan für die Anzeigenplatine. Parallel zu dem Dezimalpunkt von der werthöchsten 7-Segment-Anzeige schalten wir eine LED parallel. Damit wird eine separate Überlauf-

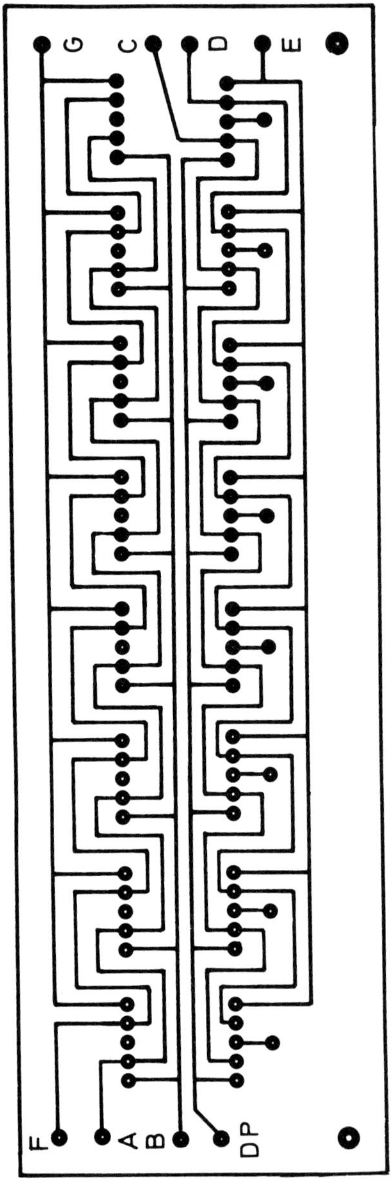

Bild 7.5 Leiterplatine für die Anzeigeneinheit des Universal-Zählers

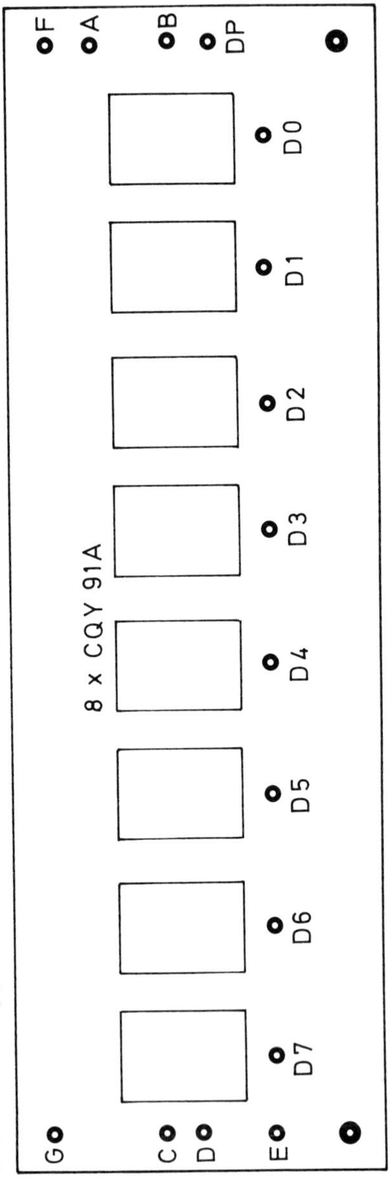

Bild 7.6 Bestückungsplan für die Platine von Bild 7.5

Anzeige realisiert, aber für diese LEDs dürfen wir keinen Vorwiderstand einschalten. Leuchtet die LED nicht auf, müssen wir sie anders polen.

Bild 7.7 zeigt die Umschaltung zwischen den einzelnen Stufen. Die Schalter sind mechanisch miteinander verbunden. Auf der Stellung mit 650 MHz liegt der Eingang von Kanal A und B über einer Eingangsstufe an den 100er-Teiler. Die Schwelle des Triggerpegels wird mit dem Potentiometer eingestellt, das an einer Betriebsspannung von +5 V liegt. Stellen wir den Stufenschalter weiter, haben wir eine Eingangsstufe und den 10er-Teiler. Die Betriebsspannung für das Potentiometer beträgt nun +12 V. In der Stellung 10 MHz haben wir nur eine Eingangsstufe.

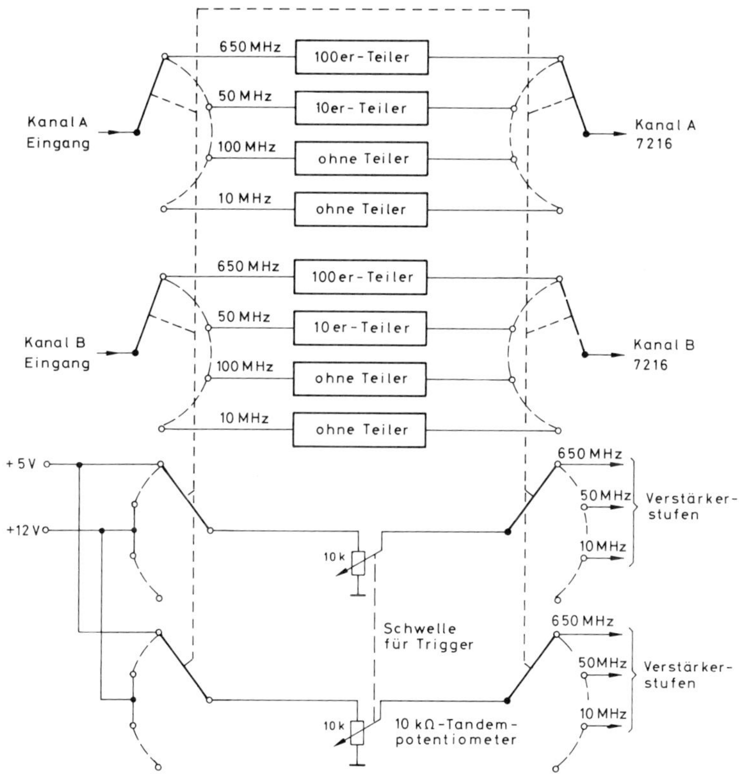

Bild 7.7 Umschaltung der einzelnen Eingangsstufen

Bei der Spannungsversorgung von $U_b = +5\,V$ kann es Probleme im Dauerbetrieb geben. Daher sind hier zwei Spannungsregler vom Typ 7805 parallel zu schalten und auf einem großen Kühlblech zu montieren. Das Kühlblech soll sich möglichst an der Rückwand des Gehäuses befinden.

Für Arbeitszeiten bis zu fünf Minuten reicht ein Spannungsregler vom Typ 7805 aus. Dieser muß aber mit einem großen Kühlblech verbunden sein.

Pin 1 von dem ICM 7216A auf der Mutterplatine ist über einen 10-kΩ-Widerstand mit den Drückern oder Tasten der Steuerung zu verbinden. Der Pin 2 ist der Eingang B. Dieser Pin ist mit dem Stufenschalter für die Eingangsbereiche zu verbinden, wie wir im Kapitel 7.2 noch sehen werden.

Pin 3 ist durch einen 10-kΩ-Widerstand mit dem Mittelabgriff des Schalters S1 zu verbinden. Pin 4 ist der Dezimalpunkt DP und direkt mit der Anzeigenplatine zu verbinden.

Pin 5, 6, 7, 9, 10, 11 und 12 sind die Ausgänge der Segmenttreiber. Bitte beachten Sie die richtigen Verbindungen zwischen Mutterplatine und Anzeigenplatine.

Pin 13 ist der RESET-Eingang. Der RESET-Schalter befindet sich an der Frontplatte und liegt zwischen Masse (0 V) und dem Pin 13.

Pin 14 ist über einen 10-kΩ-Widerstand mit dem Schalter S2 verbunden.

Pin 15, 16, 17, 19, 20, 21, 22 und 23 sind die Ausgänge der Digit-Treiber. Das Anschließen dieser Ausgänge ist kein Problem, wenn wir die Reihenfolge beachten. Zuerst schließen wir die Digit-Treiber an den bezeichneten Punkten auf der Anzeigenplatine. Danach sind die Digit-Treiber mit den Punkten von Schalter S1 zu verbinden. Bitte beachten Sie hier unbedingt die Anschlußfolge von der Schaltung in Bild 7.2. Die Anordnung ist nicht kontinuierlich! Anschließend sind noch die vier Steuerschalter oder Tasten anzuschließen, die über Dioden entkoppelt sind.

Während wir für die einzelnen Steuerfunktionen Tasten verwenden, ist dies für die Steuerung der externen Frequenz nicht zweckmäßig. Bitte verwenden Sie hier einen Ein-Aus-Schalter, damit nicht dauernd gedrückt werden muß.

Der Pin 24 ist mit der Buchse für den externen Frequenzanschluß zu verbinden. Verwenden wir eine BNC-Buchse an der Frontplatte, so ist hier ein abgeschirmtes Kabel zu verwenden.

Zweckmäßig für die Überlaufanzeige ist eine Leuchtdiode, die sich nicht auf der Anzeigenplatine befindet, sondern etwas außerhalb von dem Anzeigenfeld. Hierbei schließen wir die Überlauf-LED an dem gemeinsamen Dezimalpunkt und an dem Digit-Ausgang D7. Bitte beachten Sie die Durchlaßrichtung der Leuchtdiode.

Verwenden wir statt dem 10-MHz-Quarz einen 1-MHz-Quarz, müssen wir auf der Mutterplatine noch eine Diode einschalten. Hierbei ist die Schaltung von Bild 7.2 zu beachten.

Pin 27 ist über den „Halten“-Drücker mit der positiven Betriebsspannung zu verbinden. Gleichzeitig befindet sich auf der Mutterplatine der 10-kΩ-Widerstand für die Erkennung eines L-Pegels, wenn der Drücker nicht betätigt wird.

Pin 28 ist der Eingang A für den Baustein ICM 7216A. Dieses Pin ist mit dem Stufenschalter für die Eingangsbereiche zu verbinden, wie im nächsten Unterkapitel noch zu sehen ist.

Stückliste:

8 Anzeigen CQY 91 A, DIS 1026, FND 500, TIL 702
1 ICM 7216A
1 Gleichrichterbrücke B 40 C 1500
1 Spannungsregler 7805
1 Spannungsregler 7812
2 Kondensatoren 1000 μF/25 V
4 Kondensatoren 0,1 μF
1 Kondensator 39 pF
1 Keramik-Trimmkondensator 10 . . . 60 pF
1 Quarz 10 MHz, Toleranz $10 \cdot 10^{-6}$, Resonanzkapazität 30 pF
4 Widerstände 10 kΩ
1 Widerstand 22 MΩ
4 Dioden 1N914

Der Aufbau der Schaltung ist kein Problem. Der Baustein ICM 7216A soll nicht direkt auf der Platine montiert und befestigt sein, sondern in einen Sockel (bitte keinen billigen) gesteckt werden.

Bevor der ICM 7216A in seinen Sockel gesteckt wird, ist das Gerät einzuschalten. Die beiden Spannungen von $+U_b = 5\,V$ und $+U_b = 12\,V$ sind zu messen. Erst danach soll der ICM 7216A in den Sockel gesteckt werden. Bitte beachten Sie die Polarität des Bausteines.

Die einzelnen Eingangsstufen der Schaltung werden noch besprochen. Trotzdem können wir bereits testen.

Anzeigentest:
Den Funktionsschalter S1 bringen wir in die Stellung 6, auf ,,Oszillator-Test". Hierbei müssen alle Segmente der Anzeige leuchten. Dies gilt ebenso für alle Dezimalpunkte und die Überlauf-Leuchtdiode. Ist dies nicht der Fall, so ist die Schaltung zu überprüfen, ob ein Verdrahtungsfehler vorliegt. Funktioniert die Schaltung dann noch nicht, so wurde beim Einstecken des ICM 7216A wahrscheinlich ein Pin umgebogen.

Abgleich der Referenzfrequenz:
Der Eingang A ist mit einem geeichten oder abgeglichenen Zähler zu verbinden. Mit dem keramischen Trimmkondensator solange abgleichen, bis am Meßzähler 10,000 MHz erscheinen.

Falls Sie einen Abgleichzähler haben, ist das Abgleichen ein Problem, da die richtige Zeitbasis fehlt. Mit der Netzfrequenz von 100 Hz (Brückengleichrichter) können wir den Zähler abgleichen, aber die Eingangsspannung darf nicht größer als 5 V sein.

7.2 Vorverstärker- und Frequenzteilerplatine bis 50 MHz

Die Schaltung von Bild 7.7 zeigt die Umschalter für die einzelnen Vorstufen. Beide Eingangskanäle werden gemeinsam an den Ein- und Ausgängen umgeschaltet. Dieser Aufwand ist notwendig, damit alle Funktionen getrennt sind.

Andernfalls beeinflussen sich die einzelnen Stufen gegenseitig. Wir erhalten eine einwandfreie elektrische Trennung zwischen den Baugruppen. Eine elektronische Realisierung ist möglich, aber diese kostet Geld.

Gleichzeitig mit der Umschaltung der Eingangskanäle erfolgt die Trigger-Umschaltung. Diese Umschaltung ist erforderlich, da der Frequenzteiler mit einer Betriebsspannung von +5 V getriggert wird und die anderen beiden arbeiten auf +12 V.

Vorverstärker mit Transistoreingang
Dieser Vorverstärker ist in seinem Aufbau (**Bild 7.8**) sehr einfach. Wir verwenden als Transistor den Typ BC 107 oder den rauscharmen Typ BC 239. Beide haben eine Transitfrequenz von $f_T = 100$ MHz.

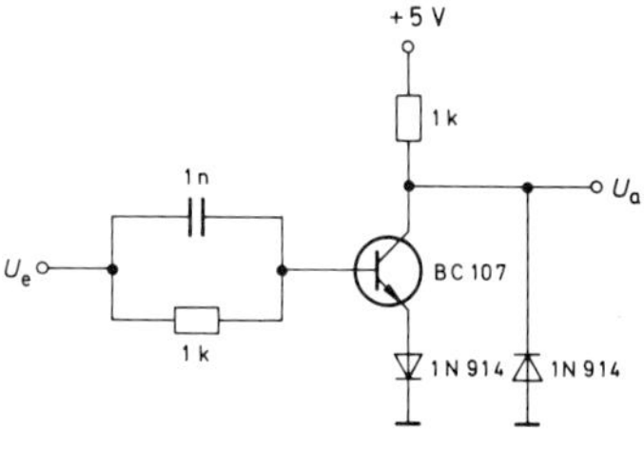

Bild 7.8 Einfacher Vorverstärker mit Transistoreingang

Der Transistorschaltpunkt ist durch eine Diode auf $U_{BE} = 1{,}4$ V hochgelegt. Dadurch können wir bereits an TTL-Bausteinen messen. Der Schwellwert der Schaltung kann aber nicht verändert werden, sondern liegt fest.

Die Ansteuerung des Transistors erfolgt über einen 1-kΩ-Widerstand. Bei einer Spannung von $U_{BE} = 1{,}4$ V kann bereits ein ausreichender Strom von $I_B = 1{,}4$ mA fließen, der den Transistor durchschaltet.

Bei Rechteckfrequenzen über 100 kHz muß parallel zu dem Basis-Widerstand ein Kondensator liegen. Wir sprechen hier von einem Beschleunigungs-Kondensator. Bei einem L-H-Sprung der Eingangsspannung wird der Einschaltvorgang von dem Transistor verbessert, da der Kondensator als Differenzierglied wirkt. Bei einem H-L-Sprung wird der Ausschaltvorgang verbessert, da der Kondensator die Basis kurzzeitig in negativer Richtung durch sein differenziertes Verhalten vorspannt. Der Transistor schließt schneller.

Als Arbeitswiderstand haben wir einen Wert von 1 kΩ. Damit ergibt sich ein exaktes Ansteuersignal für den ICM 7216 A. Negative Spannungsspitzen werden von der Diode am Ausgang unterdrückt.

Bild 7.9 zeigt die Schaltung des Vorverstärkers mit einem Feldeffekt-Transistor am Eingang. Über den 100-nF-Kondensator wird der Gleichspannungsanteil der Eingangsspannung ausgekoppelt. Dadurch liegt nur noch die Eingangswechselspannung an dem Gate des Feldeffekt-Transistors.

Die beiden Z-Dioden am Gate des Feldeffekt-Transistors schützen den Typ E 300 vor Überspannungen in positiver und negativer Richtung. Die Z-Dioden sind gegeneinander in Reihe geschaltet und wir erhalten eine Addition zwischen der Z-Spannung und der Durchlaßspannung, d. h. $U_Z + U_d = 2{,}7\,V + 0{,}7\,V = 3{,}4\,V$. Ist die Spannung am Gate größer als 3,4 V, so werden beide Dioden leitend.

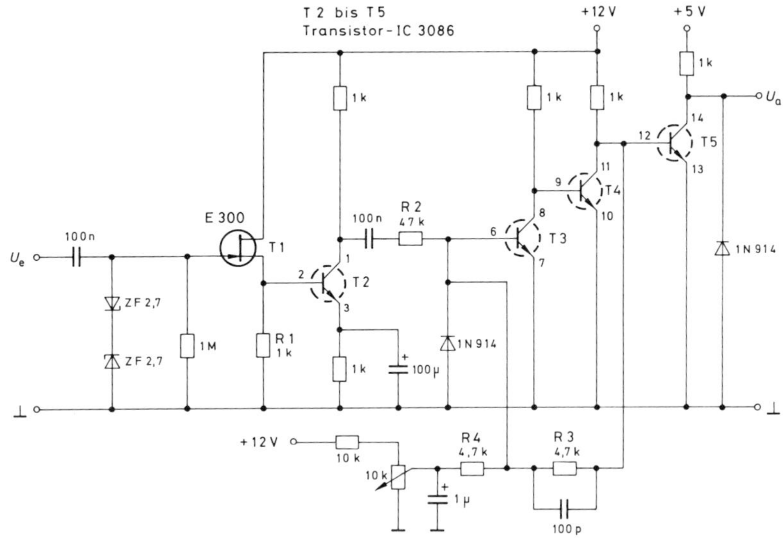

Bild 7.9 Vorverstärker bis 10 MHz mit Feldeffekttransistor am Eingang

Der Feldeffekt-Transistor E 300 wird in Drainschaltung (Sourcefolger) betrieben. Dadurch ergeben sich folgende Gleichungen für die Berechnungen:

Eingangswiderstand: $r_{ein} = (1 + S \cdot R_1) \cdot r_{GS}$

Spannungsverstärkung: $v_U \approx 1$.

Der Ausgangswiderstand der Drainschaltung ist für uns nicht interessant, da wir anschließend einen Transistorverstärker haben.

Wesentlich für uns ist aber der Eingangswiderstand. Hierzu benötigen wir die Steilheit S, den Wert des Widerstandes R1 und den differenziellen Eingangswiderstand r_{GS}. Außer dem Widerstand $R_1 = 1\,k\Omega$ müssen wir die beiden anderen Werte rechnerisch oder meßtechnisch ermitteln.

Im Datenblatt ist der Wert des Gatestromes mit $I_{GSS} = 500\,pA$ (typ) angegeben. Aus diesem Wert läßt sich der genäherte Eingangswiderstand bestimmen, der dann in der Größenordnung von $r_{ein} \approx 2 \cdot 10^9\,\Omega$ liegt.

Die Eingangskapazität bei dem Feldeffekt-Transistor E 300 ist mit $C_{iss} = 3{,}5\,pF$ angegeben. Bei der Drainschaltung wird diese unerwünschte Kapazität wesentlich verkleinert und daher läßt sich diese Schaltung bis zu einer Frequenz von ca. 50 MHz verwenden, wenn wir nach diesem Vorverstärker noch einen zusätzlichen Teiler nachschalten, der uns eine maximale Eingangsfrequenz von 10 MHz für den ICM 7216 A liefert.

Der Feldeffekttransistor E 300 ist bis zu Frequenzen von f_{max} = 100 MHz zugelassen.

Der Drain-Anschluß von dem Feldeffekt-Transistor T1 ist direkt mit der Betriebsspannung und der Source-Anschluß über den Widerstand R1 mit der Masse verbunden. Es ergibt sich keine Phasenverschiebung zwischen der Ausgangs- und der Eingangsspannung. Daher auch die Bezeichnung „Sourcefolger", da die Spannung an der Source der Spannung an dem Gate folgt. Die Ausgangsspannung geben wir direkt auf den Transistor T2.

Der Transistor T2 in unserem Vorverstärker ist ein interner Transistor von dem Baustein 3086. Wir verwenden diesen Baustein, da die integrierten Transistoren nur sehr kleine Rückwirkungskapazitäten haben und die maximale Eingangsfrequenz bei f = 120 MHz liegt. Da der Arbeitswiderstand (Kollektorwiderstand) und der Emitterwiderstand gleich groß sind, ergibt sich eine Spannungsverstärkung von v = 1.

$$v = \frac{R_a}{R_E}$$

Wir erhalten eine Stromgegenkopplung. Damit der Emitterwiderstand R_E nur den Arbeitspunkt stabilisiert und nicht eine Gegenkopplung der Eingangswechselspannung bewirkt, wird zu dem Emitterwiderstand noch ein großer Kondensator C_E parallel geschaltet. Daher ist der kapazitive Blindwiderstand auch bei niedrigen Frequenzen gegenüber dem Emitterwiderstand noch wesentlich kleiner.

Die Ausgangsspannung von dem Transistor T2 wird über einen Koppelkondensator mit einem Schmitt-Trigger verbunden. Der Koppelkondensator sperrt den Gleichspannungsanteil und überträgt nur die Wechselspannung.

Der Schmitt-Trigger von **Bild 7.10** besteht aus den beiden Transistoren T3 und T4. Da jeder der beiden Transistoren in Emitterschaltung betrieben wird, erhalten wir eine Phasenverschiebung von

$$180° + 180° = 360° = 0°.$$

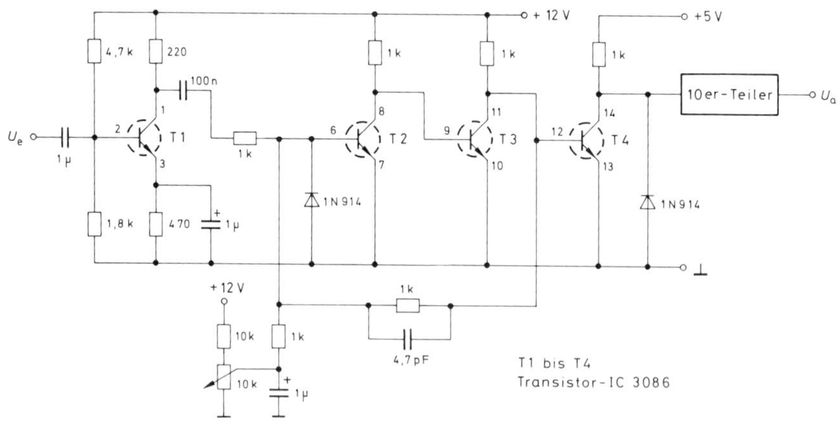

Bild 7.10 Vorverstärker bis 50 MHz mit Transistoreingang

Über einen Widerstand koppeln wir die Ausgangsspannung von T4 auf T3 zurück und erhalten eine Arbeitsweise, die dem eines Flipflops sehr ähnlich ist. Die Ausgangsspannung von dem Schmitt-Trigger hat zwei stabile Zustände, entweder U_{amin} (L-Pegel) oder U_{amax} (H-Pegel).

Der Einschaltpegel des Schmitt-Triggers berechnet sich aus

$$U_{ein} \approx \frac{R_2}{R_3} \cdot U_{amax} .$$

Der Ausschaltpegel ist

$$U_{aus} \approx - \frac{R_2}{R_3} \cdot U_{amin} .$$

Aus dem Einschalt- und Ausschaltpegel läßt sich die Hysterese des Schmitt-Triggers berechnen:

$$H = \frac{R_2}{R_3} \cdot (U_{amax} - U_{amin}).$$

Erreicht die Eingangsspannung von dem Schmitt-Trigger ihren Einschaltpegel, schaltet der Transistor T3 durch und der Transistor T4 ist gesperrt. Wir haben an dem Ausgang des Schmitt-Triggers die Spannung U_{amax}. Über den Widerstand R3 wird ein Teil der Ausgangsspannung auf die Basis von dem Transistor T3 mitgekoppelt.

Jeder integrierte Transistor des IC 3086 hat einen Verstärkungsfaktor von $\beta = 100$. Da wir zwei Transistoren hintereinander geschaltet haben, multiplizieren sich die Verstärkungsfaktoren. Bei Erreichen des Einschaltpegels kippt der Ausgang des Schmitt-Triggers sofort in die positive Sättigung. Unterstützt wird dieses Umschaltmoment noch durch den parallel zu dem Widerstand R3 liegenden Kondensator. Da der Kondensator differenziert, erhält die Basis von Transistor T3 eine Spannungsspitze und schaltet T3 schneller durch. Den Kondensator (Wert 100 pF) bezeichnet man als „Beschleunigungs-Kondensator".

Unterschreitet die Eingangsspannung an dem Schmitt-Trigger den Ausschaltpegel, sperrt der Transistor T3. Transistor T4 kann durchschalten und wir erhalten am Ausgang von T4 einen L-Pegel, d.h. U_{amin}. Durch die Mitkopplung und den Beschleunigungs-Kondensator sperrt der Transistor T3.

Die Schaltung des Schmitt-Triggers von Bild 7.9 ist problemlos und die Schaltzeit sehr kurz. Mit dem 10-kΩ-Potentiometer läßt sich der Schwellwert des Schmitt-Triggers verschieben. Wir erhalten durch die drei Widerstände R2, R3 und R4 an der Basis von Transistor T3 eine Stromaddition mit entsprechendem Vorzeichen. Über den Widerstand R4 verändern wir die Stromverhältnisse des Schmitt-Triggers so, daß sich die Schwellwerte für den Einschalt- und Ausschaltpegel ändern.

Verwenden wir eine positive und negative Spannung an dem Potentiometer für den Triggerpegel, läßt sich die Einstellung des Triggerpegels in positiver und negativer Richtung durchführen. Da es hierbei Probleme mit der Einstellung geben kann, wurde hierauf verzichtet.

Der Transistor T5 arbeitet als Pegelumsetzer. Während die Basis voll mit 12 V durchgesteuert wird, erhalten wir an dem Kollektor einen Spannungswert, der von dem nachgeschalteten ICM 7216 verarbeitet werden kann. Eine zusätzliche Diode schützt den ICM 7216 vor negativen Spannungsspitzen.

Für den 50-MHz-Eingang verwenden wir die Schaltung von Bild 7.10. Die vier Transistoren sind die internen Anordnungen des integrierten Bausteines 3086.

Am Eingang der Schaltung haben wir den Transistor T1, der in Emitterschaltung mit Stromgegenkopplung betrieben ist. Dabei ist der Arbeitswiderstand (Kollektorwiderstand) kleiner als der Emitterwiderstand. Aus diesem Grund erhalten wir eine Spannungsverstärkung, die kleiner als 1 ist.

Der Eingangswiderstand der Schaltung ist:

$$r_{ein} = r_{BE} + \beta \cdot R_E.$$

Der Wert des differentiellen Widerstandes r_{BE} ist von der Spannungsänderung $\triangle U_{BE}$ und von dem Basisstrom $\triangle I_B$ abhängig. Durch den Kondensator am Eingang koppeln wir den Gleichspannungsanteil aus, so daß nur der überlagerte Wert der Wechselspannung von dem Transistor T1 verstärkt (besser abgeschwächt) wird. Wir erhalten bei den Transistoren von dem IC 3086 einen differentiellen Eingangswiderstand in der Größenordnung zwischen 1 kΩ und 100 kΩ.

Die Stromverstärkung liegt bei $\beta \approx 100$. Es ergibt sich ein Eingangswiderstand von

$$\begin{aligned} r_{ein} &= 50\,k\Omega + 100 \cdot 470\,\Omega \\ &= 50\,k\Omega + 47\,k\Omega \\ &\approx 100\,k\Omega. \end{aligned}$$

Der Wert des Eingangswiderstandes ist von der Größe der Eingangswechselspannung abhängig und kann zwischen 50 kΩ (min) und 150 kΩ (max) schwanken. Diese Werte sind für meßtechnische Zwecke gut, da wir über 10 MHz messen.

Der Ausgang des Transistors T1 ist mit einem Schmitt-Trigger verbunden. Diese Schaltung haben wir bereits besprochen und kennen die Funktionsweise.

Der Ausgang des Schmitt-Triggers ist mit einem Transistor verbunden, der den Spannungspegel des Vorverstärkers in einen TTL-kompatiblen Wert umsetzt. Der Transistor T4 steuert dann einen 10er-Teiler an, der die Frequenz im Verhältnis 10:1 teilt. Hierzu verwenden wir den Baustein 74S196.

Der Baustein 74196 ist ein programmierbarer Dezimalzähler. Es besteht aus einem 2er-Teiler und einem 5er-Teiler. Wir haben daher zwei Eingänge. Es gilt:

	Standard	Low Power	Schottky
Zählfrequenz 2er-Teiler	50 MHz	30 MHz	100 MHz
Zählfrequenz 5er-Teiler	25 MHz	15 MHz	50 MHz

Die Zählfrequenz ist der minimale und garantierte Wert. Wir verwenden den 74S196 und können so bis zu 80 MHz Eingangsfrequenz messen. Bei Frequenzen bis zu 100 MHz müssen wir den Vorverstärker anders dimensionieren.

Bild 7.11 zeigt das Anschlußschema des Bausteines 74196.

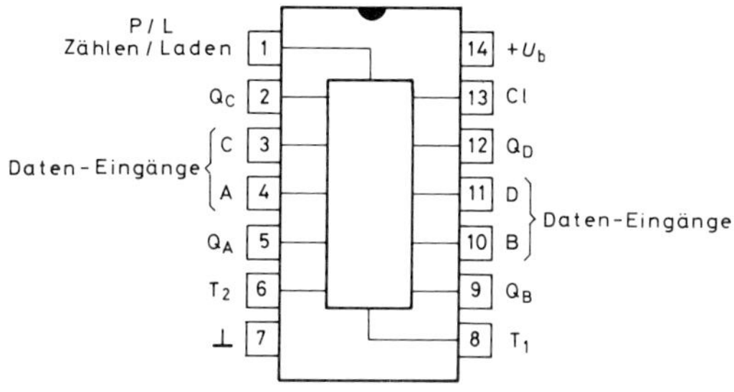

Bild 7.11 Anschlußschema des TTL-Bausteines 74196

Es gilt die Funktionstabelle:

Betriebsart:

Eingänge			
C 1	PL	T	Funktion
L	X	X	auf 0 setzen
H	L	X	parallel laden
H	H	↓	zählen

X = L- oder H-Pegel

Zählsequenz:

	Ausgänge			
Takt	Q_D	Q_C	Q_B	Q_A
0	L	L	L	L
1	L	L	L	H
2	L	L	H	L
3	L	L	H	H
4	L	H	L	L
5	L	H	L	H
6	L	H	H	L
7	L	H	H	H
8	H	L	L	L
9	H	L	L	H

gilt nur, wenn Q_A mit T2 verbunden ist.

Mit jeder negativen Taktflanke zählen wir den Baustein 74196 um eine Stelle weiter. Von 9 auf 10 setzt sich der 74196 auf 0 zurück und beginnt von vorne.

Mit einem L-Pegel an dem Eingang Cl (Clear ≙ löschen) setzen wir alle Flipflops zurück. In unserem Vorteiler hat dieser Eingang einen H-Pegel. Mit dem Eingang PL (Programmable Load ≙ programmierbares Laden) können wir die vier internen Flipflops auf einen bestimmten Wert laden. In unserer Anwendung hat dieser Eingang einen H-Pegel.

Stückliste:

2 BC 107 (Transistoren)
2 E 300 (Feldeffekt-Transistoren)
4 3086 (Transistor-IC)
2 74S196 (Schottky-Dezimalzähler)
10 1N914 (Dioden)
4 ZF 2,7 (Z-Dioden)
6 Kondensatoren 100 µF/25 V
8 Tantal-Kondensatoren 1 µF/16 V
2 Kondensatoren ungepolt 1 µF
6 Kondensatoren 100 nF
2 Kondensatoren 1 nF
2 Kondensatoren 100 pF
2 Kondensatoren 4,7 pF
2 Widerstände 220 Ω
2 Widerstände 470 Ω
28 Widerstände 1 kΩ
2 Widerstände 1,8 kΩ
8 Widerstände 4,7 kΩ
2 Widerstände 10 kΩ
2 Widerstände 1 MΩ

Bild 7.12 zeigt den Entwurf für die Leiterplatine und **Bild 7.13** den Bestückungsplan.

Der Zusammenbau der Schaltung ist kein Problem, wenn wir auf die Polaritäten der einzelnen Bauelemente achten. Es ist kein Abgleich der Schaltungen erforderlich.

Die Platine ist mit den Schaltern der Frontplatine und mit der Stromversorgung zu verbinden.

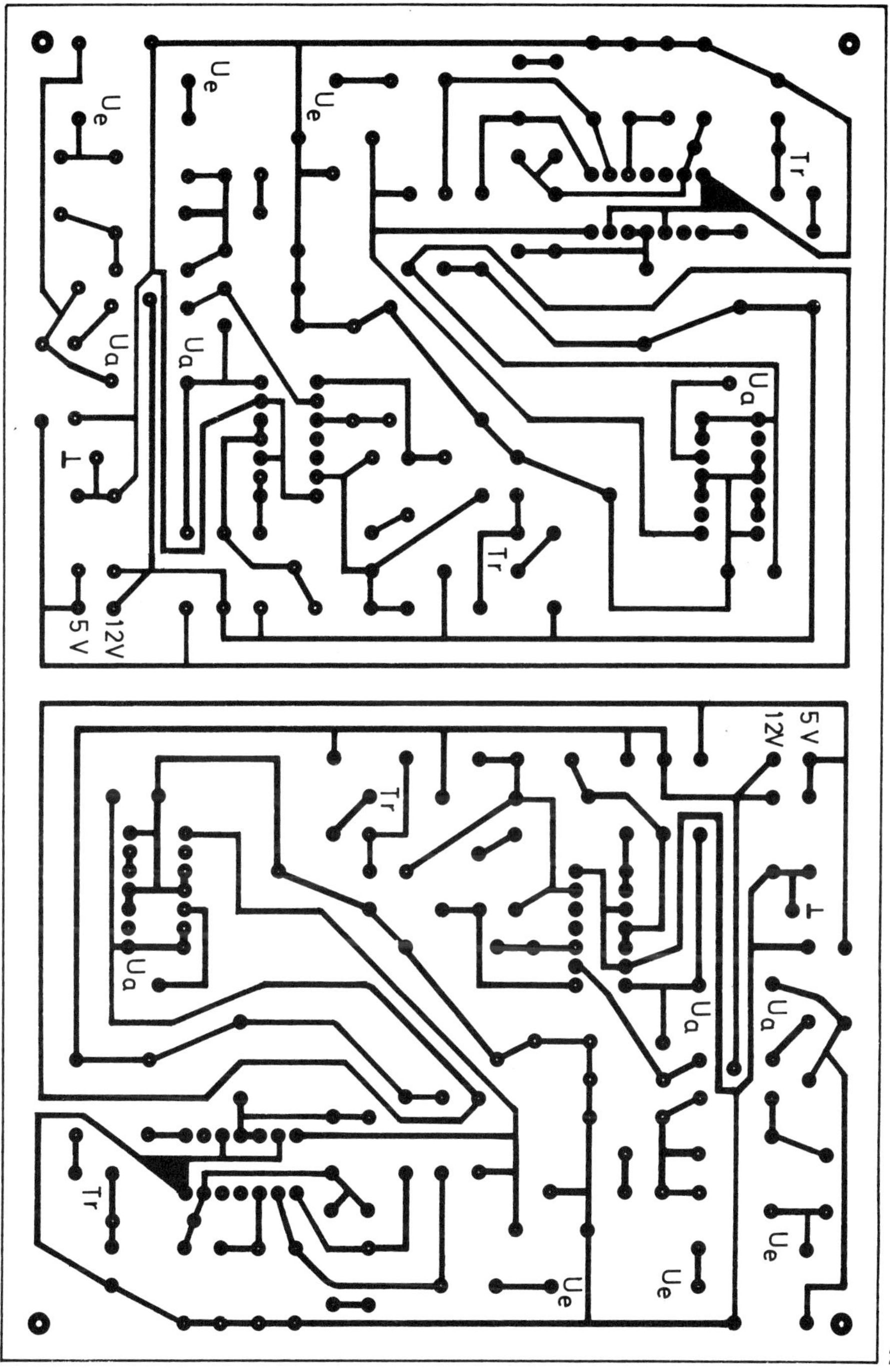

Bild 7.12 Leiterplatine für den Vorverstärker

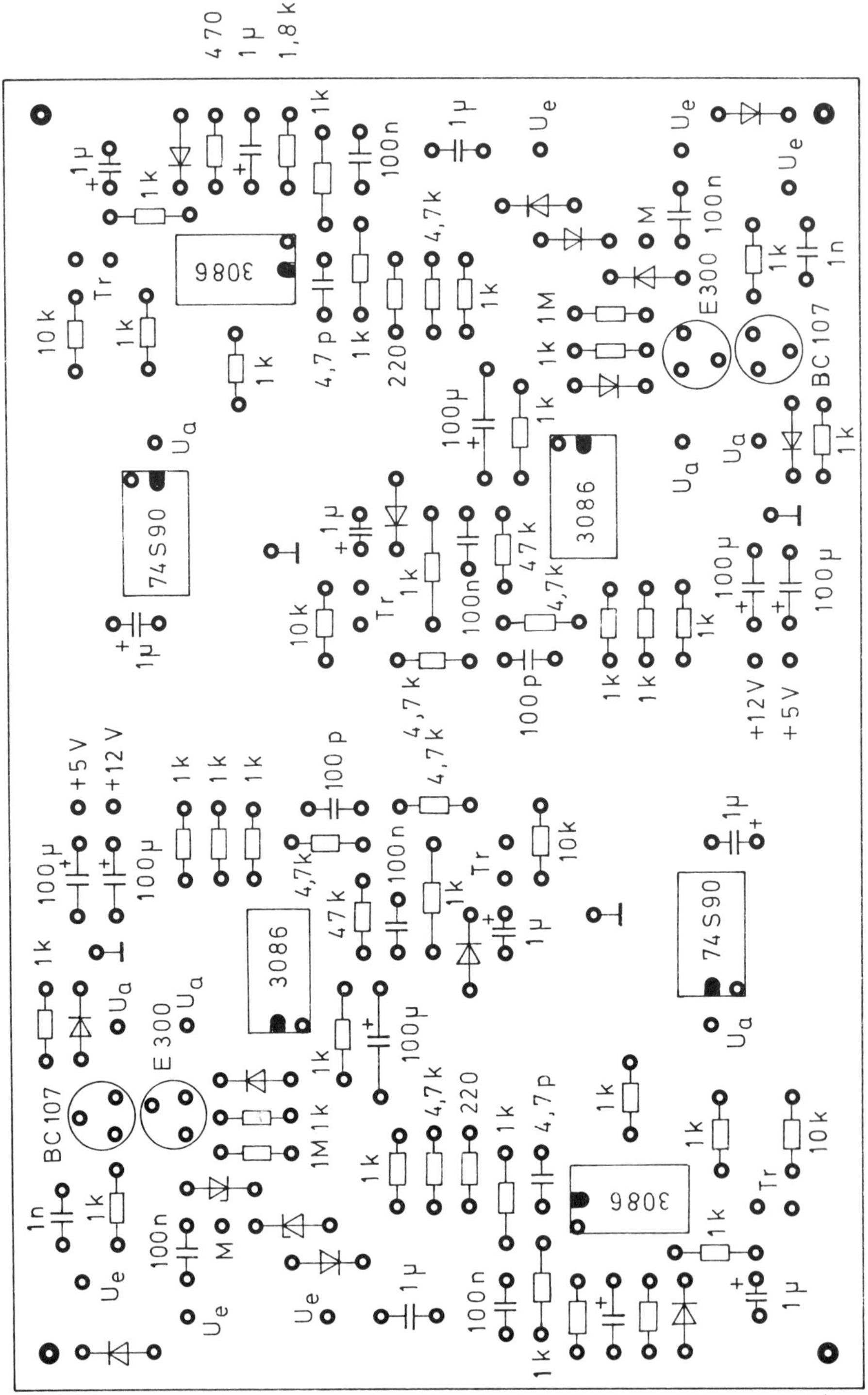

Bild 7.13 Bestückungsplan für die Platine von Bild 7.12

7.3 Vorverstärker- und Frequenzteilerplatine bis 650 MHz

Der Vorverstärker für die Frequenzteilerplatine ist in **Bild 7.14** gezeigt. Wir verwenden hierzu die Spezial-Transistoren vom Typ BFY 90. Mit diesen Transistoren läßt sich ein Frequenzbereich bis zu 1,3 GHz (1300 MHz) erreichen.

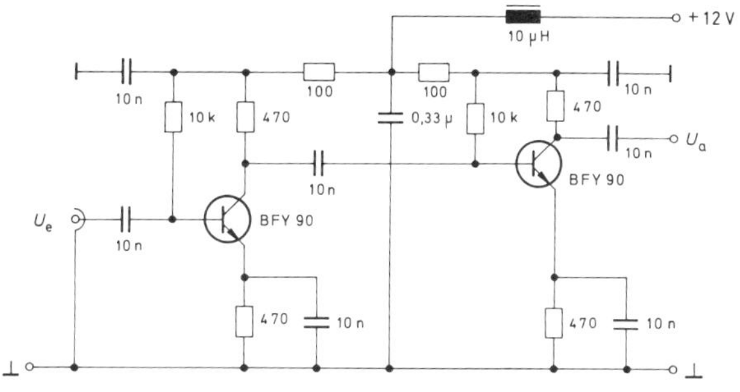

Bild 7.14 Vorverstärker bis 650 MHz

Bei der Schaltung von Bild 7.14 sind keine Abgleicharbeiten erforderlich. Die beiden Transistoren werden in Stomgegenkopplung betrieben, damit eine große Temperaturstabilität erreicht wird. Durch ein aufwendiges Filternetzwerk der Betriebsspannung wird die Stabilität noch unterstützt.

Der Eingangswiderstand der Schaltung liegt bei $r_{ein} \approx 60\ \Omega$. Ein höherer Eingangswiderstand ist bei Frequenzen über 100 MHz nicht zu empfehlen, da es zu Anpassungsschwierigkeiten kommen kann.

Nach dem Vorverstärker wird die Frequenz durch Frequenzteiler auf einen bestimmten Wert heruntergesetzt. Als Frequenzteiler können wir keine TTL-Bausteine verwenden, sondern müssen auf die ECL-Technik ausweichen.

7.3.1 650-MHz-Teiler mit dem Baustein 11C90

Mit dem Baustein 11C90 teilen wir eine Eingangsfrequenz von 650 MHz entweder durch 10 oder 11. Auf diese Weise ergibt sich eine Ausgangsfrequenz von 65 MHz oder 59,1 MHz. Beide Ausgangsfrequenzen werden mit TTL-Bausteinen weiter geteilt.

Wir verwenden bei dem Baustein 11C90 das 10er-Teilerverhältnis und erreichen damit 65 MHz. Mit einem TTL-Baustein 74S196 wird diese Frequenz nochmals im 10er-Verhältnis geteilt und wir erhalten eine Frequenz von 6,5 MHz, die der ICM 7216 verarbeiten kann.

Bild 7.15 zeigt die Innenschaltung des 11C90. Wir haben vier Flipflops, die an einer gemeinsamen Taktleitung liegen, außer dem vierten Flipflop. Es ergibt sich folgende Arbeitsweise:

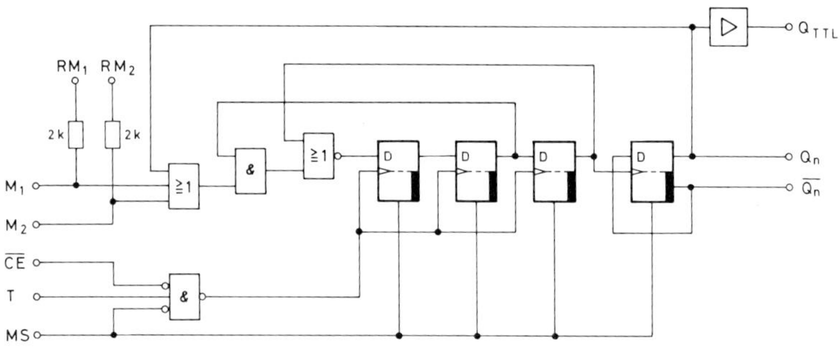

Bild 7.15 Innenschaltung des 650-MHz-ECL-Zählers 11C90

	Takt	Q 1	Q 2	Q 3	Q 4 (TTL)	
	0	H	H	H	H	←
→	1	L	H	H	H	
	2	L	L	H	H	
	3	L	L	L	H	
	4	H	L	L	H	
	5	H	H	L	H	: 11
: 10	6	L	H	H	L	
	7	L	L	H	L	
	8	L	L	L	L	
	9	H	L	L	L	
	10	H	H	L	L	

Die Flipflops arbeiten nicht nach dem üblichen Zählerschema, sondern als Schieberegister. Dadurch erhalten wir einen Johnson-Zähler-Code.

Gesteuert wird das Teilerverhältnis von den einzelnen Eingängen. Es gilt:

Eingänge				Ausgangsfunktionen
MS	$\overline{CE}$	M 1	M 2	
H	X	X	X	auf H setzen
L	H	X	X	halten
L	L	L	L	: 11
L	L	H	X	: 10
L	L	X	H	: 10

X ≙ L- oder H-Pegel

Bild 7.16 zeigt das Anschlußschema für den 11C90.

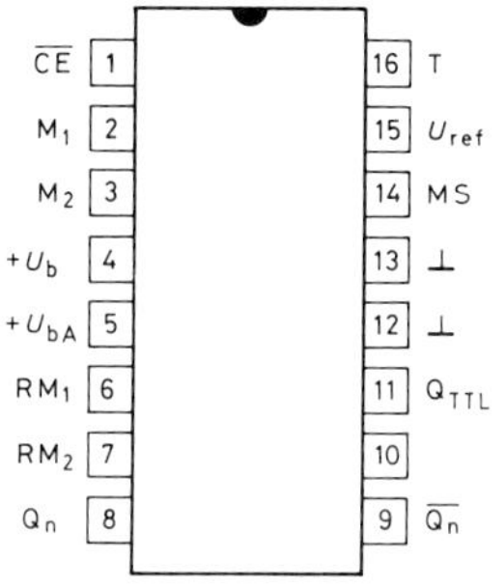

Bild 7.16 Anschlußschema des 650-MHz-ECL-Zählers 11C90

7.3.2 1 GHz-Teiler mit dem Baustein 11C05

Mit dem Baustein 11C05 läßt sich die Eingangsfrequenz durch 4 teilen.

Der Baustein 11C05 beinhaltet zwei Flipflops (**Bild 7.17**).

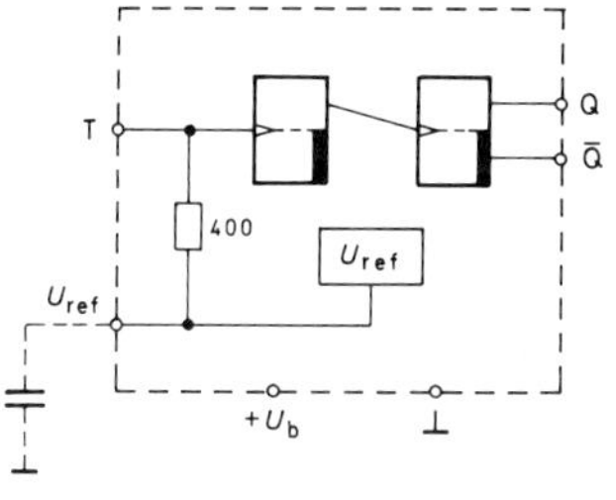

Bild 7.17 Innenschaltung des 1-GHz-ECL-Zählers 11C05

Es ergibt sich folgende Funktionstabelle:

Takt	Q1	Q2
0	L	L
1	H	L
2	L	H
3	H	H

Das Anschließen des 11C05 an einen Vorverstärker ist kein Problem, wenn wir die maximalen Daten berücksichtigen. Vor dem Takteingang muß unbedingt ein Kondensator mit $C = 0{,}1\,\mu F$ sein, damit der Gleichspannungsanteil entkoppelt wird.

Bild 7.18 zeigt das Anschlußschema für den 11C05.

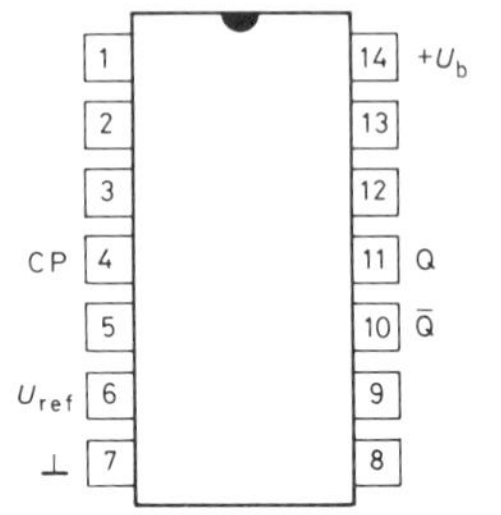

Bild 7.18 Anschlußschema des 1-GHz-ECL-Zählers 11C05

Für unseren Teiler verwenden wir die Schaltung von **Bild 7.19**. Wir haben den ECL-Baustein 11C90 und den Dezimalzähler 74S196. Die Eingangsspannung erhält der 11C90 von dem Vorverstärker (Bild 7.14).

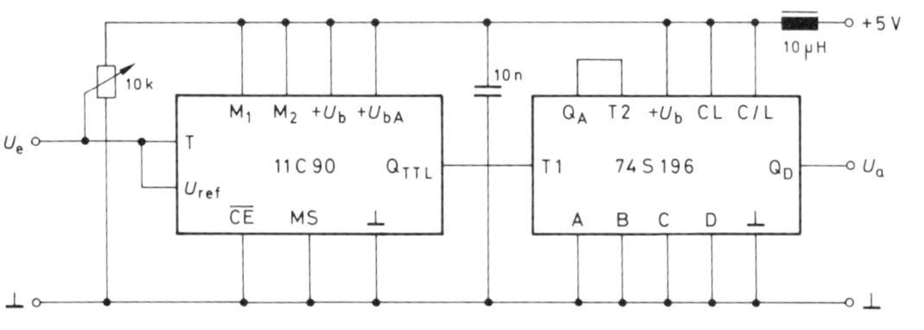

Bild 7.19 650-MHz-Teiler für den Universal-Zähler

Mit dem Potentiometer läßt sich der Triggerpegel einstellen. Hier geben wir auf den Takteingang T und Referenzeingang U_{ref} eine Gleichspannung, die von der Wechselspannung des Vorverstärkers überlagert wird. Dadurch können wir in einem weiten Bereich die Schwelle des Triggers einstellen. Durch das Potentiometer läßt sich der Schwellwert aber sehr ungenau einstellen. Besser ist hier ein 10-Gang-Potentiometer.

Der ECL-Baustein 11C90 teilt die Eingangsfrequenz um 10 zu 1 herunter, wenn wir die einzelnen Anschlüsse richtig verbinden. Der Ausgang Q_{TTL} ist voll TTL-kompatibel, so daß wir damit direkt den TTL-Baustein 74S169 ansteuern können. Bitte beachten Sie auch hier die einzelnen Anschlüsse. Die Ausgangsspannung geben wir über den Eingangs-Bereichsschalter auf den ICM 7216A.

Bild 7.20 zeigt die Platine für den Vorverstärker und **Bild 7.21** den Bestückungsplan.

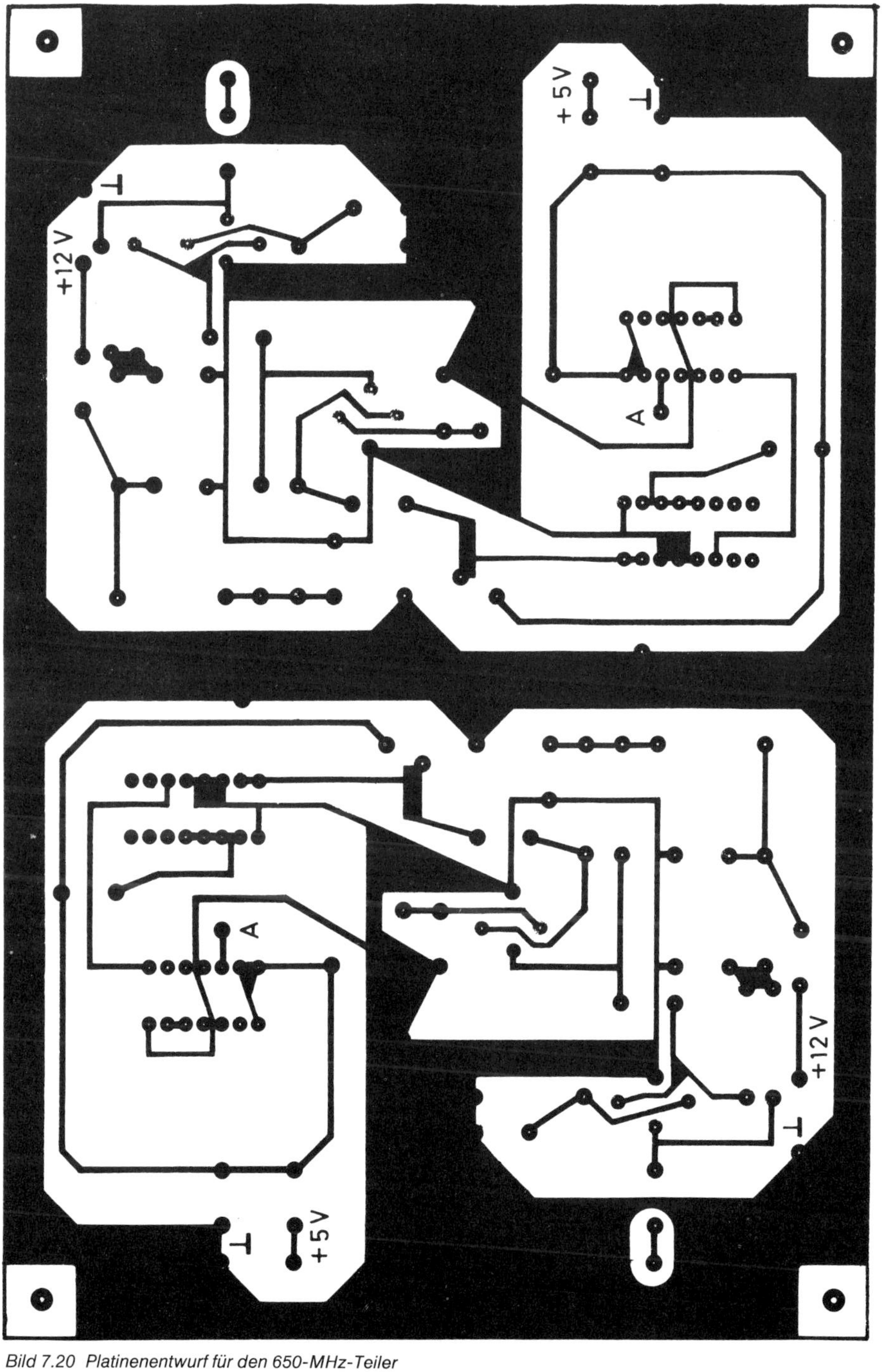

Bild 7.20 Platinenentwurf für den 650-MHz-Teiler

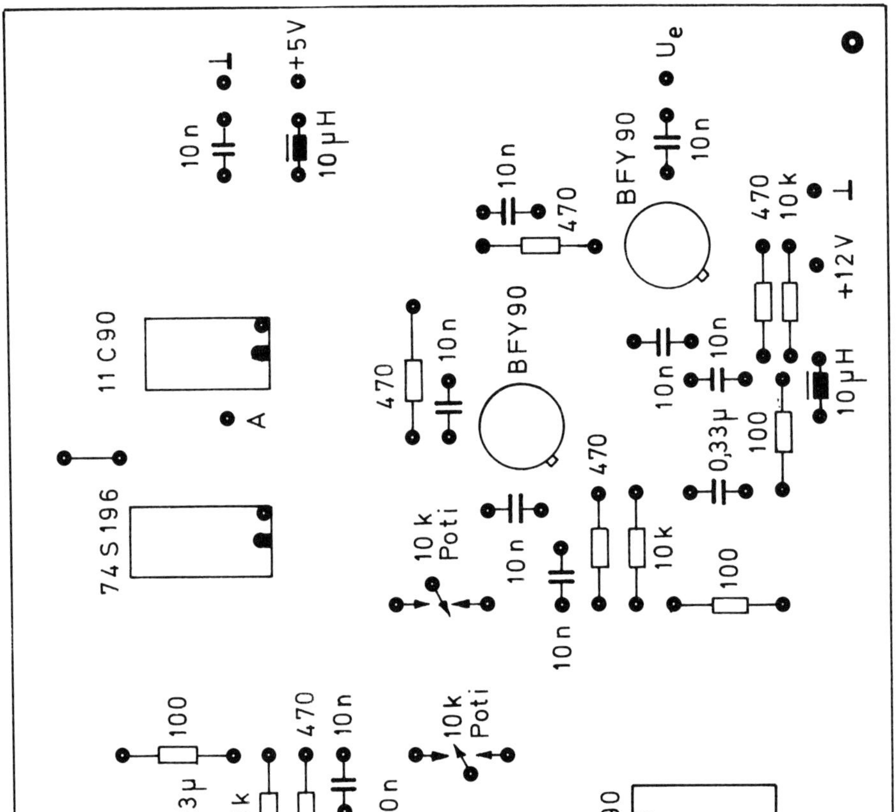

Bild 7.21 Bestückungsplan für die Platine von Bild 7.20

Stückliste:

2 ECL-Teiler 11C90
2 TTL-Teiler 74S196
4 HF-Transistoren BFY 90
14 Kondensatoren 10 nF
2 Kondensatoren 0,33 μF
4 Widerstände 100 Ω
8 Widerstände 470 Ω
4 Widerstände 10 kΩ

Das Potentiometer für den Triggerpegel befindet sich an der Frontplatte des Universal-Zählers.

Der Aufbau der Schaltung ist kein Problem. Die beiden ECL-Teiler sind direkt auf die Leiterplatine zu löten. Bei der Verwendung von Sockeln kann es bei hohen Frequenzen Probleme geben. Bitte achten Sie bei dem Universalzähler auf saubere Lötstellen und auf kurze Leitungen. Verwenden Sie abgeschirmte Leitungen, wenn dies angegeben ist.

Literatur:

Bernstein H.,: Hochintegrierte Digitalschaltungen und Mikroprozessoren. Pflaum-Verlag München, 1. Auflage, 1978.

Bernstein H.,: IC-Hobby, Teil 1, Operationsverstärker und CMOS-Schaltkreise. Pflaum-Verlag München, 1. Auflage, 1979.

Bernstein H.,: Handbücher der TTL-Technik, Band 1 bis 5. Frech-Verlag Stuttgart-Botnang.

Tietze U., Schenk Ch.,: Halbleiterschaltungstechnik. Speicher-Verlag Berlin-Heidelberg-New York. 3. Auflage, 1974.

Datenbücher der Firma RCA
Datenbücher der Firma National
Datenbücher der Firma Texas Instruments
Datenbücher der Firma Intersil
Datenbücher der Firma Signetics-Valvo
Datenbücher der Firma Fairchild
Datenbücher der Firma SGS-ATES
Datenbücher der Firma Plessey
Zeitschriften aus dem Elektro-Verlag, Gangelt.

Sachregister